代数の魅力

木村達雄・竹内光弘・宮本雅彦・森田 純 共著

数学書房

まえがき

　本書は大学 2・3 年次の代数学の入門書として書いたものである．大学 1・2 年次の線形代数学に引き続いて代数学を学びたい方を念頭においているが，できるだけ少ない予備知識で代数の魅力を味わいたいと考えている読者のために読み物としても十分おもしろいように配慮している．予備知識としては，木村・竹内・宮本・森田『明解線形代数』(日本評論社) を参考にして欲しいが，他の類似の本でも良い．

　本書は群，環，体等の抽象概念を天下り的に定義してからはじめるのでなく，逆にいろいろの興味深い例からはじめてそれらを系統的に扱う必要性を読者に十分認識してもらってからこれらの代数系を導入するという，ブルバキとは対極的な行き方を取っている．

　第 1 章は群論の入門である．雪の結晶や正四面体の対称性から出発して群の公理に進む．章の最後では 3 枚の黄金長方形を組み合わせて正二十面体を作る方法，正多面体の回転対称群を具体的に知る方法などをわかりやすく述べる．

　第 2 章では整数と多項式の類似性を論ずる．整数と多項式 (または整式) の見かけは非常に違うが，その全体 (つまり集合) を考えると，素因数分解，最大公約数，最小公倍数などについて共通の性質を持っている．これらから整数と多項式の単因子論が導かれ，線形代数で学んだジョルダン標準形に対する新しい見方ができる．この章は (可換) 環論の入門と考えてよい．

　第 3 章では定木とコンパスによる作図と関連付けながら体の理論をやさしく述べる．いわゆるガロア理論は扱わない．角の三等分は一般に定木とコンパスでは作図できないが，T 字型の簡単な道具を使えば可能なことを述べる．

　第 4 章は整数論の楽しい話題である．整数論は非常に長い歴史を持ち，数学の女王と呼ばれている．歴史が長いだけあって整数論の結果には驚くほど美しい，または不思議なものが数多くある．また今でも未解決の難問も多い．この章ではその中から比較的意味の分かりやすいトピックを選んで楽しい読み物と

した．証明のやさしいものには証明をつけている．

　前著,『明解線形代数』のときと同様，本書の作成にあたっても多くの同僚教員の意見，種々の文献を参考にした．また授業で使ってみて学生の意見も参考にした．ここに感謝したい．前著と同様全国の大学で教員・学生の諸氏に幅広く読まれることを期待します．

　2009 年夏

　　　　　　　　　　　　　　　木村達雄，竹内光弘，宮本雅彦，森田 純

目 次

第 1 章　対称性と群　　1

- 1.1　平面における対称性　　1
- 1.2　空間における対称性 (正四面体の回転を例として)　　5
- 1.3　群の公理と抽象的な群　　10
  - 1.　公理　　10
  - 2.　群の例　　12
  - 3.　法 n と巡回群　　14
- 1.4　部分群と群の生成系　　18
  - 1.　正三角板の対称変換群　　18
  - 2.　正六角形の対称変換の群　　20
  - 3.　部分群　　22
- 1.5　より複雑な群の例　　26
  - 1.　あみだくじと置換の群　　26
  - 2.　行列の群　　32
- 1.6　準同型と同型　　34
- 1.7　群の直積　　39
- 1.8　ラグランジュの定理と同値類　　43
  - 1.　剰余類　　43
  - 2.　共役類　　47
- 1.9　発展　　51
  - 1.　群を解明する方法　　51
  - 2.　多面体の対称群　　58

第 2 章　整数と多項式　　64

- 2.1　整数 64
  1. 約数・倍数・素数 65
  2. $\mathbb{Z}$ のイデアル 67
  3. ユークリッド互除法 ($\mathbb{Z}$ の巻) 71
  4. 素因数分解 74
  5. 合同と同値関係 77
  6. 中国剰余定理 80
  7. フェルマの小定理 83
- 2.2　多項式 85
  1. 約元・倍元・既約多項式 89
  2. $K[X]$ のイデアル 92
  3. ユークリッド互除法 ($K[X]$ の巻) 95
  4. 多項式の分解 97
  5. 既約性の判定法 ($K = \mathbb{C}, \mathbb{R}$ の場合) 98
  6. アイゼンシュタインの判定条件 100
  7. ガウスの補題 102
  8. 既約性の判定法 ($K = \mathbb{Q}$ の場合) 103
- 2.3　環 106
  1. 代数系 106
  2. 例 109
  3. 整数環と多項式環 110
- 2.4　発展：単因子論 (整数版) とアーベル群の構造 112
  1. 整数行列の単因子論 112
  2. 有限生成アーベル群の基本定理 116
- 2.5　発展：単因子論 (多項式版) とジョルダン標準形 119
  1. 多項式行列の単因子論 119
  2. ジョルダン標準形 125

第 3 章　定木とコンパスによる方程式の解法と体　　132

- 3.1　体について 132
  1. 体とは？ 132
  2. p 元体上の線形代数 134
  3. p 元体上の多項式環 136
- 3.2　複素数を有理数から眺める 136
  1. 有理数の公理的定義 136
  2. 幾何と代数方程式 137
  3. 複素数体に含まれる体の例 140
- 3.3　ベクトル空間の次元と拡大次数 142
  1. 部分体から拡大体を眺める (ベクトル空間として) 142
  2. 拡大次数 $[K(r):K]$ の意味 146
- 3.4　体の歴史的問題 149
  1. 方程式の解法 149
  2. 体の萌芽 (古典的問題) 150
  3. 定木とコンパスを使って 152
- 3.5　歴史的問題の不可能性 154
  1. 拡大の繰り返しと拡大次数 154
  2. 角の三等分の不可能性 156
- 3.6　円分体 158
- 3.7　少し抽象的に 162
  1. 素体 (一番小さな体) 162
  2. 有理関数体 165
- 3.8　代数学の基本定理の証明 167
- 3.9　発展 169
  1. 代数閉体 169
  2. 乗法が非可換な四則演算を持つ代数系 170

3. 正 n 角形の書き方 172

4. T字型定木とコンパスによる任意の角の三等分 172

第4章 整数論の楽しい話題 175

4.1 ピタゴラス数と $n=4$ の場合のフェルマの最終定理 176

4.2 偶数の完全数 179

4.3 素数は無限個存在する．ではどのくらい? 181

4.4 自然数のベキ乗の有限和とベルヌイ数 187

4.5 自然数の偶数ベキ乗の逆数の無限和 190

4.6 オイラーの関数とメビウスの反転公式 193

4.7 RSA暗号 197

問題の略解 202

参考書 220

人物 (数学者) 一覧 222

索　引 224

第 1 章

対称性と群

> 群はいたるところにある．そこのカーテンに，卓上の花瓶に，あるいは優雅な和服地に … 好ましいデザインのつり合いのとれたよい配置．秩序と美，ordre et beauté．整序にして美，といってもよいだろう．
>
> 服部 昭

808,017,424,794,512,875,886,459,904,961,710,757,005,754,368,000,000,000

　この 54 桁の数字が何を意味しているかご存じだろうか？　これは人類が見つけた固有な数字としては最大のものである．大きな数ならいくつもある．上の数字に 1 を加えるとより大きな数となる．しかし，それ自身に固有の意味を持った大きな数はそれほどない．例えば，現在見つかっている最大の素数は 54 桁よりはるかに大きいが，素数は無限個あり，より大きな素数が見つかると，以前の数は最大であるという意味を失う．しかし，上の数は未来永劫に意味を失わない．この数は，ある物理状態を表す代数的構造の持っている対称性の数であり，それらの対称性の集まりはモンスター群と呼ばれている．このような対称性を数学的に調べるのがこの章の目的である．

1.1　平面における対称性

　図 1.1 の雪の結晶のような平面図形は，ある直線を中心として，左右に反転させても図形の全体の配置が変化しない．このような性質を持つ図形は線対称

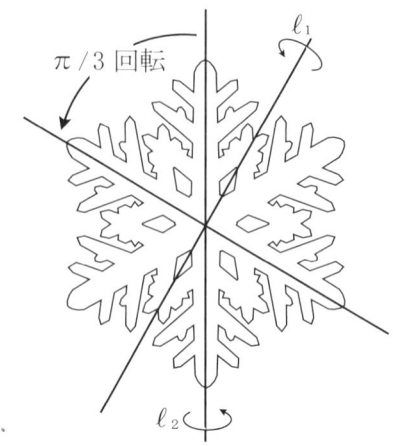

図 1.1

であると呼ばれる．図 1.1 の雪の結晶は直線 ℓ_1 に関して線対称である．同様に，直線 ℓ_2 に関しても線対称である．

では，雪の結晶のような平面図形はいくつの直線に対して線対称だろうか？

全部で 6 本の直線に対して線対称であることがわかる．数学的には，「直線を中心として左右を反転させる操作」の方が重要で，「図形はこの操作で変化しない」という言い方ができる．平面や空間における反転や回転のように図形を動かす操作のことを一般に変換と呼んでいる．線形代数に出て来た線形変換なども変換の例である．線対称を与える反転操作はちょうど，直線の所に鏡を置いて映すことと同じなので，その変換を鏡映と呼び，平面図形と見て雪の結晶は「直線 ℓ_1 による鏡映で不変である」という言い方をする．

図 1.1 では線対称の説明で軸を中心に π 回転させているように書いてあるが，正確には平面で考えているので軸の周りの回転ではない．しかし，鏡映を物体の動きとして見せることはかなり困難なので，誤解がない限りあたかも平面図形を板状のものとして，軸を中心とする π 回転を使って鏡映を説明する．

それでは，雪の結晶には線対称以外の対称性はあるだろうか？ 数学的に言い換えると，「鏡映以外に，図形を変えない変換があるか？」ということになる．雪の結晶は，重心を中心として (反時計回りに) $\pi/3$ の回転をしても図形の配置は変わらない．すなわち，この図形は $\pi/3$ の回転に対しても不変である．他に

も $2\pi/3$ の回転，π の回転，$4\pi/3$ の回転，$5\pi/3$ の回転，2π の回転でも雪の結晶の図形の全体の配置は変わらない (図形全体の配置を変えない回転を**対称回転**と呼ぶ)．2π の回転はすべての点がまったく同じ位置に戻るので，0 度の回転と同じと考えることにする．

対称性を図形の形ではなく，変換 (ものを動かす操作) の立場から捉える利点を 1 つ紹介しておこう．変換というのは操作を次々に続けることができる．例えば，直線 ℓ_1 による鏡映を行い，その後で，直線 ℓ_2 による鏡映を行うと，反時計回りに $\pi/3$ の回転を行ったことと同じになる．このように，見た目の対称性とは異なり，図形を変えない変換 (**対称変換**) は 2 つ合成することで別の対称変換を作り出せるという利点を持っている．それゆえ，対称変換全体の集合と変換の合成を考える重要性がわかる．

定義 1.1 1 つの変換 f の後で別の変換 g を行ってできる変換を**合成変換**と呼び，gf で表す．

雪の結晶の図形の対称変換をすべて持ってきたとする．この集合 G はどのような性質を満たしているかを調べてみよう．

（1） 何も動かさない変換 (**恒等変換**) は図形を変えないので，G に含まれる．

（2） 図形を変えない変換を続けたとしても図形を変えないのは当然なので，$f, g \in G$ なら，その合成変換 gf も G に含まれる (**合成変換の存在**)．

（3） 図形を変えない変換があると，それをもとに戻しても図形を変えないので，$g \in G$ ならもとに戻す g の**逆変換** g^{-1} も G に含まれる．

この 3 つの性質が**群**[1]の出発点である．上の (1), (2), (3) の性質をみたす集まりを**群** (group) と呼び[2]，上のような場合 (雪の結晶の) **対称群**と呼ぶ．対称変換群あるいは単に変換群と呼ぶこともある．詳しくは次節以降で学ぶ．対

---

[1] 重要な性質を満たす対称の群れを扱う．これが群の語源である．

[2] 群の利用に着目した最初の人物がガロアである．彼は方程式の解の集合の持つ対称変換の集まりに着目し，その群の構造が方程式の解法を決めることを発見した．

称性だけに注目すると，雪の結晶も正六角形も区別はなく，全部で 12 個 (6 個の鏡映と 0 度の回転を含めて 6 個の回転) の対称変換を持っている．

数学においては，このようにある性質にのみ注目することが重要な手法となる．同じような議論は正 n 角形に対しても使えるが，これら正 n 角形の対称変換のなす群を**二面体群**と呼んでいる．

次に，雪の結晶の対称変換のうち，回転 (すなわち，対称回転) だけを考えてみよう．上で示したように，そのような回転の集まりは

$$\left\{\frac{\pi}{3}\text{回転},\ \frac{2\pi}{3}\text{回転},\ \pi\text{回転},\ \frac{4\pi}{3}\text{回転},\ \frac{5\pi}{3}\text{回転},\ 0\text{度回転}\right\}$$

の 6 個からなっている．これらの集まりも (1), (2), (3) の性質をすべて満たしている．すなわち，これも群である．このように，群の内部に別の群が含まれていることがある．群の一部分が群となっているとき，これを名前通り**部分群**と呼ぶ．しかも，この群は $\pi/3$ 回転を，1 回，2 回，3 回，4 回，5 回，6 回繰り返すことで，すべての回転を作り出せる．このように，たった 1 つの変換を繰り返すことでできる合成変換によって群のすべての元 (要素) が構成できるとき，この群を**巡回群**と呼ぶ．巡回群は簡単な構造を持っているので，群の基本である．正確な定義などは，1.3 節で説明する．

それでは，1 つの変換からいくつの変換を作り出せるだろうか？ n 回繰り返して最初に戻るとき，その変換の**位数**は n である，または，それは位数 n の変換であるという．例えば，$\pi/3$ 回転は位数 6 の変換であり，鏡映は位数 2 の変換である．

問題 1.1 雪の結晶の変換群において，直線 ℓ_1 と直線 ℓ_2 の鏡映を繰り返すことで，上に述べた 12 個の変換 (6 個の鏡映，6 個の回転) がすべて作り出せることを示せ．(このようなとき，「**群は ℓ_1 の鏡映と ℓ_2 の鏡映で生成されている**」という言い方をする．また，鏡映と鏡映の合成は回転であり，鏡映と回転の合成は鏡映となっていることを示せ)．

問題 1.2 正 n 角形の持つ対称変換の個数は $2n$ であることを示せ．

1.2 空間における対称性 (正四面体の回転を例として)

前節で，正六角形の二面体群はサイズ (元の個数) が 12 であることを示した．群のサイズは対称性を述べる上で重要な数である．ここでは，サイズが 12 である別の群を紹介しよう．この節では立体を扱う．空間にある立体を手に持って扱う場合，鏡映変換は面対称なので扱い難い．ここでは回転だけを扱う．これら立体の動きを図で表示するのは難しいし，頭の中でイメージするのも大変なので，実際に立体を手に持って動かしてみることを勧める．しかし，後に述べる置換を利用すると，簡単に紙面上で動きを理解できるようになる．

では，図 1.2 に示される正四面体の対称性を考えてみよう．頂点のある位置に A, B, C, D の記号を付ける．場所に記号を付けただけで正四面体に付けたのではない．正四面体の対称回転を行う回転軸としては，2 種類ある．

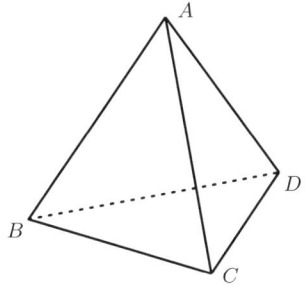

図 1.2

タイプ (1) の回転軸：

(1A) 図 1.3 の ℓ (頂点 A と底面 $\triangle BCD$ の中心 E を通る) のように頂点と，それと向い合う面の中心を結ぶ軸を考える．軸 ℓ を中心とした回転で正四面体の配置を変えないものとして，$2\pi/3$ と $4\pi/3$ の回転がある．(A から E を見て反時計回りに) $2\pi/3$ の回転は，頂点 A は動かさないが，B を C へ，C を D へ，D を B に移す．$4\pi/3$ の回転では，頂点 A は動かず，B は D へ，D は C へ，C は B へ移る．タイプ (1) の回転軸は，これ以外に

(1B) 頂点 B を通り，面 ACD の中心を通る軸

(1C) 頂点 C を通り，面 ABD の中心を通る軸

(1D) 頂点 D を通り，面 ABC の中心を通る軸

があり，合計 4 本の軸がある．それぞれ，$2\pi/3$ と $4\pi/3$ の回転は配置を変えないので，合計で 8 個の対称回転が得られる．

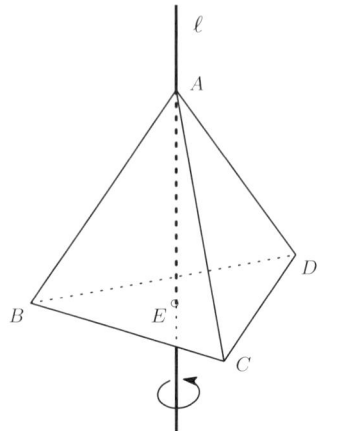

図 1.3

タイプ (2) の回転軸：

(2AB) 図 1.4 の m のように互いに向い合う 2 辺の中点を結ぶ軸を考える．軸 m は辺 AB の中点 F と，辺 CD の中点 G を通っている．軸 m を中心に π 回転させると，A は B へ，B は A へ，C は D へ，D は C へ移り，正四面体の全体の配置を変えない．

タイプ (2) の回転軸は，他に，

(2AC)　辺 AC の中点と辺 BD の中点とを通る軸

(2AD)　辺 AD の中点と辺 BC の中点とを通る軸

があり，合計 3 個の対称回転が得られる．

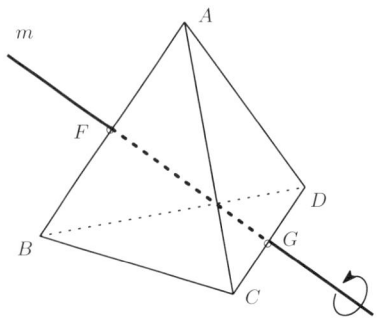

図 1.4

1.2. 空間における対称性 (正四面体の回転を例として)

上で示したように，正四面体の対称回転は全部で $4 \times 2 + 3 = 11$ 個ある．これに，何も動かさない変換である**恒等変換**も対称回転と考えて，我々は正四面体の 12 個の対称回転を得たことになる．しかし，これ以外に対称回転はないのかとか，これら 12 個の対称回転は群となっているかという疑問が自然にわいてくる．

このような疑問に対して，後に群の理論を少し知ると簡単に答えられるようになる (これらは群となっており，正四面体の対称群，または簡単に**正四面体群**と呼ばれる)．しかし，現段階では，直接計算するしかない．例えば，2 つの回転に対して，その合成がリストに挙げた回転になっていることを確認する必要がある．実際，1 つの例を行ってみよう．

図 1.5 のように ℓ のまわりで $2\pi/3$ 回転させる回転を f とし，直線 n のまわりで π 回転させる回転を g で表す．

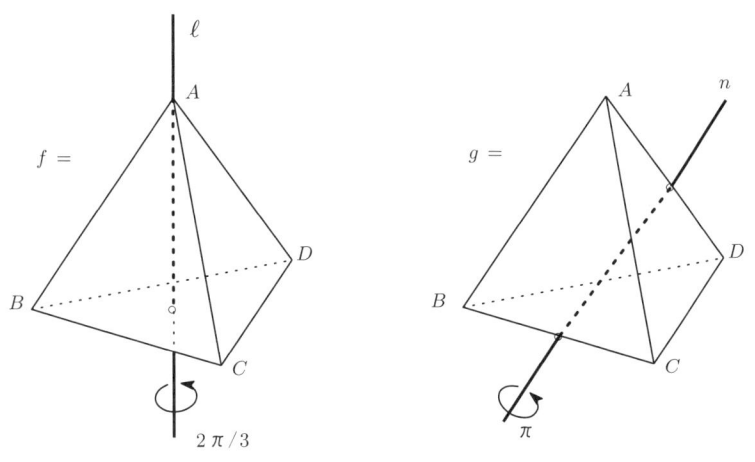

図 1.5

先に g を行い，引き続いて f を行う合成変換 fg は，図 1.6 の軸 p のまわりの，C から見て反時計回りに $2\pi/3$ の回転となる．

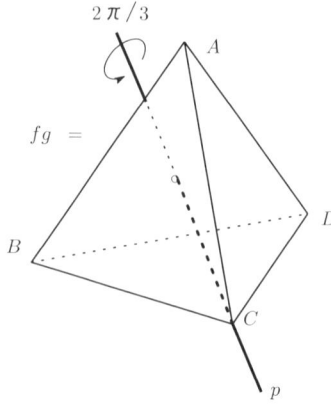

図 1.6

　立体の動きを理解するために，頂点の動きに注目する方法がある．例えば，f により頂点 D は頂点 B に移り，g によって頂点 A は頂点 D に移るので，fg により，頂点 A は頂点 B に移る．同様に，f により頂点 B は頂点 C に移り，g により頂点 C は頂点 B に移るので，fg により，頂点 C は動かない．同じようにすると，fg により頂点 B は頂点 C に移り，頂点 C は頂点 A に移ることがわかる．すなわち，軸 p による $2\pi/3$ 回転と同じになっていることが確認できる．

　このように表示すると，立体という物体を見ることなしに頂点の集まりの配置がどのように動いたかを記述することで変換を理解できる．頂点のような，何かの集まりの配置を動かす変換のことを**置換**と呼ぶ．置換の利点は，どんな複雑な物体でも，もうそのものを見る必要なく，$\{A, B, C, D\}$ のような単なる記号の集まりの動きで変換がわかるということである．例えば，f による頂点 $\{A, B, C, D\}$ の動きを 2 行 4 列の行列を使って $f = \begin{pmatrix} A & B & C & D \\ \downarrow & \downarrow & \downarrow & \downarrow \\ A & C & D & B \end{pmatrix}$ と表示することができる．同じように $g = \begin{pmatrix} A & B & C & D \\ \downarrow & \downarrow & \downarrow & \downarrow \\ D & C & B & A \end{pmatrix}$ であり，合成 fg は

1.2. 空間における対称性 (正四面体の回転を例として) 9

$$fg = \begin{pmatrix} A & B & C & D \\ \downarrow & \downarrow & \downarrow & \downarrow \\ D & C & B & A \\ \downarrow & \downarrow & \downarrow & \downarrow \\ B & D & C & A \end{pmatrix} = \begin{pmatrix} A & B & C & D \\ \downarrow & \downarrow & \downarrow & \downarrow \\ B & D & C & A \end{pmatrix}$$

である.

問題 1.3 f を先に行いその後で g を行った変換 gf を上のような 2 行 4 列の行列で表し, $gf \neq fg$ であることを示せ.

正四面体以外のさまざまな立体, 例えば立方体, 正二十面体, 正四角錐などに対しても, それらの対称変換の全体からなる群 (対称群) を考えることができる. これらの立体の見た目の違い, 幾何学的な対称性は, 対応する対称群の代数的な性格に反映する. 代数的な性格の違いをどのような言葉で記述したらよいのか, この先の節で学ぶことにしよう.

注意 1.2 当面は次の事実を認めて先に進む. 一度は確認しておくべき事柄なので, 意欲のある読者は演習問題として挑戦してみて欲しい. 本書では第 2 章で証明する.

(1) 整数 n と自然数 m に対して, $n = mq + r$ と $0 \leqq r < m$ をみたす整数 q, r が存在して, それらは一意的に定まる.

(2) p を素数とする. 整数 x, y, x', y' に対して, $x - x'$ と $y - y'$ が p で割り切れるとき (すなわち $x - x' = ap$ かつ $y - y' = bp$ をみたす整数 a, b が存在するとき), $(x + y) - (x' + y')$ および $xy - x'y'$ は p で割り切れる (すなわち $(x + y) - (x' + y') = cp$ かつ $xy - x'y' = dp$ をみたす整数 c, d が存在する).

(3) 0 ではない整数 n に対して, $n = \varepsilon p_1 \cdots p_r$ をみたす素数 $p_1, \cdots, p_r$ と符号 $\varepsilon = \pm 1$ が順序を除いて一意的に定まる.

1.3　群の公理と抽象的な群

1.　公理

G を空でない集合とする．G の元 x, y に対しその積 xy を定める規則が与えられているとする．数学的には，直積集合 $G \times G$ の元 (x, y) に G の元 xy を対応させる写像

$$\mu : G \times G \to G, \qquad (x, y) \mapsto xy$$

が与えられていると言う．ここで直積集合 $G \times G$ は集合 G の 2 つの元の対の集合を表す．この場合，μ を G の**乗法**（または**演算**）と呼ぶ．積 xy が次の 3 つの性質をみたすとき，G と μ の対 (G, μ) を**群**と呼ぶ．もし乗法 μ が前後の文脈から容易に読みとれるときは，μ を略して，単に群 G などという．

（1）**結合法則**．G の元 x, y, z に対し

$$(xy)z = x(yz).$$

（2）**単位元の存在**．G の元 e (単位元) で，すべての $x \in G$ に対し

$$ex = x = xe$$

となるものが存在する．

（3）**逆元の存在**．G の任意の元 x に対し，G の元 x' (x の逆元) で

$$xx' = e = x'x$$

となるものが存在する．x の逆元は通常 x^{-1} と記す．

1.1 節で群を説明したときには結合法則のことは説明していなかったが，変換の合成が結合法則をみたすのは明らかであろう．この結合法則がもっとも重要な性質であり，このように抽象化された群でも，あるものの変換の集まりの群として理解できることが保証されている．

まず群の基本的な性質を述べておこう．G を群とする．G の単位元はただ 1

つである．実際 $e, e' \in G$ がともに性質 (2) をみたすとすると $e = ee' = e'$ である．同様に $x \in G$ の逆元もただ1つである．実際 $x', x'' \in G$ がともに性質 (3) をみたすとすると $x'' = x''e = x''(xx') = (x''x)x' = ex' = x'$ となる．

単位元は e の他にも必要に応じて 1 や 0，場合によっては E や I などの別の記号で表すこともある．

問題 1.4 群 G の元 x, y に対し，$xy = e$ ならば $x^{-1} = y$ であることを示せ．

問題 1.5 群 G の元 x, y に対し $(xy)^{-1} = y^{-1}x^{-1}$ を示せ[3]．

積とか演算というのは 2 つの元から 1 つの元を決めることであり，$x_1x_2x_3$ のように 3 つの元を持ってきた場合には積の元が決まるわけではない．これは $(x_1x_2)x_3$ か $x_1(x_2x_3)$ かのどちらかと理解するしかない．どちらを選んでも同じ結果であるというのが結合法則の主張であり，それゆえ $x_1x_2x_3$ と書くことができる．同様に G の 4 元 x_1, x_2, x_3, x_4 に対しても，3 個に対する結合法則から

$$((x_1x_2)x_3)x_4 = (x_1x_2)(x_3x_4) = x_1(x_2(x_3x_4))$$

のように $x_1x_2x_3x_4$ の並ぶ順番さえ指定すれば括弧の取り方によらず一意的に決まることがわかるので，$x_1x_2x_3x_4$ と記す．一般に G の n 個の元 $x_1, x_2, \cdots, x_n$ に対しも，この順番に並べ，これらの間にどのように括弧を入れて掛け合せてもその結果は同じ元になる (このことを正確に定式化して n に関する帰納法で証明せよ)．この元を $x_1x_2\cdots x_n$ と表す．

問題 1.6 $(x_1x_2\cdots x_n)^{-1} = x_n^{-1}x_{n-1}^{-1}\cdots x_1^{-1}$ を示せ．

とくに $x_1 = x_2 = \cdots = x_n = x$ のとき $x_1x_2\cdots x_n$ を x^n と記す．また $x^0 = e, x^{-n} = (x^n)^{-1} = (x^{-1})^n$ とおく．

問題 1.7 G の元 x と整数 m, n に対し次を示せ．

$$(x^m)^n = x^{mn}, \qquad x^m x^n = x^{m+n}.$$

---

[3] シャツを着てからジャケットを着たとき，脱ぐのはジャケットが先．

群 G の元の個数が有限であるとき，G は**有限群**と呼ばれる．一方，無限個の元からなる群は**無限群**と呼ばれる．G の元の個数を G の位数または**サイズ**[4]といい，$|G|$ あるいは $o(G)$ という記号が用いられる．G のサイズが $n < \infty$ であるとき $|G| = n$，また G が無限群であるとき $|G| = \infty$ と書く[5]．群 G の元 $x \in G$ に対して，$x^m = e$ なる自然数があるとき，そのうち最小の m を x の**位数**と呼ぶ．そういう自然数が存在しないとき，x の位数は無限であるという．x の位数は記号 $|x|$ または $o(x)$ で表される．

問題 1.8 群 G の元 x, y, xy がすべて位数 2 を持つとき $xy = yx$ であることを示せ．

問題 1.9 サイズが偶数の有限群 G について，G 内の位数 2 の元は奇数個あることを示せ．

問題 1.10 群 G の元 x の位数を n とする．このとき，自然数 m に対して，x^m の位数は $n/(n,m)$ であることを示せ．ここで (n,m) は n, m の最大公約数を表す（最大公約数に関しては第 2 章で改めて取り上げることになる．厳密には最大公約数の存在と一意性を明確にし，そのためには素因数分解の一意性も一度は確認しておかねばならない．そういった細かな議論は第 2 章に譲り，ここではそれらを仮定しておくことにしよう）．

2. 群の例

群 G において，すべての $x, y \in G$ に対し $xy = yx$ が成り立つとき，この群は**可換**であるという．例えば，正六角形の対称回転の群は可換であり，問題 1.1 で見たように正四面体群は非可換である．可換な群を**可換群**または**アーベル群**[6]と呼ぶ．アーベル群では演算が和 $x + y$ の形で与えられていることも多

---

[4] 位数が正確な数学用語だが，次で定義する元の位数と混同しないようにサイズという言い方をすることもある．慣れてくれば，どちらも位数と呼んで不自然さはなくなるであろう．

[5] 群のサイズは非常に重要な情報である．例えば，サイズ 12 の群はいくつもあるが，つねに位数 2 の変換や位数 3 の変換を含んでいる．これに関しては次の定理がある．

 コーシーの定理：素数 p が有限群のサイズを割れば位数 p の元がある．

[6] 数学者ニールス・アーベルの名前を冠している．

い．この場合の群を**加法群**(かほうぐん)と呼ぶ．加法群の単位元，逆元は e, x^{-1} の代りに 0 (ゼロ元), $-x$ と書かれる．

例 1.3 整数の全体 $\mathbb{Z}$，有理数の全体 $\mathbb{Q}$，実数の全体 $\mathbb{R}$，複素数の全体 $\mathbb{C}$ はどれも加法に関して群をなす．この場合の単位元は 0 である．また $\mathbb{R}$ や $\mathbb{C}$ 上のベクトル空間も加法に関して群をなす．この場合の単位元はゼロベクトル $\mathbf{0}$ である．これらの加法群はもちろん可換である．加法に注目していることを明記するために $(\mathbb{Z}, +), (\mathbb{Q}, +), (\mathbb{R}, +), (\mathbb{C}, +)$ のように $+$ をつけて記すことがある．

一方，$\mathbb{Q}^\times = \mathbb{Q} - \{0\}$, $\mathbb{R}^\times = \mathbb{R} - \{0\}$, $\mathbb{C}^\times = \mathbb{C} - \{0\}$ は乗法に関して群をなす．この場合の単位元は 1 である．このときも，乗法に注目していることを明記したい場合には，乗法群 $(\mathbb{Q}^\times, \cdot), (\mathbb{R}^\times, \cdot), (\mathbb{C}^\times, \cdot)$ と書く．これらはすべて無限群である．$\cos\theta + \sqrt{-1}\sin\theta \in \mathbb{C}^\times$ は $\theta = 2\pi m/n$ ($n > 0, m$ は整数) と表せるとき位数有限である．n, m を共通の素因数のないように (このとき n, m は互いに素という) 表せば，$\cos\theta + \sqrt{-1}\sin\theta$ の位数は n である．

例 1.4 (回転群)

$$A_\theta = \begin{pmatrix} \cos\theta & -\sin\theta \\ \sin\theta & \cos\theta \end{pmatrix}$$

とおく．三角関数の加法定理から

$$A_\theta A_\varphi = A_{\theta+\varphi}$$

が成り立つ．また $\alpha - \beta$ が 2π の整数倍ならば (そのときに限り) $A_\alpha = A_\beta$ が成り立つ．A_θ は平面の原点のまわりの角 θ の回転を表す行列である．これらのことから集合

$$\{A_\theta \mid 0 \leqq \theta < 2\pi\}$$

は行列の積により群をなす．この群は可換で，A_θ^{-1} は $A_{-\theta}$ により与えられる．これは無限群である．

例 1.5 (複素回転群) 行列の代わりに複素数を使って上の例と同じ群を構成してみよう．実数 x に対して複素数

$$\cos x + \sqrt{-1}\sin x$$

は，三角関数の加法定理より，

$$\cos(x+y) + \sqrt{-1}\sin(x+y) = (\cos x + \sqrt{-1}\sin x)(\cos y + \sqrt{-1}\sin y)$$

をみたす．したがって，

$$\{\cos x + \sqrt{-1}\sin x \mid 0 \leqq x < 2\pi\}$$

は群となっている．これも当然ながら無限群である．また，n を自然数とすると，

$$C_n = \left\{\cos\frac{2k\pi}{n} + \sqrt{-1}\sin\frac{2k\pi}{n} \;\middle|\; k = 0, 1, 2, \cdots, n-1\right\}$$

も群となっている．これはサイズ n の有限群となる．

3. 法 n と巡回群

1.1 節で雪の結晶や正六角形の対称回転の群は $\pi/3$ 回転を繰り返すことでできることを述べ，そのような群を巡回群と呼んだ．この考え方は任意の正 n 角形の対称回転の群に対しても同じであり，$2\pi/n$ 回転を繰り返して作り出せる．ここでは n 回繰り返すと 0 回したものと同じであり，$n+1$ 回は 1 回と同じである．このような例は他にもある．時計の目盛りは $\{1, 2, \cdots, 12\}$ であり 13 時は 1 時である．しかもこれらの数に対しては，8 時から 5 時間後は $8+5 = 13 = 1$ 時という加法や 5 時の 8 時間前は $5 - 8 = -3 = 12 - 3 = 9$ 時というような減法が定義できている．これを一般の自然数 n で行ってみよう．

整数 x, y に対し，$x - y$ が n の倍数であるとき x, y は n を法（ほう）として合同（ごうどう）であるという．このことを

$$x \equiv y \pmod{n}$$

の記号で表す．任意の整数 x は $0, 1, 2, \cdots, n-1$ の n 個の数のいずれかと合同になる (定理 2.1 を参照)．

例 1.6 2 つの整数 x, y $(0 \leqq x, y < n)$ に対し $x +_n y$ を次のようにおく.

$$x +_n y = \begin{cases} x+y & (0 \leqq x+y < n \text{ のとき}), \\ x+y-n & (n \leqq x+y \text{ のとき}). \end{cases}$$

この加法により集合

$$\mathbb{Z}/n\mathbb{Z} = \{0, 1, 2, \cdots, n-1\}$$

は群をなす.

これを示すのに,例えば結合法則を場合わけによって証明する必要はない. $x +_n y$ は $x+y$ と合同なただ 1 つの $\mathbb{Z}/n\mathbb{Z}$ 内の数であることに注意すれば,$x, y, z \in \mathbb{Z}/n\mathbb{Z}$ に対し

$$(x +_n y) +_n z \equiv (x+y) + z \pmod{n}$$
$$x +_n (y +_n z) \equiv x + (y+z) \pmod{n}$$

なので $(x +_n y) +_n z = x +_n (y +_n z)$ がわかる.$\mathbb{Z}/n\mathbb{Z}$ の単位元は 0 で x の逆元は

$$\begin{cases} 0 & (x = 0 \text{ のとき}), \\ n-x & (0 < x < n \text{ のとき}), \end{cases}$$

である.

$\mathbb{Z}/5\mathbb{Z}$ の加法表は次のようになる ($a +_5 b$ を a のある行,b のある列の交差した場所にある成分として書いてある).

	0	1	2	3	4
0	0	1	2	3	4
1	1	2	3	4	0
2	2	3	4	0	1
3	3	4	0	1	2
4	4	0	1	2	3

$\mathbb{Z}/5\mathbb{Z}$ の元 $0, 1, 2, 3, 4$ の位数はそれぞれ $1, 5, 5, 5, 5$ である．また，$\mathbb{Z}/6\mathbb{Z}$ の元 $0, 1, 2, 3, 4, 5$ の位数はそれぞれ $1, 6, 3, 2, 3, 6$ である．

時計の時刻をかけ算しても意味はないが，抽象化して n を法とするかけ算を考えることもできる．実際，整数 x, y に対し，xy を n で割った余りを $x \cdot_n y$ と書くことにする．したがって

$$xy \equiv x \cdot_n y \pmod{n}, \qquad 0 \leqq x \cdot_n y < n.$$

例えば，$5 \cdot_{12} 5 = 1$ である．ただし，$3 \cdot_{12} 4 = 12 \cdot_{12} 1 = 0$ のように 0 でない数字を 2 つ掛けて 0 となることもある．しかし，n が素数の場合には，x, y が n の倍数でなければ，xy も n の倍数でないので，$0 < x \cdot_n y < n$ となる（これは素因数分解の一意性を前提にしての話であり，厳密には第 2 章の議論にあるように，その一意性の証明を確認しておかねばならない．ここでは，素因数分解の一意性を認めて先に進むことにする．当然だと信じておられた方も多いであろうが，小学校から高等学校までの教科書では証明せずに過ごしている）．

例 1.7 素数 p に対し

$$(\mathbb{Z}/p\mathbb{Z})^\times = \{1, 2, \cdots, p-1\}$$

は乗法 $x \cdot_p y$ により群をなす．

上の説明から，集合 $(\mathbb{Z}/p\mathbb{Z})^\times$ はこの積で閉じている．乗法 $x \cdot_p y$ の結合法則は $x +_n y$ の結合法則と同様の議論で $(xy)z = x(yz)$ に帰着させて示される．単位元は 1 である．あとは逆元の存在を示せばよい．$x \in (\mathbb{Z}/p\mathbb{Z})^\times$ に対し，次の $p-1$ 個の整数を考える．

$$1 \cdot_p x, \quad 2 \cdot_p x, \quad \cdots, \quad (p-1) \cdot_p x$$

問題 1.11 これら $p-1$ 個の整数は互いに相異なることを示せ．

この問により，これらは $(\mathbb{Z}/p\mathbb{Z})^\times$ の $p-1$ 個の整数を全部尽していることがわかる．とくに 1 もこの中に必ず現れる．その第 i 番目の数 $i \cdot_p x$ が 1 に等しいとすれば，この i が x の逆元である．

$p = 7$ のとき $(\mathbb{Z}/7\mathbb{Z})^\times$ の乗法表は次のようになる.

	1	2	3	4	5	6
1	1	2	3	4	5	6
2	2	4	6	1	3	5
3	3	6	2	5	1	4
4	4	1	5	1	6	3
5	5	3	1	6	4	2
6	6	5	4	3	2	1

問題 1.12 （1） ある年のある日の曜日は，400 年後の同じ日の曜日に等しいことを示せ．つまり現行の暦 (グレゴリオ暦) は 400 年を周期としている．

（2） 400 年間に 13 日は 400×12 回現れる．これら 400×12 個の 13 日の曜日分布を調べよ．金曜が最多であるという．

問題 1.13 電卓で分数を求めると次のようになる.
$$\frac{1}{7} = 0.142857142\cdots \quad \frac{3}{7} = 0.428571428\cdots \quad \frac{2}{7} = 0.285714285\cdots$$
$$\frac{6}{7} = 0.857142857\cdots \quad \frac{4}{7} = 0.571428571\cdots \quad \frac{5}{7} = 0.714285714\cdots$$
なぜこのように 1, 4, 2, 8, 5, 7 の巡回置換が現れるのか考えよ．また左辺の 1, 3, 2, 6, 4, 5 の順はどうしてこのようになるのか，群 $(\mathbb{Z}/7\mathbb{Z})^\times$ を用いて考えよ．

G が巡回群であるとは，G のある元 x があって，G のすべての元が x のベキ (冪) で書き表されることである．すなわち $G = \{x^i \mid i \in \mathbb{Z}\}$ である．このとき，$G = \langle x \rangle$ と表し，G は x で生成される (巡回群である) という．今までの例でいうと，$\mathbb{Z} = \langle 1 \rangle$, $\mathbb{Z}/n\mathbb{Z} = \langle 1 \rangle$, $(\mathbb{Z}/7\mathbb{Z})^\times = \langle 3 \rangle$, $C_n = \langle \cos(2\pi/n) + \sqrt{-1}\sin(2\pi/n) \rangle$ なので，これらはすべて巡回群である．一般に，素数 p に対して，$(\mathbb{Z}/p\mathbb{Z})^\times$ は巡回群であることが知られている (第 3 章の章末問題 7 を参照)．

問題 1.14 加法群 $\mathbb{Q}$ は巡回群ではないことを示せ．

1.4 部分群と群の生成系

1. 正三角板の対称変換群

1.1 節で雪の結晶や正六角形の対称変換群について述べたが，立体の回転群としてこのような群を扱うために，この節では厚みのある正三角板を考え，この図形の対称回転のなす群を考えよう．図 1.7 に正三角板の 3 つの鏡映 (に対応する回転) s_1, s_2, s_3 と $2\pi/3$ の対称回転 r を表記した．

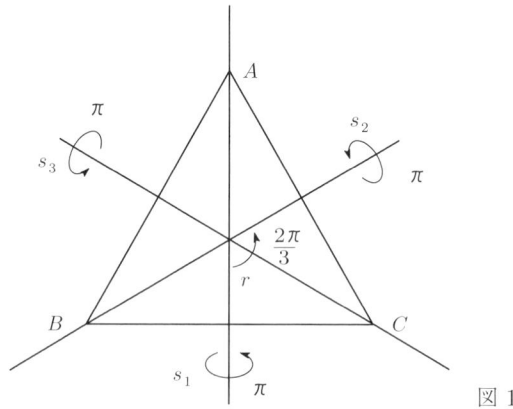

図 1.7

正三角板の対称回転は全部で e, r, r^2, s_1, s_2, s_3 の 6 個ある．ここで，e は恒等変換である．これらの積がどのような関係になっているか調べてみよう．そのためには，例えば三角形の頂点を A, B, C として，その行先を見るのがよい．

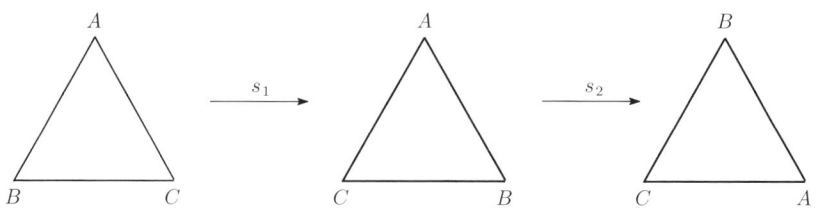

図 1.8

図 1.8 から s_2s_1 は r^2 に等しいことがわかる．同様に $s_2s_3 = r$, $rs_1 = s_3$, $s_2r = s_3$ なども確かめられる．すべての元の組合せについて積 xy を表にまとめると下のようになる．ここで xy は x の (横の) 行と y の (縦の) 列の交点に記す．

	e	r	r^2	s_1	s_2	s_3
e	e	r	r^2	s_1	s_2	s_3
r	r	r^2	e	s_3	s_1	s_2
r^2	r^2	e	r	s_2	s_3	s_1
s_1	s_1	s_2	s_3	e	r	r^2
s_2	s_2	s_3	s_1	r^2	e	r
s_3	s_3	s_1	s_2	r	r^2	e

この群を正三角形の二面体群と呼び，D_6 と記す．この乗法表から D_6 の元はもっと少数の元の式で表せることがわかる．$s_1 = s$ とおく．上の表から $s_2 = r^2s$, $s_3 = rs$ である．したがって D_6 の 6 個の元は

$$e,\ r,\ r^2,\ s,\ rs,\ r^2s$$

と表せる．このことを D_6 は「r, s で生成される」という (次の 1.4 節参照)．r と s の間にはどのような関係があるだろうか．まず

$$r^3 = e, \qquad s^2 = e \tag{1.1}$$

であることは r, s の定義から容易にわかる．また上の表から

$$sr = r^2s\ (= s_2)$$

である．$r^2 = r^{-1}$ であるから，この関係は

$$sr = r^{-1}s \tag{1.2}$$

とも書ける．したがって D_6 の 6 元は 2 元 r, s の式で表され，r, s の間には (1.1), (1.2) の関係が成り立つ．逆に D_6 の乗法表は関係式 (1.1), (1.2) から求めることができる．例えば

$$s_2 s_3 = (r^2 s)(rs) = r^2(sr)s = r^2(r^2 s)s = r^4 s^2 = r,$$
$$s_3 r^2 = (rs)r^2 = r(sr)r = r(r^2 s)r = r^3(sr) = r^2 s = s_2.$$

他の組合せもすべて同様に求められる．

2. 正六角形の対称変換の群

今度は正六角板の対称回転を考えよう．図 1.9 のように直線 ℓ による鏡映 (線対称としての反転操作) を s とし，$\pi/3$ 回転を r で表すと，正六角形の対称変換は

$$e,\ r,\ r^2,\ r^3,\ r^4,\ r^5,\ s,\ rs,\ r^2 s,\ r^3 s,\ r^4 s,\ r^5 s$$

の 12 個ある．

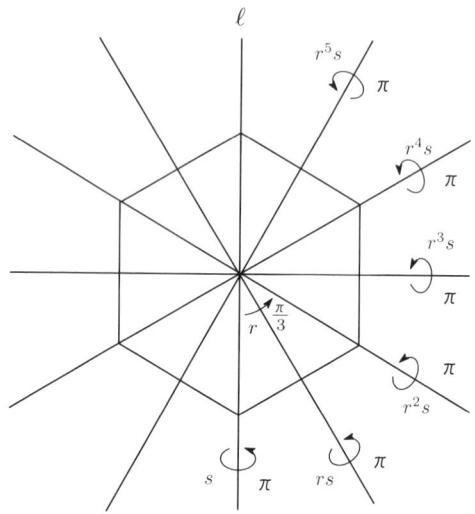

図 1.9

一般に正 n 角形の対称変換は，正 n 角形の中心のまわりの $2\pi/n$ 回転を r，正 n 角形のある対称軸における鏡映 (反転) を s とするとき，次の $2n$ 個で与えられる．

$$e,\ r,\ r^2,\ \cdots,\ r^{n-1},\ s,\ rs,\ r^2 s,\ \cdots,\ r^{n-1} s$$

このうち r から r^{n-1} までは正 n 角形の中心のまわりの回転で，後半の n 個は正 n 角形の n 本の対称軸のまわりの π 回転 (反転操作) である．r と s の間には D_6 の関係式を一般化した次の関係式

$$r^n = e, \qquad s^2 = e \tag{1.3}$$

$$sr = r^{-1}s \; (= r^{n-1}s) \tag{1.4}$$

が成り立つ．この群を D_{2n} と記して**正 n 角形の二面体群**と呼び，

$$D_{2n} = \langle r, s \mid r^n = e = s^2, sr = r^{-1}s \rangle$$

と表示する．縦線 | の右側にあるのが条件であり，この条件があれば群は決まることを示そう．

実際，s, r の積を繰り返した元 $g = \cdots s^{a_i} r^{b_i} s^{c_i} r^{d_i} \cdots$ が与えられたとする．このとき関係式 $sr = r^{-1}s$ により，r を次々に左側に移動させることができ，最終的に，$g = r^m s^k$ と書ける．しかも，$r^n = e = s^2$ なので，g は r^a または $r^a s, 0 \leqq a < n$ のどれかと一致する．しかも，これらの元の間の積は関係式から次のように表され，二面体群と一致していることがわかる．

$$\begin{aligned} r^a r^b &= r^{a+b}, & r^a(r^b s) &= r^{a+b}s, \\ (r^a s) r^b &= r^{a-b}s, & (r^a s)(r^b s) &= r^{a-b}. \end{aligned} \tag{1.5}$$

ここで a, b は $0, 1, \cdots, n-1$ の整数を動く．また $a+b, a-b$ の演算は n を法として計算すればよい．したがって 1.3 節の部分節 3 で導入した加法群 $\mathbb{Z}/n\mathbb{Z}$ の和，差と思ってよい．

例 1.8　二面体群 D_{12} の中に位数 2 の元は $r^3, s, rs, \cdots, r^5 s$ の計 7 個ある．このうちはじめの r^3 は D_{12} のすべての元と交換可能，つまり $r^3 x = x r^3$ がすべての $x \in D_{12}$ に対し成り立つ．これに対し，後半の 6 個はどれもこのような性格を持っていない．こういう代数的な性格の違いがこれら 7 個の π 回転の軸の幾何学的な，つまり見た目の違いに反映している．

3. 部分群

1.1 節で群の内部にある群を部分群と呼んだ．当然，同じ積を考えての話しである．抽象的な群の場合，すでに分かっている群の内部に新しい群を見つけるのは重要な方法の 1 つである．ここではそのことについて述べよう．

定義 1.9 H を群 G の空でない部分集合とする．G の積を使って，H 自身が群となるとき，H を G の**部分群**と呼ぶ．

補題 1.10 (部分群の判定条件) 群 G の空でない部分集合 H が次の 2 条件 (a), (b) をみたせば G の部分群になる．
(a) $x, y \in H$ ならば $xy \in H$ である．
(b) $x \in H$ ならば $x^{-1} \in H$ である．

H が部分群であれば (a), (b) は当然である．この逆を示そう．条件 (a) より，H は G の積で閉じているので，H にも積が自然に誘導される．G において結合法則が成り立っているので，H でも結合法則が成り立つ．H は空集合でないので，ある元 $x \in H$ があり，(b) より，$x^{-1} \in H$ なので，(a) より，G の単位元 $e = x \cdot x^{-1}$ も H に含まれる．明らかに，それが H の単位元であり，x^{-1} が x の逆元である．

例 1.11 (部分群の例) （1） 自明な部分群：群 G に対して，単位元だけからなる部分集合 $\{e\}$ や G 全体は上の条件を満たしているので部分群である．
（2） 加法群 $(\mathbb{C}, +)$ の部分群：$(\mathbb{Z}, +), (\mathbb{Q}, +), (\mathbb{R}, +)$．
（3） 乗法群 $\mathbb{C}^\times = \mathbb{C} - \{0\}$ の部分群：$C_n, \mathbb{Q}^\times = \mathbb{Q} - \{0\}, \mathbb{R}^\times = \mathbb{R} - \{0\}$．
（4） 二面体群 D_{12} の部分群：
$\{e, r^2, r^4\}, \{e, r^3\}, \{e, r^2, r^4, s, r^2s, r^4s\}, \{e, r^2, r^4, rs, r^3s, r^5s\}$ など．
（5） $\mathbb{Z}/12\mathbb{Z}$ の部分群：

$\quad \{0, 2, 4, 6, 8, 10\}, \quad \{0, 3, 6, 9\}, \quad \{0, 4, 8\} \quad$ など

問題 1.15 $D_{12}, \mathbb{Z}/12\mathbb{Z}$ の上記以外の部分群をすべて見つけよ．

問題 1.16 群 G の部分群 H, K に対し，共通部分 $H \cap K$ も G の部分群となることを示せ．このことは有限個または無限個の部分群の族に対しても成り立つことも示せ．和集合 $H \cup K$ が部分群とならない例を示せ．

x を群 G の元とする．次の部分集合

$$\{x^m \mid m \in \mathbb{Z}\}$$

は G の部分群である．これを $\langle x \rangle$ と記し，x の生成する G の部分群と呼ぶ．実際 $m, n \in \mathbb{Z}$ に対し $x^m x^n = x^{m+n}, (x^n)^{-1} = x^{-n}$ はこの部分集合に属する．この部分群は一元 x だけで生成されているので巡回群である．このように一般の群にはたくさんの巡回群が含まれている．部分群が巡回群であるとき，それを巡回部分群と呼ぶことがある．

例 1.12 (巡回部分群の例) $\mathbb{Z}$ は加法群 $\mathbb{C}$ の巡回部分群である．C_n は乗法群 $\mathbb{C}^\times$ の巡回部分群である．

定理 1.13 巡回群の部分群は巡回群である．

証明 G を巡回群 $\langle x \rangle$ とし，H を G の部分群とする．$H \neq \{e\}$ としてよい．したがって $x^m \in H$ となるような整数 $m > 0$ は必ずある．このような整数のうち最小のものを選ぶことにしよう．それを m とする．$H = \langle x^m \rangle$ であることを示したい．明らかに $H \supset \langle x^m \rangle$ だから $H \subset \langle x^m \rangle$ を言えばよい．

G の元はすべて x^k の形に表せるので，$x^k \in H$ とする．k を m で割った余りを i とする $(0 \leqq i < m)$．$k = qm + i$ と表せるから $i = k - qm$ より

$$x^i = x^k (x^m)^{-q}.$$

ここで仮定から $x^k \in H, (x^m)^{-q} \in H$ ゆえ $x^i \in H$ となる．$0 \leqq i < m$ であるから m の選び方により $i = 0$ でなければならない．したがって，$x^i = e$，$x^k = (x^m)^q$ となり $x^k \in \langle x^m \rangle$ であることがわかる．これから $H \subset \langle x^m \rangle$ が従う． □

問題 1.17 m, n が自然数で m が n の約数のとき，$\mathbb{Z}/n\mathbb{Z}$ はサイズ m の部分群を持つことを示せ．そのような部分群はいくつあるか．

X を群 G の部分集合とし，$X^{-1} = \{x^{-1} \mid x \in X\}$ とおく．次のように表される G の元 w

$$w = x_1 x_2 \cdots x_n, \qquad x_i \in X \cup X^{-1}$$

を X に関する語 (word) という．当然，同じものが何回出てきてもよい．ここで n は 0 でもよい．$n = 0$ のときは $w = e$ と約束する．語の表示はいく通りも有り得る（例えば，$w = x_1 x_2$ のとき $w = x_1 x_2 x_1 x_1^{-1}$ とも表される）．

例 1.14 $X = \{a, b, c\}$ のとき

$$ba^{-1}a^{-1}a^{-1}bccccaaaaa, \qquad c^{-1}c^{-1}bab^{-1}b^{-1}b^{-1}ccccc, \qquad aba^{-1}c$$

などは X に関する語である．

w_1, w_2 を X に関する語とする．

$$w_1 = x_1 \cdots x_n, \qquad w_2 = y_1 \cdots y_m$$

ならば $w_1 w_2 = x_1 \cdots x_n y_1 \cdots y_m$，$(w_2)^{-1} = y_m^{-1} \cdots y_1^{-1}$ も X に関する語による表示である．したがって X に関する語として表される G の元全体は G の部分群をなす．これを

$$\langle X \rangle = \{x_1^{\varepsilon_1} x_2^{\varepsilon_2} \cdots x_r^{\varepsilon_r} \mid r \geqq 0, x_i \in X, \varepsilon_i = \pm 1\}$$

と記し，X の生成する G の部分群と呼ぶ．$G = \langle X \rangle$ のとき，群 G は X で生成されるという．このとき X を G に対する（1つの）生成系と呼ぶ．G の生成系はいく通りも考えられる．$X = \{x_1, \cdots, x_n\}$ のとき，$\langle X \rangle = \langle x_1, \cdots, x_n \rangle$ とも表す．

例 1.15 二面体群 D_{2n} は 2 元 r, s で生成される．また 2 つの鏡映 s, rs を生成系にとることもできる．実際 $r = (rs)s$ ゆえ $\langle s, rs \rangle$ は r, s を含むので D_n 全体になる．

問題 1.18 加法群 $\mathbb{Q}$ は有限個の元で生成されないことを示せ．

ルービック・キューブ

 ここでは一息入れて，ルービック・キューブに思いを馳せてみよう．通常の 6 色で 3 段になっているものとする．初期状態として，6 つの面がそれぞれ一色に綺麗に整った状態を想定しよう．そこから，各面を右回りに 90 度回転するという操作を適宜施しながら，ルービック・キューブの模様の変換を行う．このようにして，ルービック・キューブの変換群 G を誕生させる．6 つある面に 1 から 6 までの番号をつけて，各面の 90 度回転をそれぞれ $\rho_1, \cdots, \rho_6$ と名づけておく．そうすると，変換群 G は 6 種類の回転の組合せで実現される．恒等変換 e は何もしないでおくことで実現されるし，逆変換は逆の操作を逆の順番で施せばよい．左回りの回転は逆変換ということで ρ_i^{-1} という記号で表す．同じ面の 90 度回転を 4 回続けると元に戻るので $\rho_i^4 = e$，ということは $\rho_i^{-1} = \rho_i^3$ となっている．平行な面に対するそれぞれの回転 ρ_i, ρ_j では $\rho_i \rho_j = \rho_j \rho_i$ が成立しているが，隣り合う面に対するそれぞれの回転 ρ_i, ρ_k では $\rho_i \rho_k \neq \rho_k \rho_i$ である．すべての模様は面の 90 度回転をいくつか施して得られるので，我々の記号で

$$G = \langle \rho_1^{\pm 1}, \cdots, \rho_6^{\pm 1} \rangle = \langle \rho_1, \cdots, \rho_6 \rangle$$

と表すことができる．それでは，模様は全部で何通りあるのであろうか．この通常のルービック・キューブの場合には 43252003274489856000 通りが答えである．おおむね四千京という大きさになる．これがルービック・キューブ群 G のサイズ $|G|$ の具体的な値である．これを求めるには数学的な考察を深めないといけないが，群論を用いると

$$\frac{8! \cdot 3^7 \cdot 12! \cdot 2^{11}}{2}$$

という式で計算される．$8!$ は 8 個の頂点の移動として 8 次対称群が，また $12!$ は 12 辺の移動として 12 次対称群がそれぞれ関係していることを示唆している．これらの n 次対称群については次の節で説明する．2 で割るのは，その両者が微妙に関係しているからである．このように思いもかけない形で群が役に立つ場合も少なくない．一服したので，ここらで本論に戻ることにしよう．

1.5 より複雑な群の例

1. あみだくじと置換の群

　置換について読者は，すでに行列式を定義するときに学んでいることと思う (例えば『明解線形代数』3.2 節を参照). ここでは群の立場で置換について整理しながら復習し，その群としての性質をもっと詳しく学ぶことにする.

　3 個の数 1, 2, 3 の置換とは，これらの数の並べかえのことである. どの数がどの数に並べかえられたかを明示するため，置換を次のように 2 行に表示する. 1, 2, 3 の置換は次の 6 個ある (動きを矢印で表す).

$$\begin{pmatrix} 1 & 2 & 3 \\ \downarrow & \downarrow & \downarrow \\ 1 & 2 & 3 \end{pmatrix}, \quad \begin{pmatrix} 1 & 2 & 3 \\ \downarrow & \downarrow & \downarrow \\ 2 & 1 & 3 \end{pmatrix}, \quad \begin{pmatrix} 1 & 2 & 3 \\ \downarrow & \downarrow & \downarrow \\ 3 & 2 & 1 \end{pmatrix},$$

$$\begin{pmatrix} 1 & 2 & 3 \\ \downarrow & \downarrow & \downarrow \\ 1 & 3 & 2 \end{pmatrix}, \quad \begin{pmatrix} 1 & 2 & 3 \\ \downarrow & \downarrow & \downarrow \\ 2 & 3 & 1 \end{pmatrix}, \quad \begin{pmatrix} 1 & 2 & 3 \\ \downarrow & \downarrow & \downarrow \\ 3 & 1 & 2 \end{pmatrix}. \tag{1.6}$$

これらの置換は写像として理解するのが便利である. 1, 2, 3 の置換とは，集合 $\{1, 2, 3\}$ からそれ自身への全単射な写像と定義することにしよう.

$$\sigma : \{1, 2, 3\} \to \{1, 2, 3\}$$

が全単射な写像のとき σ を次の記号

$$\begin{pmatrix} 1 & 2 & 3 \\ \downarrow & \downarrow & \downarrow \\ \sigma(1) & \sigma(2) & \sigma(3) \end{pmatrix}$$

で表すことにする. (1.6) の 6 個の置換はそれぞれ 6 個の写像を表している. 2 つの置換に対し，その積を写像の合成として定義しよう. 例えば

$$\begin{pmatrix} 1 & 2 & 3 \\ \downarrow & \downarrow & \downarrow \\ 2 & 1 & 3 \end{pmatrix} \begin{pmatrix} 1 & 2 & 3 \\ \downarrow & \downarrow & \downarrow \\ 1 & 3 & 2 \end{pmatrix} = \begin{pmatrix} 1 & 2 & 3 \\ \downarrow & \downarrow & \downarrow \\ 2 & 3 & 1 \end{pmatrix},$$

$$\begin{pmatrix} 1 & 2 & 3 \\ \downarrow & \downarrow & \downarrow \\ 1 & 3 & 2 \end{pmatrix} \begin{pmatrix} 1 & 2 & 3 \\ \downarrow & \downarrow & \downarrow \\ 2 & 1 & 3 \end{pmatrix} = \begin{pmatrix} 1 & 2 & 3 \\ \downarrow & \downarrow & \downarrow \\ 3 & 1 & 2 \end{pmatrix}.$$

一般に X を集合とするとき，X から X への全単射な写像 $f: X \to X$ を集合 X の置換と呼ぶ．X の置換全体のなす集合を S_X と表す．X としてとくに $1, 2, \cdots, n$ の n 個の数の集合をとったときは簡単のため

$$S_n = S_{\{1,2,\cdots,n\}}$$

と表す．f, g が集合 X の置換ならば，合成写像 $fg: X \to X$ および逆写像 $f^{-1}: X \to X$ も明らかに X の置換である．次の結果は容易に示されるであろう．

命題 1.16 （1） S_X は写像の合成を積，恒等写像を単位元，逆写像を逆元として群をなす．
（2） S_n はサイズ $n!$ の有限群である．

S_n を n 次対称群と呼ぶ．

とくに 2 つの元だけを交換し，その他の元を動かさないような置換を**互換**と呼ぶ．記号を簡単にするために動かさない部分を省略し

$$\begin{pmatrix} a & b \\ \downarrow & \downarrow \\ b & a \end{pmatrix}$$

または，(a, b) で表す[7]．また，a_1 が a_2 に，a_2 が a_3 に，$\cdots$，a_r が a_1 に移る，すなわち，ちょうど一巡する

$$\begin{pmatrix} a_1 & a_2 & \cdots & a_{r-1} & a_r \\ \downarrow & \downarrow & & \downarrow & \downarrow \\ a_2 & a_3 & \cdots & a_r & a_1 \end{pmatrix}$$

の形の置換を長さ r の**巡回置換**と呼ぶ．これを $(a_1, a_2, \cdots, a_r)$ で表す[8]．

---

[7] 2 項数ベクトルと間違わないように!!
[8] 数学者は括弧で文字や数字を囲みいろいろな意味に使うので注意が必要である．置換だとわかる場合にはこれで巡回置換を表す．

この置換によって成分は右に順番に移り,最後の a_r は括弧の最初に戻る.

任意の置換 g に対して,元 a をとると,$g^m(a) = a$ となる自然数 m があり,そのような最小の自然数を m とすると,巡回置換 $\phi_1 = (a, g(a), g^2(a), \cdots, g^{m-1}(a))$ は $\{a, g(a), \cdots, g^{m-1}(a)\}$ に関しては g と同じ動きをし,それ以外の元を動かさない.次に $\{a, g(a), \cdots, g^{m-1}(a)\}$ 以外の元の g による動きを同じように記述していけば,互いに成分に重なりがないいくつかの巡回置換 $\phi_1, \cdots, \phi_m$ の積

$$g = \phi_1 \cdots \phi_m$$

でかける.これを g の**巡回表示**と呼ぶ.

問題 1.19 $\begin{pmatrix} 1 & 2 & 3 & 4 & 5 & 6 & 7 \\ \downarrow & \downarrow & \downarrow & \downarrow & \downarrow & \downarrow & \downarrow \\ 3 & 6 & 5 & 2 & 7 & 4 & 1 \end{pmatrix}$ を巡回表示せよ.

定理 1.17 (対称群の生成系) （1） 互換 (a, b) の全体は群 S_n を生成する.

（2） 基本互換 $(1, 2), (2, 3), \cdots, (n-1, n)$ は群 S_n を生成する.

証明 （1） 実際,任意の巡回置換 $(a_1, \cdots, a_r)$ は

$$(a_1, \cdots, a_r) = (a_1, a_2)(a_2, a_3) \cdots (a_{r-1}, a_r)$$

と書けるので互換の積である.

（2） 任意の互換 (a, b) をとる.$a < b$ としてよい.このとき,

$(a, b) = (b-1, b)(b-2, b-1) \cdots (a+1, a+2)(a, a+1) \cdots (b-2, b-1)(b-1, b)$

であるから (1) より従う. □

対称群 S_n の生成系である基本互換 $(1, 2), (2, 3), \cdots, (n-1, n)$ は次の関係をみたしている [9].

---

[9] この関係式はじつは群 S_n の特徴づけになっているので大変重要である (ただし本書の範囲では証明できない).

$$(i-1,i)^2 = e,$$
$$(i-1,i)(j-1,j) = (j-1,j)(i-1,i), \quad i < j-1 \text{ のとき},$$
$$(i-1,i)(i,i+1)(i-1,i) = (i,i+1)(i-1,i)(i,i+1), \quad i = 2,\cdots,n-1.$$
(1.7)

基本互換はあみだくじの横線に対応している．すなわち，下図のように n 本の縦線を引き，m 本目と $m+1$ 本目を結ぶ横線だけが与えられた簡単なあみだくじを考える．このとき，これは m と $m+1$ を交換する互換 $(m, m+1)$ になっている．

```
 1   2      m   m+1       n-1   n
 |   |  ⋮   |———|    ⋮    |    |
```

あみだくじはこの基本互換の組合せである．それゆえ，前の定理により，すべての置換をあみだくじで表すことができる．逆に，与えられた置換を基本互換の積に表すには次の図表示を用いるのがよい．

例 1.18 $\sigma = \begin{pmatrix} 1 & 2 & 3 & 4 & 5 \\ \downarrow & \downarrow & \downarrow & \downarrow & \downarrow \\ 2 & 5 & 4 & 1 & 3 \end{pmatrix}$ を基本互換の積で表してみよう．

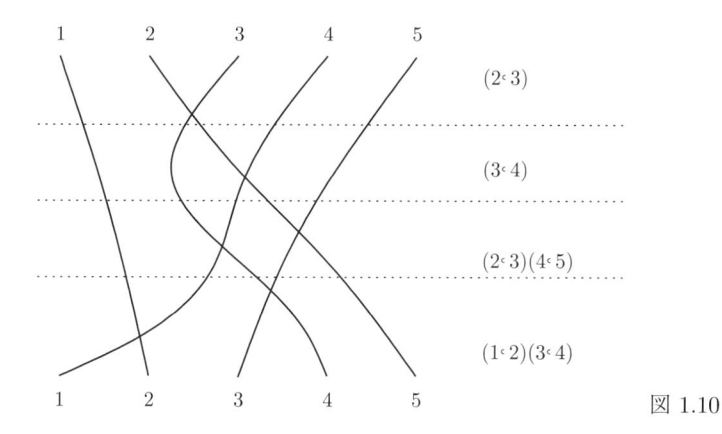

図 1.10

σ に従って上下の数を線で結ぶと，図 1.10 のように 6 個の交点が現れる．破線で区切られた部分は右欄に記入した置換であることに注意すると，次の表示

が得られる.

$$\begin{pmatrix} 1 & 2 & 3 & 4 & 5 \\ \downarrow & \downarrow & \downarrow & \downarrow & \downarrow \\ 2 & 5 & 4 & 1 & 3 \end{pmatrix} = (1,2)(3,4)(2,3)(4,5)(3,4)(2,3).$$

> **発展** こうして σ は 6 個の基本互換の積で表されたが,じつはこの 6 個という数は最小である.一般に置換 $\sigma \in S_n$ に対し,$i < j$ かつ $\sigma(i) > \sigma(j)$ となる数の対 (i,j) の総数を σ の**逆転数**と呼び ℓ_σ と表す.この例では $\ell_\sigma = 6$ である.どんな置換に対しても,上図のような図を (うまく) 描けばその交点の数がちょうど ℓ_σ に等しくすることができる.したがって,この例と同様に σ は ℓ_σ 個の基本互換の積に表すことができる.

問題 1.20 群 S_n は 2 元 $(1,2), (1,2,\cdots,n)$ で生成されることを示せ.

ここで置換の符号について復習しよう (『明解線形代数』68-69 頁を参照).置換 $\sigma \in S_n$ に対し

$$\varepsilon(\sigma) = \prod_{i<j} \frac{\sigma(j) - \sigma(i)}{j - i}$$

を σ の**符号**と呼ぶ.$\varepsilon(\sigma)$ は $1, -1$ のいずれかの値をとる.$\varepsilon(\sigma) = 1$ (または -1) のとき σ を**偶置換** (または **奇置換**) と呼ぶ.$\{\sigma(j) - \sigma(i)\}/(j-i)$ が負になるのは $i < j, \sigma(i) > \sigma(j)$ のときだから,上の例で述べた逆転数を用いると $\varepsilon(\sigma) = (-1)^{\ell_\sigma}$ とも表せる.

2 つの置換 σ, τ に対しては $\varepsilon(\sigma\tau) = \varepsilon(\sigma)\varepsilon(\tau)$ が成り立つ.また互換は奇置換である.このことから偶置換 (または奇置換) は必ず偶数個の (または奇数個の) 互換の積に表せることがわかる.長さ k の巡回置換は k が偶数 (または奇数) のとき奇置換 (または偶置換) になる.

この結果の応用を 1 つ紹介しよう.サムロイドというアメリカの有名なゲーム制作者が作ったゲームがある.4×4 のマスに $1 \sim 15$ の番号の付いた正方形の板が下図のように並んでいるものである.

1	2	3	4
5	6	7	8
9	10	11	12
13	15	14	空白

懸賞問題は，空白に隣り合う板を空白に移動させて行きながら最終的に 14 と 15 を交換して順序よく並べろという問題である．彼はこれに多額の賞金をつけた．しかし，誰も賞金を手にしていない．難しいのではなく，これは決して解けない問題なのである．空白に隣り合う板を移動させることは，空白と板の互換である．しかも空白が上下，左右に移動して元の位置に戻るには偶数回互換が必要である．それゆえ，「偶置換で 14 と 15 を交換せよ」ということになる．しかし，14 と 15 だけの交換は奇置換だから決してできない．

命題 1.19 S_n における偶置換の全体はサイズ $n!/2$ の部分群をなす．ただし，$n \geqq 2$ とする．

この部分群を n 次交代群と呼び A_n と表す．この群は「5 次以上の方程式が一般にはベキ根だけでは解けない」という結果の仕組みを解明したガロア理論において本質的な役割を果たす重要な群である．

証明 σ, τ が偶置換なら $\varepsilon(\sigma\tau) = \varepsilon(\sigma)\varepsilon(\tau) = 1$ ゆえ $\sigma\tau$ も偶置換である．$\varepsilon(\sigma) = 1$ より

$$\varepsilon(\sigma^{-1}) = \varepsilon(\sigma)\varepsilon(\sigma^{-1}) = \varepsilon(\sigma\sigma^{-1}) = \varepsilon(e) = 1$$

だから σ^{-1} も偶置換である．これらのことから，偶置換の全体は S_n の部分群をなすことがわかる．また互換 $(1,2)$ を 1 つ決めておくと

$$\sigma \longleftrightarrow (1,2)\sigma$$

の対応で奇置換と偶置換は 1 対 1 に対応する．したがって奇置換と偶置換は同

数ずつ存在する．これよりサイズがわかる． □

小さい n に対して実際に S_n を求めてみよう．

$S_1 = \{(1)\} = A_1$
$S_2 = \{(1),(1,2)\},\ A_2 = \{(1)\}$
$S_3 = \{(1),(1,2),(2,3),(1,3),(1,2,3),(1,3,2)\}$
$A_3 = \{(1),(1,2,3),(1,3,2)\}$
$S_4 = \{(1),(1,2),(1,3),(1,4),(2,3),(2,4),(3,4),(1,2,3),(1,3,2),$
　　　$(1,2,4),(1,4,2),(1,3,4),(1,4,3),(2,3,4),(2,4,3),(1,2)(3,4),$
　　　$(1,3)(2,4),(1,4)(2,3),(1,2,3,4),(1,2,4,3),(1,3,2,4),(1,3,4,2),$
　　　$(1,4,2,3),(1,4,3,2)\}$
$A_4 = \{(1),(1,2,3),(1,3,2),(1,2,4),(1,4,2),(1,3,4),(1,4,3),(2,3,4),$
　　　$(2,4,3),(1,2)(3,4),(1,3)(2,4),(1,4)(2,3)\}$

問題 1.21 S_4 のサイズ 6 の部分群はどのようなものか．そのような部分群は全部でいくつあるか．

問題 1.22 $n \geq 3$ とする．交代群 A_n は次の生成系を持つことを示せ．
（1） 長さ 3 の巡回置換 (i,j,k) 全体．
（2） $(1,2,3),(2,3,4),\cdots,(n-2,n-1,n)$．
（3） $(1,2,3),(1,3,4),\cdots,(1,n-1,n)$．

2. 行列の群

線形代数で学んだ行列は群の研究においても役に立つ．例えば，1.2 節で正四面体の対称回転を考えたが，これは空間全体で見ると長さを変えない線形変換を引き起こしている．そのような線形変換を与える行列は直交行列である．

この節では成分として $\mathbb{R}$（実数全体）のみを考えるが，当然，複素数を成分とする行列に対しても同じようなことが言える．n 次実正方行列の全体の集合を $M_n(\mathbb{R})\,(=M(n,\mathbb{R}))$ と表すことにしよう．$A \in M_n(\mathbb{R})$ が正則行列であるとは A が逆行列 A^{-1} を持つことであった．2 つの正則行列の積は正則であ

り，n 次実正則行列の全体のなす集合 $GL_n(\mathbb{R})$ は行列の積により群をなすことがわかる．単位元は単位行列 E であり，逆元は逆行列で与えられる．これを**(実)一般線形群**と呼ぶ．特に，行列式 1 の実正則行列の全体 $SL_n(\mathbb{R})$ は $GL_n(\mathbb{R})$ の部分群をなす．これを**(実)特殊線形群**と呼ぶ．

$GL_n(\mathbb{R})$ や $SL_n(\mathbb{R})$ の部分群で重要なものをいくつか挙げよう．それらが部分群になることは容易に検証できるので読者に任せることにする．

$M_n(\mathbb{R})$ における直交行列の全体 O_n は $GL_n(\mathbb{R})$ の部分群をなす．これを **n 次直交群**と呼ぶ．$A \in M_n(\mathbb{R})$ が直交行列とは ${}^tA = A^{-1}$ となることであった．直交行列の行列式は ± 1 であるが，行列式 1 の直交行列の全体 SO_n は O_n および $SL_n(\mathbb{R})$ の部分群をなす．これを **n 次特殊直交群**と呼ぶ．

直交群 O_n のうちで $n = 2, 3$ の場合については『明解線形代数』8.3 節にも述べられている．重要なので結果を下にまとめておこう．

2 次直交群 O_2 は次の行列の全体である．

$$O_2 = \{A_\theta, B_\varphi \mid 0 \leqq \theta, \varphi < 2\pi\}$$

ここで

$$A_\theta = \begin{pmatrix} \cos\theta & -\sin\theta \\ \sin\theta & \cos\theta \end{pmatrix}, \quad B_\varphi = \begin{pmatrix} \cos\varphi & \sin\varphi \\ \sin\varphi & -\cos\varphi \end{pmatrix}$$

とする．A_θ は平面 E^2 における原点 O のまわりの角 θ の回転を表す．また，B_φ は x 軸を O のまわりに角 $\varphi/2$ 回転させた直線に関する鏡映を表している．

空間 E^3 において，原点 O を通るある直線 ℓ のまわりのある角の回転はある行列式 1 の 3 次直交行列で表される．逆に A が行列式 1 の 3 次直交行列ならば A の表す空間 E^3 の変換は O を通るある直線のまわりの回転である（『明解線形代数』定理 8.10 を参照）．すなわち次の図式で示される 1 対 1 の対応がある．

$$\begin{array}{ccc} f : E^3 \to E^3 & & \\ O \text{ を通るある直線の} & \longleftrightarrow & A \in SO_3. \\ \text{まわりの回転} & & \end{array}$$

この対応から，O を通るある直線のまわりの回転変換の全体は変換の合成に関して群をなすこと，およびその群が SO_3 と本質的に同じであることがわかる．このために SO_3 を簡単に 3 次元の回 転 群（かいてんぐん）とも呼ぶ．

$A \in GL_3(\mathbb{R})$ の引き起こす 3 次元空間 E^3 の変換を $L_A: E^3 \to E^3$ と表すことにしよう．$L_A: (x, y, z) \mapsto (x', y', z')$ は

$$\begin{pmatrix} x' \\ y' \\ z' \end{pmatrix} = A \begin{pmatrix} x \\ y \\ z \end{pmatrix}$$

で定められる．空間 E^3 内に正多面体，正多角形板などの立体図形 T が置かれているとする (簡単のため T の重心を原点 O にとる)．L_A が T を T 自身に写す，つまり $L_A(T) = T$ なる $A \in SO_3$ の全体は容易にわかるように SO_3 の部分群をなす．これは，O を通るある直線のまわりの回転で T を T 自身に写すもの，つまり T の対称回転，の全体のなす群と本質的に同じ群である．これを T の**回転群** (または回転対称群) と呼ぶ．したがってこれまでに考えた正多面体や正多角形板の回転群は，SO_3 の有限部分群として実現できることになる．SO_3 を O_3 まで拡げて，$L_A(T) = T$ なる $A \in O_3$ の全体のなす群を考えることもできる．これを T の**対称群**と呼ぶ．これは T の回転群を部分群として含んでいる．

1.6 準同型と同型

2 つの群 G と G' を比較することを考えよう．これらの群はどんなときに同じと考え，どんなときに異なると考えるべきであろうか．例えば，一方はアーベル群 (可換群) で他方は非可換群，一方は無限群で他方は有限群というように性格がまったく異なっていれば，当然異なる群と言える．しかし性格のよく似た 2 つの群の関係を調べるためにはどうしたらよいだろうか．それには写像を用いるのが 1 つの方法である．

$$\varphi: G \to G'$$

を G から G' への写像とする.

すべての $x, y \in G$ に対し $\varphi(xy) = \varphi(x)\varphi(y)$ が成り立つとき, φ を G から G' への**準同型写像**(または単に**準同型**) という.

準同型の考えは群に限らず, 他の代数系についても今後ともおいおい現れてくる. 準同型の中でも, φ が全単射の場合がとくに重要である. 全単射である準同型を**同型写像**と呼ぶ. このとき逆写像 $\varphi^{-1} : G' \to G$ も同型写像になる. 実際 $x', y' \in G'$ ならば, φ が全単射ゆえ $x' = \varphi(x), y' = \varphi(y)$ となる $x, y \in G$ が一意的に決まる. $x'y' = \varphi(x)\varphi(y) = \varphi(xy)$ だから, $\varphi^{-1}(x') = x, \varphi^{-1}(y') = y, \varphi^{-1}(x'y') = xy$ となるので

$$\varphi^{-1}(x'y') = \varphi^{-1}(x')\varphi^{-1}(y')$$

が成り立つことになり, φ^{-1} は (準) 同型写像になる.

一般に 2 つの群 G, G' について G から G' へ (または G' から G へ) 同型写像が作れるとき, この 2 つの群は互いに**同型**であるといい,

$$G \cong G'$$

の記号で表す.

おいおい見て行くように, 同型写像により群の性質はすべて一方から他方へ移せるので, 同型な群は完全に同じ性質をもち, したがって互いに同じ群とみなしてよい.

例 1.20 (1) 写像 $\varphi : \mathbb{R} \to \mathbb{C}^\times$ を $\varphi(x) = \cos x + \sqrt{-1} \sin x$ とおく. 例 1.5 から $x, y \in \mathbb{R}$ に対し

$$\varphi(x + y) = \varphi(x)\varphi(y)$$

が成り立つので φ は加法群 $(\mathbb{R}, +)$ から乗法群 $\mathbb{C}^\times$ への準同型である.

(2) 写像 $\varphi : \mathbb{Z}/n\mathbb{Z} \to C_n$ を $\varphi(k) = \cos(2k\pi/n) + \sqrt{-1} \sin(2k\pi/n)$ とおく. (1) と同様に $k, m \in \mathbb{Z}/n\mathbb{Z}$ に対し $\varphi(k +_n m) = \varphi(k)\varphi(m)$ が成り立つ. また φ は全単射なので群の同型写像である. したがって 2 つの群 $\mathbb{Z}/n\mathbb{Z}, C_n$ は互いに同型である.

(3) 一般に群 G の元 x に対し，写像 $\varphi: \mathbb{Z} \to G, \varphi(m) = x^m$ は準同型写像である．これを用いて次の事実が容易に示される．

(a) 無限巡回群は $\mathbb{Z}$ と同型である．

(b) サイズ n の巡回群は $\mathbb{Z}/n\mathbb{Z}$ と同型である．

(4) 正三角形の対称変換群： 図 1.11 のように正三角形の頂点の位置に 1, 2, 3 の番号を付け，鏡映 s_1, s_2, s_3 と $2\pi/3$ 回転 r を考えてみる．

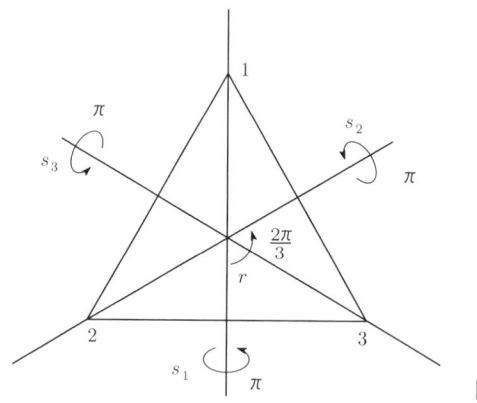

図 1.11

この番号は 1.2 節と同様，頂点の位置に対して割り振るので三角形の頂点そのものに付けたわけではない．すなわち，三角形を変換しても番号の位置は変わらない．対称回転を施すと，1 にあった頂点は 2 または 3 の位置に写される．つまり 1 つの対称回転は頂点の位置 1, 2, 3 の置換を引き起こす．例えば図の $2\pi/3$ 回転 r は 1 にあった頂点を 2 の位置へ，2 にあった頂点を 3 の位置へ写すから，巡回置換 $(1,2,3)$ を引きす．この写像を $\varphi: D_6 \to S_3$ とおく．具体的には

$$\varphi(r) = (1,2,3),$$
$$\varphi(s_1) = (2,3), \quad \varphi(s_2) = (1,3), \quad \varphi(s_3) = (1,2)$$

となる．正三角板の 2 つの対称回転 σ, τ に対し

$$i \xrightarrow{\tau} j \xrightarrow{\sigma} k$$

のように，τ が位置 i の頂点を位置 j へ写し，σ が位置 j の頂点を位置 k へ

写すとすれば，合成回転 $\sigma\tau$ は位置 i の頂点を位置 k へ写す．このことから $\varphi(\sigma\tau) = \varphi(\sigma)\varphi(\tau)$ が従う．したがって φ は群の準同型である．

一方，S_3 は $(1,2)$ と $(2,3)$ で生成されているから φ は全射である．D_6 と S_3 はともにサイズ 6 なので φ は単射でもある．以上から二面体群 D_6 と対称群 S_3 は同型であることがわかる．

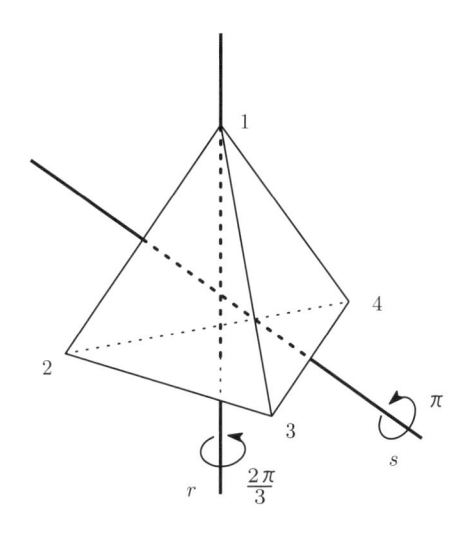

図 1.12

（5） 図 1.12 のような正四面体とその対称変換を考える．(4) と同様にこの正四面体の 4 頂点の位置に 1, 2, 3, 4 の番号をふる．G を正四面体の回転対称群とする．正四面体の対称回転は 1, 2, 3, 4 の置換を引き起こすから (4) と同様に群の準同型 $\varphi : G \to S_4$ が得られる．例えば図の r と s に対しては

$$\varphi(r) = (2,3,4), \qquad \varphi(s) = (1,2)(3,4).$$

これらは偶置換である．G は 8 個の周期 3 の回転と 3 個の周期 2 の回転，および恒等回転からなるが，周期 3 の回転は長さ 3 の巡回置換を，周期 2 の回転は $(a,b)(c,d)$ の形の置換を引き起こすことが，実際に検証することによりわかる．したがって $x \in G$ に対し $\varphi(x)$ はつねに偶置換である．だから φ を $\varphi : G \to A_4$ とみなしてよい．上の観察からこれは単射準同型である．そして G, A_4 のサイズはともに 12 だから φ は同型になる．以上から正四面体群は交代群 A_4 と同型なことが分かった．

以上により，とくに巡回群は $\mathbb{Z}$ か $\mathbb{Z}/n\mathbb{Z}$ (あるいは C_n) のいずれかに同型であることが分かった．巡回群はしばしば様々な形で登場するので，記号を定めておくと便利である．今まで扱ってきた具体的な巡回群だけではなく，より一般的にも，無限巡回群を $\mathbb{Z}$ や Z で，位数 n の巡回群を $\mathbb{Z}/n\mathbb{Z}$ や C_n または は Z_n で表すことが多い．

ここで準同型と同型写像について簡単な性質をまとめておこう．$\varphi : G \to G'$ を群の準同型とする．φ により G の単位元 e は G' の単位元 e' に写される．実際 $e^2 = e$ より $\varphi(e)^2 = \varphi(e)$ が成り立つ．$\varphi(e)$ の逆元を右からかけて $\varphi(e) = e'$ を得る．また $x \in G$ に対し，$\varphi(x^{-1}) = \varphi(x)^{-1}$ が成り立つ．実際 $x \cdot x^{-1} = e$ より $\varphi(x)\varphi(x^{-1}) = \varphi(e) = e'$ なので $\varphi(x)^{-1}$ を左からかければよい．

H が G の部分群ならば $\varphi(H) = \{\varphi(x) \mid x \in H\}$ は G' の部分群である．証明は容易なので読者に任せる．これを φ による H の像という．とくに $H = G$ のとき，$\varphi(G)$ を φ の像と呼ぶ．

問題 1.23 群の準同型 $\varphi : G \to G'$ による G の部分群 H の像 $\varphi(H)$ は G' の部分群であることを示せ．

$x \in G$ が有限位数 n を持てば $\varphi(x)^n = \varphi(x^n) = \varphi(e) = e'$ であるから $\varphi(x)$ も高々 n の有限位数を持つ．φ が同型写像ならば x と $\varphi(x)$ の位数は等しい．

$\varphi : G \to G'$ および $\psi : G' \to G''$ が群の準同型ならば合成写像 $\psi\varphi : G \to G''$ も準同型になる．φ, ψ が同型写像のときは $\psi\varphi$ も同型写像である．

正四面体と正六角板はともにサイズ 12 の回転群を持つ．それぞれ A_4 と D_{12} に同型である．この 2 つの群は互いに同型でない．このことがこの 2 つの立体の見た目の対称性の違いに反映している．例えば D_{12} は位数 6 の元を持つが A_4 は持たない．このことは，正六角板が周期 6 の対称回転を持つのに対し，正四面体はそのような回転を持たないことに対応している．

問題 1.24 群 G の 1 つ元 g を使って，写像 $\varphi_g : G \to G$ を $\varphi_g(x) = gxg^{-1}$ とおく．φ_g は同型写像であることを示せ．このように群からそれ自身への同型写像を**自己同型**と呼ぶ．特に上のように与えられる自己同型を**内部自己同型**と呼ぶ．

問題 1.25 対称群 S_3 の自己同型 (S_3 から S_3 への同型写像) をすべて求めよ．全部でいくつあるか．それらはすべて内部自己同型であることを確かめよ．

問題 1.26 （1） $\mathbb{Q}^{\text{pos}} = \{x \in \mathbb{Q} \mid x > 0\}$ とおく．$(\mathbb{Q}^{\text{pos}}, \cdot)$ は群となっていることを示せ．さらに，$(\mathbb{Q}^{\text{pos}}, \cdot)$ は $\mathbb{Z}$ と同型ではないことを示せ．
（2） $\mathbb{R}$ と $\mathbb{R}^{\times}$ は同型であるかどうか，また $\mathbb{C}$ と $\mathbb{C}^{\times}$ は同型であるかどうかを，それぞれ考察せよ．

問題 1.27 $(1, 2, 3, 4)$ と $(2, 4)$ の生成する S_4 の部分群は D_8 と同型であることを示せ．

1.7 群の直積

G がある物体 A の対称変換のなす群とし，H が別の物体 B の対称変換のなす群とする．もし，物体 A, B が1つの空間の中に独立して存在したとき，合わせた物体 $A \cup B$ の対称変換はどのようになるだろうか？

A に G の変換 f を，B に H の変換 g を同時に行ったものは，当然，$A \cup B$ の対称変換である．すなわち，$(f \in G, g \in H)$ という1つの組が $A \cup B$ の対称変換を表している．それ以外の対称変換も存在するかも知れないが，ここでは，このような対称の組からなる群を考える．この対称変換の合成はそれぞれの変換の合成である．すなわち，$f_1, f_2 \in G, g_1, g_2 \in H$ とすると，$(f_1, g_1)(f_2, g_2) = (f_1 f_2, g_1 g_2)$ である．これを一般の群に対して同じように定義しておこう．

G, H を2つの群とし，各々の群の元の対からなる直積集合を考える．
$$G \times H = \{(g, h) \mid g \in G, h \in H\}$$
この直積集合の2元 $(g, h), (g', h')$ に対し，その積を次のようにおく．
$$(g, h)(g', h') = (gg', hh'). \tag{1.8}$$
この積により $G \times H$ が群をなすことは容易に確かめられる．例えば結合法則は成分ごとに確かめればよい．単位元はそれぞれの単位元の組 (e_G, e_H) であり，(g, h) の逆元は (g^{-1}, h^{-1}) である．2つの群の直積集合には（他の積構造を入れることもあるが）通常は (1.8) の構造を入れ，これを群 G, H の<ruby>直積<rt>ちょくせき</rt></ruby>と呼ぶ．群の直積 $G \times H$ は集合 G と H の直積集合なので，

$$|G \times H| = |G| \cdot |H|$$

である．これは非常に便利な群の構成法の 1 つであり，大きな群が直積を繰り返して簡単に構成できる．

$G \times H$ と $H \times G$ は $(g, h) \longleftrightarrow (h, g)$ の対応により互いに同型である．また m 個の群 $G_1, \cdots, G_m$ が与えられたときその直積集合 $G_1 \times \cdots \times G_m$ は次の積

$$(g_1, \cdots, g_m)(h_1, \cdots, h_m) = (g_1 h_1, \cdots, g_m h_m) \tag{1.9}$$

により群をなす．これを群 $G_1, \cdots, G_m$ の直積と呼ぶ．

例 1.21 （1） $V = \{e, (1,2)(3,4), (1,3)(2,4), (1,4)(2,3)\}$ は S_4 の部分群をなす．次の対応により V は $\mathbb{Z}/2\mathbb{Z} \times \mathbb{Z}/2\mathbb{Z}$ と同型になる (矢印の右側は直積を表示し，左側は置換を表示している)．

$$e \longleftrightarrow (0, 0),$$
$$(1,2)(3,4) \longleftrightarrow (1, 0),$$
$$(1,3)(2,4) \longleftrightarrow (0, 1),$$
$$(1,4)(2,3) \longleftrightarrow (1, 1).$$

V または $\mathbb{Z}/2\mathbb{Z} \times \mathbb{Z}/2\mathbb{Z}$ を**クラインの四元群**と呼ぶ (V_4 と表示することもある)．

（2） $\mathbb{Z}/2\mathbb{Z} \times \mathbb{Z}/3\mathbb{Z}$ はサイズ 6 のアーベル群であるが，次のように $(1, 1)$ で生成される．

$$0(1,1) = (0,0), \quad 1(1,1) = (1,1), \quad 2(1,1) = (0,2),$$
$$3(1,1) = (1,0), \quad 4(1,1) = (0,1), \quad 5(1,1) = (1,2).$$

ここで，$n(1, 1) = \underbrace{(1,1) + \cdots + (1,1)}_{n}$ である．したがって $\mathbb{Z}/2\mathbb{Z} \times \mathbb{Z}/3\mathbb{Z}$ は $\mathbb{Z}/6\mathbb{Z}$ と同型になる．より一般に次の結果が成り立つ．

2 つの自然数が 1 以外の公約数を持たないとき，**互いに素**ということにする．

定理 1.22 自然数 n, m が互いに素ならば $\mathbb{Z}/n\mathbb{Z} \times \mathbb{Z}/m\mathbb{Z}$ は巡回群 $\mathbb{Z}/nm\mathbb{Z}$ と同型である．逆に $\mathbb{Z}/n\mathbb{Z} \times \mathbb{Z}/m\mathbb{Z}$ が巡回群ならば n, m は互いに素である．

証明 群 $\mathbb{Z}/n\mathbb{Z} \times \mathbb{Z}/m\mathbb{Z}$ における元 $(1,1)$ の位数を求めてみよう．$k > 0$ に対し，
$$k(1,1) = (k \pmod{n}, \quad k \pmod{m})$$
であるから，$k(1,1) = (0,0)$ ということは，
$$k \equiv 0 \pmod{n}, \quad k \equiv 0 \pmod{m},$$
つまり k が n, m の公倍数ということに他ならない．したがって $(1,1)$ の位数は n, m の最小公倍数である．n, m が互いに素ならば，n, m の最小公倍数は nm である（このことは 2.1 節の素因数分解を用いて示される）．したがって，このとき $(1,1)$ の位数は nm になる．$\mathbb{Z}/n\mathbb{Z} \times \mathbb{Z}/m\mathbb{Z}$ はサイズ nm であるから $(1,1)$ が群全体を生成することになり，$\mathbb{Z}/n\mathbb{Z} \times \mathbb{Z}/m\mathbb{Z}$ は巡回群 $\mathbb{Z}/nm\mathbb{Z}$ と同型になる．

一般に $k > 0$ を n, m の最小公倍数とおくと，任意の $(x, y) \in \mathbb{Z}/n\mathbb{Z} \times \mathbb{Z}/m\mathbb{Z}$ に対し
$$k(x, y) = (kx \pmod{n}, \quad ky \pmod{m}) = (0,0)$$
となることに注意しよう．次に $\mathbb{Z}/n\mathbb{Z} \times \mathbb{Z}/m\mathbb{Z}$ が巡回群ならば，$\mathbb{Z}/nm\mathbb{Z}$ と同型になるので，位数 nm の元を持つことになる．$k \leqq nm$ だから今の注意から $k = nm$ でなくてはならない．そうなるのは n, m が互いに素の場合に限るので逆も言えたことになる． □

問題 1.28 次の 5 個のアーベル群を同型により類別せよ．

$\mathbb{Z}/12\mathbb{Z} \times \mathbb{Z}/10\mathbb{Z}, \ \mathbb{Z}/120\mathbb{Z}, \ \mathbb{Z}/15\mathbb{Z} \times \mathbb{Z}/8\mathbb{Z}, \ \mathbb{Z}/6\mathbb{Z} \times \mathbb{Z}/20\mathbb{Z}, \ \mathbb{Z}/5\mathbb{Z} \times \mathbb{Z}/24\mathbb{Z}.$

問題 1.29 g, h をアーベル群 G の元とする．このとき，それぞれの位数 $|g|, |h|$ の最小公倍数を位数とする元があることを示せ．

直積 $G = H \times K$ にはそれぞれ H と同型な部分群 $\{(h, e_K) \mid h \in H\}$ と K に同型な部分群 $\{(e_H, k) \mid k \in K\}$ が含まれている．そこで先に群 G が与えられたとき，G が直積として見なし得るかどうかを考えてみよう．

H と K を群 G の部分群とし，次の写像を考える．

$$\varphi : H \times K \to G, \quad \varphi(x, y) = xy, \qquad x \in H, y \in K \tag{1.10}$$

定理 1.23 (直積の判定条件) φ が群の同型写像であるための必要十分条件は次の条件 (1), (2), (3) のすべてが成り立つことである．
 (1) $x \in H, y \in K$ ならば $xy = yx$,
 (2) $H \cap K = \{e\}$,
 (3) $G = HK = \{xy \mid x \in H, y \in K\}$, つまり任意の $g \in G$ がある $x \in H$ と $y \in K$ により $g = xy$ と表せる．

証明 φ が群の準同型であることは，$x, x' \in H$ と $y, y' \in K$ に対し

$$\varphi(x, y)\varphi(x', y') = \varphi(xx', yy')$$

が成り立つことである．これは

$$xyx'y' = xx'yy'$$

であるから $yx' = x'y$ がすべての $x' \in H$ と $y \in K$ が成り立つことを意味する．したがって条件 (1) は φ が準同型写像であることと同値である．明らかに条件 (3) は φ が全射なことと同値である．$\varphi(x, y) = \varphi(x', y')$ は $xy = x'y'$ を意味し，これは

$$x^{-1}x' = yy'^{-1}$$

と同値になる．もし $H \cap K = \{e\}$ ならば，このとき

$$x^{-1}x' = yy'^{-1} = e$$

となるので，$x = x', y = y'$ が従う．つまり φ は単射になる．逆に φ を単射とする．もし $z \in H \cap K$ なら $\varphi(z, e) = \varphi(e, z) = z$ であるから $(z, e) = (e, z)$，

つまり $z = e$ となる.したがって $H \cap K = \{e\}$ である.だから条件 (2) は φ が単射なことと同値である.以上から (1), (2), (3) は φ が群の同型写像であるための必要十分条件であることが分かった. □

上記 (1), (2), (3) の条件が成り立つとき群 G は部分群 H, K の直積であるという.群 G の m 個の部分群 $H_1, \cdots, H_m$ に対しても次の写像

$$\varphi : H_1 \times \cdots \times H_m \to G, \quad \varphi(x_1, \cdots, x_m) = x_1 \cdots x_m, \quad x_i \in H_i \quad (1.11)$$

が群の同型写像となるとき,G は部分群 $H_1, \cdots, H_m$ の直積であるという.

問題 1.30 立方体 T の重心に関する点対称を τ とするとき (すなわち τ は重心を原点としたときすべての頂点の座標の符号を一斉に反対にしてしまうような変換のことで,行列表示すれば $-E$ に相当する),T の対称変換群は回転部分群 H と位数 2 の群 $\langle \tau \rangle$ の直積 $H \times \langle \tau \rangle$ に同型であることを示せ.

問題 1.31 n が奇数のとき二面体群 D_{4n} は $D_{2n} \times \mathbb{Z}/2\mathbb{Z}$ と同型であることを示せ.

多くの群が直積の形で得られる.実際,第 2 章の最後で,すべての有限生成アーベル群は巡回群 (無限巡回群も含む) の直積となることを示す.

1.8 ラグランジュの定理と同値類

1. 剰余類

1.2 節で正四面体の対称回転をすべて求めることで対称性の個数を決定した.しかし,ラグランジュはもう少し賢い方法で個数を決定したのである.対称回転全体のなす群を G とし,図 1.2 のように正四面体の頂点のある位置を $\{A, B, C, D\}$ とする.G の元は頂点 $\{A, B, C, D\}$ を動かしているので,G の元を A を A に移すもの全体の集まり $G_{A \to A}$,A を B に移すもの全体の集まり $G_{A \to B}$,A を C に移すもの全体の集まり $G_{A \to C}$,A を D に移すもの全体の集まり $G_{A \to D}$ の 4 つのクラスに分けることができる.すなわち

$$G = G_{A \to A} \cup G_{A \to B} \cup G_{A \to C} \cup G_{A \to D}$$

と分解し，当然共通部分はない．明らかに $G_{A\to A}$ の元は繰り返しても $G_{A\to A}$ に入るので，$G_{A\to A}$ は部分群である．$G_{A\to A}$ の構造は簡単にわかる．実際，頂点 A と重心を通る軸に関する $2\pi/3$ 回転 r, $4\pi/3$ 回転 r^2 と恒等変換 e の 3 つだけである．これからの目標は $G_{A\to B}$ も $G_{A\to C}$ も $G_{A\to D}$ も空集合でなければ $G_{A\to A}$ と同じ個数を持つことを示すことである．実際，$G_{A\to B} \neq \emptyset$ とし，$\phi \in G_{A\to B}$ を固定して考える．$\phi^{-1}(B) = A$ なので，任意の $\psi \in G_{A\to B}$ に対して $\phi^{-1}\psi$ は A を A に移す．すなわち $\phi^{-1}\psi \in G_{A\to A}$ なのである．それゆえ，$\psi \in \phi G_{A\to A} = \{\phi g \mid g \in G_{A\to A}\}$ であり，$G_{A\to B} \subseteq \phi G_{A\to A}$ である．逆に $\mu \in G_{A\to A}$ とすれば，$\phi\mu$ は $G_{A\to B}$ である．これにより，

$$\begin{array}{ccc} G_{A\to A} & & G_{A\to B} \\ \cup & & \cup \\ \mu & \longleftrightarrow & \phi\mu \end{array}$$

は 1 対 1 対応していることがわかる．特に，$|G_{A\to B}| = |G_{A\to A}|$ である．しかも実際に，A を B, C, D に移す対称回転は見つかるので，

$$|G_{A\to A}| = |G_{A\to B}| = |G_{A\to C}| = |G_{A\to D}|$$

であり，$|G| = 4 \times |G_{A\to A}|$ となり，$|G| = 12$ であることがわかる．

このアイデアをもう少し一般の群に対しても応用できることを示そう．有限群 G とその部分群 H を考える．$g_1 \in G$ に対して，次の部分集合

$$g_1 H = \{g_1 h \mid h \in H\}$$

は明らかに H と同じ数の元を持っている．これを G の H に関する<ruby>左剰余類<rt>ひだりじょうよるい</rt></ruby>[10]と呼ぶ．ラグランジュの考察のように，g_1, g_2 に対して左剰余類 $g_1 H, g_2 H$ が考えられるが，$g_1 H = g_2 H$ と完全に一致するか $g_1 H \cap g_2 H = \emptyset$ となるかいずれかであることがわかる．実際 $g \in g_1 H \cap g_2 H \neq \emptyset$ とすると，ある $h_1, h_2 \in H$ があって $g = g_1 h_1 = g_2 h_2$ となるが，このとき，任意の $h \in H$ に対して $g_1 h = g_1 h_1 h_1^{-1} h = g_2 h_2 h_1^{-1} h \in g_2 H$ となってしまい $g_1 H \subseteq g_2 H$ となってし

---

[10] 数学の分野によっては，H で右から割っていると考え右剰余類と呼んでいるところもある．

まう．同様に，$g_2H \subseteq g_1H$ も得られるので $g_1H = g_2H$ である．

サイズ $|G|$ と $|H|$ の間にはどんな関係があるだろうか．もし，$G = H$ なら，剰余類は唯 1 つであり，当然 $|G| = |H|$ である．もし $G \neq H$ なら，$g_1 \in G - H$ を持ってくると $H \cup g_1H$ は共通部分の無い和集合である．もし $G = H \cup g_1H$ なら $|G| = 2|H|$ である．もし $G \neq H \cup g_1H$ なら $g_2 \in G - (H \cup g_1H)$ をとって部分集合 g_2H を作ってみよう．H, g_1H, g_2H は互いに共通部分を持たないので，もし $G = H \cup g_1H \cup g_2H$ なら $|G| = 3|H|$ である．もし $G \neq H \cup g_1H \cup g_2H$ ならさらに $g_3 \in G - (H \cup g_1H \cup g_2H)$ をとって上と同じ操作を続けることができる．G は有限集合だからこの操作はいずれ有限回で終りになる．結局 G の元 $g_1, g_2, \cdots, g_k$ をうまく選んで

$$G = H \cup g_1H \cup g_2H \cup \cdots \cup g_kH$$

かつ $H, g_1H, g_2H, \cdots, g_kH$ は互いに共通部分を持たないようにすることができることになる．この剰余類の個数 $k+1$ を H の G における指数と呼ぶ．この指数を，記号 $[G : H]$ で表すこともある．このとき $|G| = (k+1)|H|$ となるから，ラグランジュの考察の一般化である次の定理が証明されたことになる．

定理 1.24 (ラグランジュの定理) 有限群 G の部分群のサイズは $|G|$ の約数である．

この定理の逆は必ずしも成立しない．m が $|G|$ の約数だからといって m をサイズに持つ G の部分群は必ずしも存在するとは限らない．

問題 1.32 G が有限巡回群のとき，ラグランジュの定理の逆が成立することを示せ (問題 1.17 参照)．

問題 1.33 同じことを二面体群 D_{2n} に対し考えよ．

問題 1.34 サイズ 12 の群 A_4 はサイズ 6 の部分群を持たないことを示せ．

問題 1.35 H, K を群 G の有限部分群とする．もしサイズ $|H|, |K|$ が互いに素ならば $H \cap K = \{e\}$ であることを示せ．

剰余類は重要な働きをするので少し例を紹介しておこう.

例 1.25 $G = A_4$, $H = \{e, (1,2,3), (1,3,2)\}$ のとき H の左剰余類は次の 4 個である.

$$H,$$
$$(1,2)(3,4)H = \{(1,2)(3,4), (2,4,3), (1,4,3)\},$$
$$(1,3)(2,4)H = \{(1,3)(2,4), (1,4,2), (2,3,4)\},$$
$$(1,4)(2,3)H = \{(1,4)(2,3), (1,3,4), (1,2,4)\}.$$

問題 1.36 この例で H の右剰余類を求めよ. ただし $g \in G$ に対し Hg の形の部分集合を H の**右剰余類**と呼ぶ.

問題 1.37 H の G における指数が 2 のとき H の右剰余類と左剰余類は一致することを示せ.

ラグランジュの定理の系をいくつか述べよう.

系 1.26 x が有限群 G の元ならば x の位数 $|x|$ は $|G|$ の約数である.

$|x|$ は部分群 $\langle x \rangle$ のサイズと等しいので明らかである.

系 1.27 $|G|$ が素数ならば G は巡回群である.

実際 $x \in G - \{e\}$ をとれば $|x|$ は $|G|$ の約数であり, $|x| > 1$ なので $|G|$ に一致する. したがって $G = \langle x \rangle$ となる.

系 1.28 x が有限群 G の元ならば $x^{|G|} = e$.

これは系 1.26 の言い換えにすぎない. しかし次の重要な結果を導く.

> **定理 1.29 (フェルマの小定理)** p を素数とするとき任意の整数 a に対し
> $$a^p \equiv a \pmod{p}$$
> が成り立つ.

これについては第 2 章で別の角度から考察する (定理 2.16).

証明 a が p の倍数ならば a^p も p の倍数なので明らかである. a が p の倍数でないとき $a \equiv i \pmod{p}$ なる i が $(\mathbb{Z}/p\mathbb{Z})^\times = \{1, 2, \cdots, p-1\}$ の中からとれる. $(\mathbb{Z}/p\mathbb{Z})^\times$ は p を法とする乗法で群をなし, そのサイズは $p-1$ だから, 系 1.28 により

$$\underbrace{i \cdot_p i \cdot_p \cdots \cdot_p i}_{p-1} = 1$$

となる. この意味は通常の整数の積で

$$i^{p-1} \equiv 1 \pmod{p}$$

ということになるので (問題 2.6 も参照), 両辺に i をかけて

$$i^p \equiv i \pmod{p}$$

となる. これにより

$$a^p \equiv i^p \equiv i \equiv a \pmod{p}$$

が従う. □

2. 共役類

ジョルダン標準形を求めたときにも学んだ共役 $P^{-1}AP$ または PAP^{-1} の類似を見ていこう. 群 G の元 x, y に対し, ある $g \in G$ が存在して $gxg^{-1} = y$ と表せるとき x と y は互いに共役であるという. これは G 上の同値関係である. 実際 $exe^{-1} = x$ だから x と x は共役. $y = gxg^{-1}$ なら $x = g^{-1}yg$ だか

ら共役関係は対称律をみたす．$y = gxg^{-1}$, $z = hyh^{-1}$ のとき $z = hgx(hg)^{-1}$ となるので x と y, y と z が共役なら x と z は共役になる．共役関係の同値類を共役類と呼ぶ．

共役関係と共役類は大切な概念なので詳しく見て行くことにしよう．群 G の元 g に対し，$\varphi_g : G \to G$, $\varphi_g(x) = gxg^{-1}$ は G の自己同型である（問題 1.24）．これを g による共役写像（または内部自己同型）と呼ぶ．$x, y \in G$ が互いに共役とは，何らかの共役写像で互いに移り合う，ということである．群の同型写像は位数を保つから，x と y が共役のとき，x, y の位数は等しい．

例 1.30 （1） G がアーベル群ならば φ_g はつねに恒等写像である．したがって x, y が共役になるのは $x = y$ のときに限る．G の共役類はすべて 1 つの元からなる．

（2） 二面体群 D_{12} の共役類を求めてみよう．D_{12} の元は

$$e,\ r,\ r^2,\ \cdots,\ r^5,\ s,\ rs,\ r^2s,\ \cdots,\ r^5s$$

の 12 個で r, s の間には

$$r^6 = e, \qquad sr = r^5 s = r^{-1} s$$

の関係が成立っていた (1.4 節)．これよりまず

$$srs^{-1} = r^5 = r^{-1}$$

がわかる．したがって $sr^a s^{-1} = r^{-a}$ となる．r^b と r^a は互いに可換だから $r^b r^a r^{-b} = r^a$ である．これより

$$(r^b s) r^a (r^b s)^{-1} = r^b (sr^a s^{-1}) r^{-b} = r^b r^{-a} r^{-b} = r^{-a}$$

となる．このことから r^a の共役類は $\{r^a,\ r^{-a}\}$ であることがわかる．次に

$$rsr^{-1} = r(r^{-1})^{-1} s = r^2 s$$

であることからこれを繰り返して $r^b s r^{-b} = r^{2b} s$ であることがわかる．また

$$(r^b s) s (r^b s)^{-1} = r^b (sss^{-1}) r^{-b} = r^b s r^{-b} = r^{2b} s$$

であるから s の共役類は $\{s, r^2 s, r^4 s\}$ であることがわかる．rs の共役類も同

様にもとまり，以上をまとめると D_{12} の共役類は

$$\{e\}, \quad \{r, r^5\}, \quad \{r^2, r^4\}, \quad \{r^3\}, \quad \{s, r^2s, r^4s\}, \quad \{rs, r^3s, r^5s\}$$

の 6 個であることが分かった．とくに最後の鏡映 $s, rs, \cdots, r^5s$ の 2 つの共役類は，図 1.13 に示すように正六角形の実線で描かれる 3 本の対称軸と，破線で描かれる 3 本の対称軸に対応していることに注意しよう (すなわち，頂点と頂点を結ぶ軸による鏡映と辺の中点同士を結んだ軸による鏡映は図形として本質的に違うものなので共役ではない)．

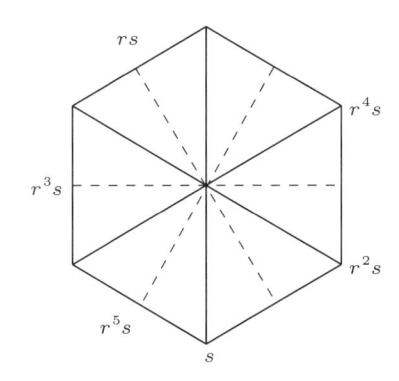

図 1.13

問題 1.38 二面体群 D_{10} の共役類を求めよ．

問題 1.39 一般に二面体群 D_{2n} の共役類を n が奇数の場合と偶数の場合に分けて求めよ．

例 1.31 直交群 O_2 の共役類を求めてみよう．4.2 節で見たように O_2 は行列 A_θ と B_φ からなる $(0 \leqq \theta, \varphi < 2\pi)$．またこれらの間には次の関係が成り立つ (『明解線形代数』定理 8.5 を参照)．

$$\begin{aligned} A_\theta A_\varphi &= A_{\theta+\varphi}, & A_\theta B_\varphi &= B_{\theta+\varphi}, \\ B_\theta A_\varphi &= B_{\theta-\varphi}, & B_\theta B_\varphi &= A_{\theta-\varphi}. \end{aligned} \quad (1.12)$$

とくに $A_\theta^{-1} = A_{-\theta}$, $B_\varphi^{-1} = B_\varphi$ に注意しよう．(1.12) から

$$\begin{aligned} A_\theta B_\varphi A_\theta^{-1} &= B_{\theta+\varphi} A_{-\theta} = B_{2\theta+\varphi}, \\ B_\theta B_\varphi B_\theta^{-1} &= A_{\theta-\varphi} B_\theta = B_{2\theta-\varphi} \end{aligned}$$

となるので $\{B_\varphi \mid 0 \leqq \varphi < 2\pi\}$ が 1 つの共役類であることがわかる．同様に
$$A_\theta A_\varphi A_\theta^{-1} = A_\varphi, \quad B_\theta A_\varphi B_\theta^{-1} = B_{\theta-\varphi} B_\theta = A_{-\varphi}$$
であるから A_φ の共役類は $\{A_\varphi, A_{-\varphi}\}$ である．以上をまとめて O_2 の共役類は次の通りである．
$$\{E_2\}, \quad \{A_\theta, A_{-\theta}\} \, (0 < \theta < \pi), \quad \{-E_2\}, \quad \{B_\varphi \mid 0 \leqq \varphi < 2\pi\}.$$

問題 1.40 3 次元空間 E^3 の原点 O を通る直線 ℓ, m に対し，ℓ のまわりの角 θ の回転 x と m のまわりの角 θ の回転 y は回転群 SO_3 において互の共役であることを示せ (角の測り方は時計回りでも反時計回りでもよい)．

例 1.32 対称群 S_n の共役類を決定してみよう．$\sigma \in S_n$ の巡回表示 (1.5 節) を $\sigma = \phi_1 \phi_2 \cdots \phi_k$ とする．巡回置換 ϕ_i の長さを m_i とする．数列 $m_1, m_2, \cdots, m_k$ を大きい数から順に並べかえた数列を $p_1, p_2, \cdots, p_k$ とする．この数列を σ の**巡回構造**と呼ぶ．例えば $\sigma = (7,2)(4,6,9,5)(1,3)$ の巡回構造は 4, 2, 2 である．同じ巡回構造を持つ 2 つの置換は互いに，S_n で共役である．このことを例で説明しよう．例えば $n = 9$ として
$$\alpha = (1, 3, 6)(4, 9)(5, 8)$$
$$\beta = (1, 7)(2, 6, 8)(5, 9)$$
は同じ巡回構造 3, 2, 2 を持つ．一般に $g \in S_n$ と巡回置換 $(a_1, a_2, \cdots, a_k) \in S_n$ に対して $b_i = g(a_i), 1 \leqq i \leqq k$ とおくと，
$$g(a_1, a_2, \cdots, a_k) g^{-1} = (b_1, b_2, \cdots, b_k)$$
が成り立つ．実際左辺の置換を b_i に施すと
$$b_i \xrightarrow{g^{-1}} a_i \longrightarrow a_{i+1} \xrightarrow{g} b_{i+1}$$
と写されるので右辺の巡回置換に一致する ($b_{k+1} = b_1$ とみなす)．したがって α, β を長さの順に整理し，長さ 1 の巡回置換も加えて，上下 2 行の形で
$$g = \begin{pmatrix} 1 & 3 & 6 & \vdots & 4 & 9 & \vdots & 5 & 8 & \vdots & 2 & \vdots & 7 \\ \downarrow & \downarrow & \downarrow & \vdots & \downarrow & \downarrow & \vdots & \downarrow & \downarrow & \vdots & \downarrow & \vdots & \downarrow \\ 2 & 6 & 8 & \vdots & 1 & 7 & \vdots & 5 & 9 & \vdots & 3 & \vdots & 4 \end{pmatrix}$$

とおけば $g\alpha g^{-1} = (2,6,8)(1,7)(5,9) = \beta$ となる.

問題 1.41 逆に 2 つの置換が S_n で互いに共役なら同じ巡回構造を持つことを示せ.

したがって S_n の共役類は巡回構造と 1 対 1 に対応する.

問題 1.42 S_4, S_5 の共役類の数を求めよ.

例 1.33 交代群 A_n の共役類を考えよう. 2 つの偶置換が A_n で共役ならば S_n でも共役だから同じ巡回構造を持つ. しかし同じ巡回構造を持っても A_n で互いに共役とは限らない. このことを $n = 4$ で見てみよう. 例えば $(1,2,3)$ と $(1,3,2)$ は A_4 で共役ではない. 実際 $g(1,2,3)g^{-1} = (g(1), g(2), g(3)) = (1,3,2)$ となるのは $g(1), g(2), g(3)$ が $1,3,2; 3,2,1; 2,1,3$ のいずれかの場合である. つまり g は $(2,3), (1,3), (1,2)$ のいずれかでなくてはならない. 偶置換から g を選ぶことはできない. このような考察から A_4 は次の 4 つの共役類を持つことがわかる.

$$\{e\}$$
$$\{(1,2,3),\ (1,4,2),\ (1,3,4),\ (2,4,3)\},$$
$$\{(1,3,2),\ (1,2,4),\ (1,4,3),\ (2,3,4)\},$$
$$\{(1,2)(3,4),\ (1,3)(2,4),\ (1,4)(2,3)\}.$$

問題 1.43 正四面体の頂点を通る 4 本の対称軸のまわりの (頂点からみて反時計まわりに) 角 $2\pi/3$ の対称回転と角 $4\pi/3$ の対称回転が, それぞれ正四面体群の別の共役類に属することを示せ.

1.9 発展

1. 群を解明する方法

多くの場合, 物事を解明する際に, より小さなものに分解し, これ以上分解できないものの集まりを考察していくことが有効である. 群でも同様である. 群をどのように分解していけば有効なのかを見ていこう.

まず，例から始める．正三角形の対称変換の群を考えたが，裏表の区別しかなく，もし3頂点に区別がつけられなかった状態を考えてみよう．このとき，鏡映変換は裏表を変えるが，回転は何も変えていないことと同じである．このとき，正三角形の対称変換の群は表裏という2点の変換を起こすサイズ2の(巡回)群 C_2 という一面を持つ．この考察で消えてしまった変換は表裏を変えない変換であり，対称回転のサイズ3の(巡回)群 C_3 である．このように正三角形の対称変換群の一部分である回転を便宜的に無視し(恒等変換だと思い)，表裏の変換だけに的を絞って考察することができる．

では逆に，表裏の変換を消し去り，回転だけを生かして取り出すことはできるだろうか？　答えは "NO" である．実際，この場合には表裏を変える変換を合成すると回転が作られるわけだから，表裏の変換を無視し恒等変換だと考えると，回転も恒等変換だと考えるしかなく，すべての変換を恒等変換と見なすことになる．これは我々の意図と異なる．どのようなときに目的の変換だけを恒等変換とみなすことが可能なのかを考察していこう．

H を群 G の部分群とする．$g \in G$ とするとき，内部自己同型(共役写像) $\varphi_g : G \to G$ による H の像 $\varphi_g(H)$ を gHg^{-1} と記すことにする．

定義 1.34 G の部分群 H が，すべての $g \in G$ に対し $gHg^{-1} = H$ であるとき H を G の**正規部分群**と呼ぶ．

この条件は H が G の部分集合として共役写像のもとで不変ということだから，H は共役類の和集合の形をしている．

例 1.35　(1)　$G = D_{12}$ とし 1.4 節の 2. のように G の元を r, s を用いて表すとき $H = \langle r \rangle$ は G の正規部分群である．実際，例 1.30 で D_{12} の共役類を求めておいたが H は

$$H = \{e\} \cup \{r, r^5\} \cup \{r^2, r^4\} \cup \{r^3\}$$

と共役類の和集合として表せるので正規部分群である．

（2）　同様に例 1.33 を用いて $V = \{e, (1,2)(3,4), (1,3)(2,4), (1,4)(2,3)\}$ は $G = A_4$ の正規部分群であることがわかる．

$\varphi: G \to G'$ を群の準同型とする．G' の単位元 e' の逆像

$$\mathrm{Ker}\,\varphi = \{g \in G \mid \varphi(g) = e'\}$$

を φ の核(かく)と呼ぶ．

命題 1.36 φ の核 $\mathrm{Ker}\,\varphi$ は G の正規部分群である．

証明は大変やさしいので読者にお任せしよう．これを用いると正規部分群の例がたくさん得られる．

問題 1.44 （1）群の準同型 $\varphi: G \to G'$ の核 $\mathrm{Ker}\,\varphi$ は G の正規部分群であることを示せ．
（2）正規部分群の条件を「すべての $g \in G$ に対して $gHg^{-1} \subset H$ であるとき」と弱めても同等であることを示せ．

例 1.37 （1）A_n は S_n の正規部分群である．実際符号の写像 $\varepsilon: S_n \to \{1, -1\}$ は準同型で A_n はその核である．
（2）行列 $A \in GL_n(K)$ に行列式 $\det(A)$ を対応させる写像は群の準同型 $GL_n(K) \to K^\times = K - \{0\}$ であるから，その核として $SL_n(K)$ は $GL_n(K)$ の正規部分群である．同様に SO_n は O_n の正規部分群である．

H が G の正規部分群であることを次の記号

$$H \triangleleft G$$

で表す．正規部分群の条件 $gHg^{-1} = H$ は $gH = Hg$ とも書き表せる．これは H に関する g の左剰余類と右剰余類が一致することを意味している．

このとき，gH に含まれる元と $g'H$ に含まれる元の積の集まり $gHg'H$ は $gg'H$ となることがわかる．これにより，左剰余類をあたかも 1 つの元と見るようにして，2 つの左剰余類 $gH, g'H$ の積

$$m: (gH, g'H) \mapsto gg'H$$

が定義できる．結合法則は当然成り立っており，H はこの演算の単位元であり，

gH の逆元は $g^{-1}H$ である．すなわち，G の左剰余類分解を

$$G = g_1H \cup g_2H \cup \cdots \cup g_kH$$

とすると，k 個の左剰余類 $\{g_iH \mid i = 1, \cdots, k\}$ からなる群ができ上がっているのである．$\overline{g} = gH$ と書き表すと，単位元は $\overline{e}$ であり，$\overline{g}$ の逆元は $\overline{g^{-1}}$ となるので何かと便利である．

この群を G/H で表し，G の H による剰余群または商群と呼ぶ．$\varphi(g) = \overline{g} = gH$ により定まる写像 $\varphi : G \to G/H$ は準同型となり，これを H から定まる自然な準同型と呼ぶ．2 つの群 H と G/H はもとの群 G よりは比較的簡単であることが期待され，1 つの群 G をより簡単な 2 つの群 H と G/H に分けて考えることが可能になったのである．

片方の群 H は G の部分群であるが，一般に G/H は必ずしも G の部分群とは限らない．H と G/H の性質が解明されると，おおむね G の性質も解明されたことになる (完全な解明というわけではない)．G が有限群ならば，明らかに $|G/H| = |G|/|H|$ である．上の剰余群の構成から次の定理が直接出て来る．

定理 1.38 (準同型定理) K を群の準同型 $\varphi : G \to G'$ の核とすると，剰余群 G/K と φ の像 $\varphi(G)$ は同型である．すなわち，$\overline{\varphi}(gK) = \varphi(g)$ $(g \in G)$ で定義される写像 $\overline{\varphi} : G/K \to \varphi(G)$ は同型写像である．

証明 $g \in G, k \in K$ とすると，$\varphi(k)$ は G' の単位元 e' なので，$\varphi(gk) = \varphi(g)\varphi(k) = \varphi(g)$ である．逆に，$\varphi(g') = \varphi(g)$ とすると，$\varphi(g^{-1}g') = e'$ なので，$g^{-1}g' \in K$ となり，$g' \in gK$ である．それゆえ，G の K による左剰余類 gK と $\varphi(G)$ の元 $\varphi(g)$ とは 1 対 1 に対応する．明らかに，$\overline{\varphi}(g_1Kg_2K) = \overline{\varphi}(g_1g_2K) = \varphi(g_1g_2) = \varphi(g_1)\varphi(g_2) = \overline{\varphi}(g_1K)\overline{\varphi}(g_2K)$ なので，$\overline{\varphi}$ は全単射準同型，すなわち同型である． $\square$

例 1.39 (1) 自然数 n に対し $n\mathbb{Z} = \{0, \pm n, \pm 2n, \pm 3n, \cdots\}$ は $\mathbb{Z}$ の正規部分群である．一般にアーベル群の部分群はつねに正規部分群である．この剰余群 $\mathbb{Z}/n\mathbb{Z}$ は 2.3 節で定義した n を法とする整数の群と同じものである．

(2) 例 1.35 (2) の記号で A_4/V はサイズ 3 の群である．したがって A_4/V

は $\mathbb{Z}/3\mathbb{Z}$ と同型になる．この同型は

$$\mathbb{Z}/3\mathbb{Z} \to A_4/V, \quad 1 \pmod 3 \mapsto (1,2,3)V$$

で与えられる．

（3） $G = D_{12}$ のとき $H = \langle r^3 \rangle$ は G の正規部分群である．商群 G/H において $\overline{r} = rH$, $\overline{s} = sH$ とおくと次の関係式が成り立つ．

$$\overline{r}^3 = r^3 H = H, \quad \overline{s}^2 = s^2 H = H,$$

$$\overline{s}\,\overline{r} = srH = r^{-1}sH = \overline{r}^{-1}\overline{s}$$

これは D_6 を定める関係式と同じである．D_6, D_{12}/H はサイズがともに 6 であるから，これらの群は互いに同型になる．

問題 1.45 加法群の剰余群 $\mathbb{Q}/\mathbb{Z}$ と $\mathbb{R}/\mathbb{Q}$ を考える．$\mathbb{Q}/\mathbb{Z}$ の元はすべて位数有限であること，$\mathbb{R}/\mathbb{Q}$ の位数有限の元は単位元 (ゼロ元) に限ることを示せ．

問題 1.46 D_8 と D_{10} の正規部分群をすべて求めよ．これを一般の D_{2n} へと拡張せよ．

問題 1.47 $H \triangleleft G$ かつ $J \triangleleft G$ とする．もし $J \cap H = \{e\}$ ならば任意の $x \in H$, $y \in J$ に対し $xy = yx$ であることを示せ．

問題 1.48 指数 2 の部分群はつねに正規部分群であることを示せ (問題 1.37 を参照).

例えば S_n の部分群 A_n や D_n の指数 2 の部分群 $\langle r \rangle$ などがこれに当てはまる．さらに，正規部分群の重要な例として中心と呼ばれる特別な部分群について述べよう．群 G に対し

$$Z(G) = \{x \in G \mid \text{すべての } g \in G \text{ に対し } gx = xg\}$$

とおく．$x, y \in Z(G)$, $g \in G$ なら

$$gxy = xgy = xyg$$

だから $xy \in Z(G)$ である．$gx = xg$ より $x^{-1}g = gx^{-1}$ となるので $x^{-1} \in Z(G)$ である．ゆえに $Z(G)$ は G の部分群となる．また $x \in Z(G)$ の条件は

$\{x\}$ が 1 つの共役類をなすということだから $Z(G)$ は G の正規部分群である．これを G の中心と呼ぶ．G がアーベル群ならば $Z(G) = G$ である．

例 1.40 （1） D_{12} の共役類 (例 1.30 (2)) を見ることにより $Z(D_{12}) = \{e, r^3\}$ であることがわかる．

（2） S_n の共役類は巡回構造と対応する (例 1.32 (1))．$n \geqq 3$ のとき，$1, 1, \cdots, 1$ (長さ) 以外の巡回構造を考えるとその巡回構造を持つ置換が少なくとも 2 個あることが容易に確かめられる．このことから $Z(S_n) = \{e\}$ であることが従う．

（3） 例 1.32 (2) から $Z(A_4) = \{e\}$ となる．

問題 1.49 n が偶数と奇数の場合に分けて D_{2n} の中心を求めよ．

問題 1.50 $GL_n(\mathbb{C})$ の中心は定数行列 $cE_n, c \in \mathbb{C}^\times$ の全体であることを示せ．

例 1.41 いくつかの群準同型の核と像を考える．
（1） $\varphi : \mathbb{Z} \to \mathbb{Z}/n\mathbb{Z}, \quad a \mapsto (a \text{ を } n \text{ で割った余り})$,
$\mathrm{Ker}\,\varphi = n\mathbb{Z}, \quad \mathbb{Z}/n\mathbb{Z} \cong \mathbb{Z}/n\mathbb{Z}$ (ここで左は剰余群，右は例 1.6 の群).
（2） $\varphi : \mathbb{R} \to \mathbb{C}^\times, \quad x \mapsto \cos(2\pi x) + \sqrt{-1}\sin(2\pi x)$,
$\mathrm{Ker}\,\varphi = \mathbb{Z}, \quad \mathbb{R}/\mathbb{Z} \cong \{z \in \mathbb{C} \mid |z| = 1 \ (z \text{ の絶対値が } 1)\}$.
（3） $\varphi : \mathbb{R} \to O_2, \quad \theta \mapsto A_\theta$ (例 1.4),
$\mathrm{Ker}\,\varphi = 2\pi\mathbb{Z}, \quad \mathbb{R}/2\pi\mathbb{Z} \cong SO_2$.
（4） $\varphi : GL_n(\mathbb{C}) \to \mathbb{C}^\times, \quad A \mapsto \det(A)$,
$\mathrm{Ker}\,\varphi = SL_n(\mathbb{C}), \quad GL_n(\mathbb{C})/SL_n(\mathbb{C}) \cong \mathbb{C}^\times$.
（5） $\varphi : \mathbb{C}^\times \to \mathbb{C}^\times, \quad z \mapsto z^3$,
$\mathrm{Ker}\,\varphi = \left\{1, \dfrac{-1+\sqrt{-3}}{2}, \dfrac{-1-\sqrt{-3}}{2}\right\}, \quad \mathbb{C}^\times/\mathrm{Ker}\,\varphi \cong \mathbb{C}^\times$.

例 1.42 S_4 の中で
$$u_1 = (1,2)(3,4), \quad u_2 = (1,3)(2,4), \quad u_3 = (1,4)(2,3)$$
とおく．例 1.32 (1) により $\{u_1, u_2, u_3\}$ は S_4 の 1 つの共役類をなす．した

がって置換 $\sigma \in S_4$ に対し

$$\sigma u_i \sigma^{-1} = u_{i'}$$

の形に必ず書けることになる．このとき対応 $i \mapsto i'$ は S_3 における 1 つの置換と見なせる．この置換を $\varphi(\sigma)$ とする．例えば $\sigma = (1,2)$ のとき

$$\sigma u_1 \sigma^{-1} = u_1, \quad \sigma u_2 \sigma^{-1} = u_3, \quad \sigma u_3 \sigma^{-1} = u_2$$

だから $\varphi(\sigma) = (2,3)$ である．写像 $\varphi : S_4 \to S_3$ は準同型である．同様の計算で $\varphi((2,3)) = (1,2)$ が言える．S_3 は $(1,2)$ と $(2,3)$ で生成されるから φ は全射である．$V = \{e, u_1, u_2, u_3\}$（クラインの四元群，例 1.21 (1)）とおくと明らかに $V \subset \mathrm{Ker}\,\varphi$ であるが，S_4/V と S_3 はともにサイズ 6 なので $V = \mathrm{Ker}\,\varphi$ であることがわかる．以上から

$$S_4/V \cong S_3$$

であることがわかる．

問題 1.51 $A \triangleleft G, B \triangleleft H$ のとき $A \times B \triangleleft G \times H$ であって $(G \times H)/(A \times B) \cong G/A \times H/B$ が成り立つことを示せ．

問題 1.52 群 G とその正規部分群 N で次の条件

$$N \cong \mathbb{R}\,(\text{加法群}), \quad G/N \cong \mathbb{R}^\times\,(\text{乗法群})$$

をみたし，かつ $G = H \times N$ と直積の形には表せないようなものの例を作れ（ヒント：$GL_2(\mathbb{R})$ の部分群）．

群 G の部分群 H, K に対し G の部分集合 HK を次のようにおく．

$$HK = \{hk \mid h \in H, k \in K\}.$$

問題 1.53 （1） 一般に $J \triangleleft K, K \triangleleft G$ であっても $J \triangleleft G$ とは限らない．そのような簡単な例を挙げよ．
（2） 群 G の部分群 H と正規部分群 K に対し，HK は G の部分群であることを示せ．とくに，$HK = KH$ であることも確かめよ．

問題 1.54 G を群，$J \triangleleft G$ とする．J を含む G の部分群 H と G/J の部分群は

$H \longleftrightarrow H/J$ により 1 対 1 に対応することを示せ．この対応で $H \triangleleft G$ であることと $H/J \triangleleft G/J$ であることは同値であることを示せ．

2. 多面体の対称群

正多面体が正四面体，立方体 (正六面体)，正八面体，正十二面体，正二十面体の 5 種類あることはよく知られている．これらの回転群がどのような群になるか調べてみよう．すでに前の節で正四面体の回転群は A_4 と同型になることを示した．

他の 4 つの多面体を考えるわけであるが，図 1.14 のように立方体の各面の中心を結ぶと正八面体が得られる．同様に正八面体の各面の中心を結ぶともとの立方体を小型にした立方体が得られる．

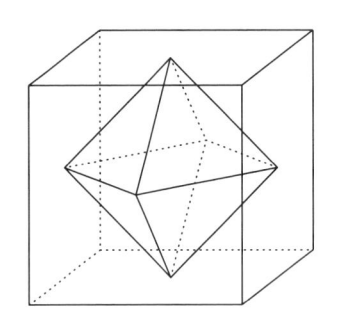

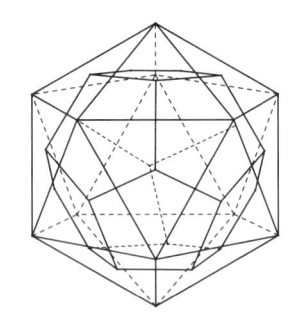

図 1.14

このような関係を，立方体と正八面体は互いに双対（そうつい）であると言う．同様に正十二面体と正二十面体も互いに双対関係にある．互いに双対関係にある立体図形は，一方の対称回転を考えると，それは同時に他方の対称回転を引き起こすから，双方の回転群は互いに同型になる．したがって立方体と正二十面体を調べれば十分である．

立方体の対称回転を調べよう．まず，サイズを決定しておこう．1 つの頂点を固定する変換は，その頂点と向かい合う頂点を結ぶ直線のまわりの $0, 2\pi/3, 4\pi/3$ の 3 つの回転だけである．1 つの頂点は 8 つの頂点すべてに移ることができるので，1.8 節の論法により対称変換の個数は $3 \times 8 = 24$ である．

実際にすべての対称回転を求めてみよう．図 1.15 のように立方体の回転対称軸は A のように向い合う面の中心を結ぶもの (3 本)，B のように向い合う頂点を結ぶもの (4 本)，C のように向い合う辺の中点を結ぶもの (6 本) の 3 種類がある．

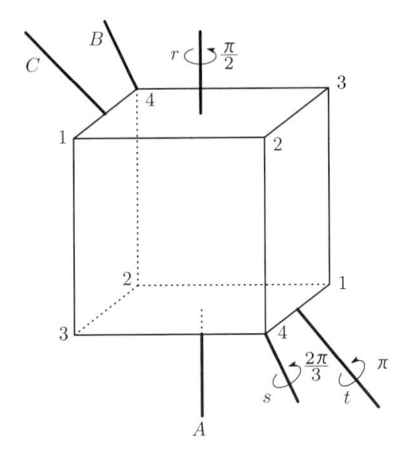

図 1.15

表にまとめると次のようになる．

	軸の本数	対称回転の角	恒等変換以外の変換の個数
A のタイプの軸	3	$\dfrac{\pi}{2}, \pi, \dfrac{3\pi}{2}$	9
B のタイプの軸	4	$\dfrac{2\pi}{3}, \dfrac{4\pi}{3}$	8
C のタイプの軸	6	π	6
合計			23

恒等変換を加えると 24 個になるので，すべて揃ったことになる．

次にこの群が S_4 と同型であることを示そう．置換の群に結びつけるため，図 1.15 のように 8 個の頂点の位置に 1, 2, 3, 4 の番号を振ることにする (異なる位置に同じ数字を割り当てることは許される)．向い合う頂点の位置に同じ数が振られていることに注意する．向い合う関係は対称回転で保たれるから，おのおのの対称回転は 1, 2, 3, 4 の何らかの置換を引き起こすことになる．例えば

図 1.15 の r, s, t はそれぞれ次の置換を引き起こす.

$$r \longrightarrow \begin{pmatrix} 1 & 2 & 3 & 4 \\ \downarrow & \downarrow & \downarrow & \downarrow \\ 2 & 3 & 4 & 1 \end{pmatrix} = (1,2,3,4), \quad s \longrightarrow \begin{pmatrix} 1 & 2 & 3 \\ \downarrow & \downarrow & \downarrow \\ 3 & 1 & 2 \end{pmatrix} = (1,3,2),$$

$$t \longrightarrow \begin{pmatrix} 1 & 4 \\ \downarrow & \downarrow \\ 4 & 1 \end{pmatrix} = (1,4),$$

一般に対称回転 x の引き起こす置換を $\varphi(x)$ とする. 立方体の回転群を G とすると, 例 1.20 (5) と同様に $\varphi : G \to S_4$ は群の準同型であることがわかる. C のまわりの π 回転は互換 $(1,4)$ を引き起こすが, これと同様に他の 5 個の π 回転は残りの互換 $(1,2), (1,3), (2,3), (2,4), (3,4)$ を引き起こすことが容易に確かめられる. つまり準同型 φ の像はすべての互換を含んでいる. 定理 1.17 (1) から S_4 はすべての互換で生成されるので φ は全射であることが従う. G と S_4 のサイズはともに 24 であるから φ は全単射になる. したがって φ は群の同型写像である. 以上から立方体 (および正八面体) の回転群は S_4 と同型であることがわかる.

次に正二十面体の回転群を求めよう. $\tau = (1+\sqrt{5})/2 \fallingdotseq 1.618$ とおく. $\tau : 1$ を黄金比と呼ぶ. 2 辺 $1, \tau$ の黄金長方形 (葉書に近い) を 3 枚用意する. この 3 枚の長方形の中央に図 1.16 のようなスリットを入れてみよう.

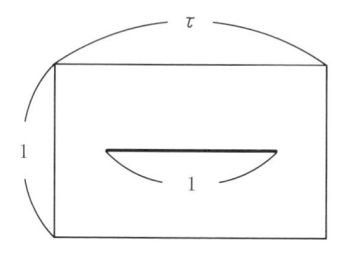

図 1.16

このスリットに垂直に他の長方形を中央まで差し込むことにより図 1.17 のような立体図形が組立てられる. この立体図形は $(\pm 1/2, \pm \tau/2, 0), (0, \pm 1/2, \pm \tau/2), (\pm \tau/2, 0, \pm 1/2)$ の 12 個の頂点を持つ.

1.9. 発展 **61**

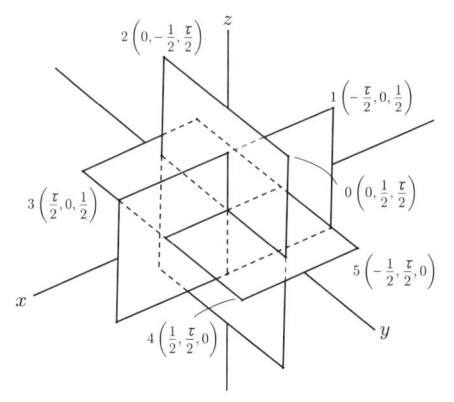

図 1.17

　この立体は，各頂点から距離 1 の所に 5 個の頂点が距離 1 の等間隔で並んでいる．例えば図 1.17 で頂点 0 から頂点 $1, 2, 3, 4, 5$ は距離 1 で，頂点 $1, 2; 2, 3; 3, 4; 4, 5; 5, 1$ の距離も 1 である．これら距離 1 の 2 頂点を線分で結んでいくと正二十面体ができ上る．

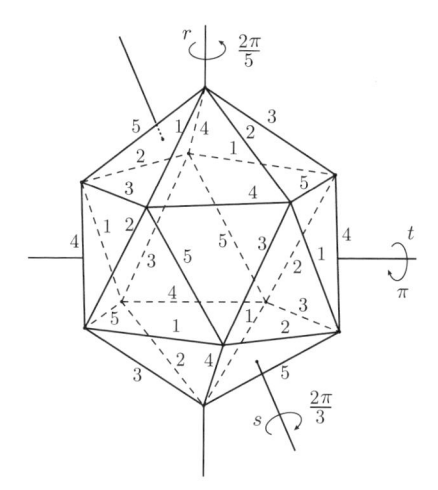

図 1.18

　さて正二十面体は 12 個の頂点と 30 本の辺を持つ (図 1.18)．正二十面体の回転群を H とする．まず立方体のときと同じように H のサイズを求めよう．1 つの面 (正三角形) を固定するような変換は 3 つあり，面は 20 個の面すべてに移りうる．それゆえ，対称変換の個数は $3 \times 20 = 60$ である．この群を置換の

群と結びつけるため，30 本の辺の位置に 1, 2, 3, 4, 5 の数字を，各数が 6 回ずつ現れるようにうまく割り振ることを考える．そのために正二十面体の図 1.18 を 3 枚の黄金長方形から組立てられた正二十面体 (図 1.17) と比較する．このとき黄金長方形の短い方の辺 (3 枚だから計 6 本) は，正二十面体の 30 本の辺のうちの 6 本として現れる．この 6 本の辺に同じ番号を振ることにする．例えば図 1.18 で 1 を振られた 6 本の辺は，実際に 3 枚の黄金長方形を組合せて作った正二十面体の 6 本の短辺として現れる．2 ～ 5 についても同様である．

正二十面体の対称回転を分類して表にまとめると次のようになる．

	軸の本数	対称回転の角	恒等変換以外の変換の数
頂点を結ぶ軸	6	$\frac{2\pi}{5}, \frac{4\pi}{5}, \frac{6\pi}{5}, \frac{8\pi}{5}$	24
面心を結ぶ軸	10	$\frac{2\pi}{3}, \frac{4\pi}{3}$	20
辺の中点を結ぶ軸	15	π	15
合計			59

恒等変換を加えて全体の 60 個になる．正二十面体の対称回転は 1, 2, 3, 4, 5 の置換を引き起こすからこの準同型を $\varphi: H \to S_5$ とする．例えば上図の対称回転 r, s, t の引き起こす置換は次のようになる．

$$\varphi(r) = (1, 2, 3, 4, 5), \qquad \varphi(s) = (2, 5, 4), \qquad \varphi(t) = (1, 2)(3, 5).$$

これらはいずれも偶置換である．このことは r, s, t と同じタイプの対称回転についてもいえるので，φ の像は A_5 に含まれる．したがって φ を準同型 $\varphi: H \to A_5$ とみてよい．また s と同じタイプの対称回転 (全部で 20 個) はそれぞれ相異なる長さ 3 の巡回置換を引き起こす．S_5 における長さ 3 の巡回置換は全部でちょうど 20 個あるので，$\varphi(H)$ は長さ 3 の巡回置換をすべて含むことになる．問題 1.17 から A_5 は長さ 3 の巡回置換で生成されるので $\varphi: H \to A_5$ は全射である．H と A_5 はともにサイズ 60 だから前と同様に φ は同型写像であることがわかる．以上から正二十面体 (および正十二面体) の回転群は A_5 と同型であることが分った．

結局，正多面体の回転群は A_4, S_4, A_5 のいずれかと同型であることが分った．

章末問題

1. 巡回群はアーベル群であることを示せ．巡回群の剰余群は巡回群であることを示せ．

2. アーベル群の直積はアーベル群であることを示せ．アーベル群の剰余群はアーベル群であることを示せ．

3. $H \triangleleft G$ かつ $K \triangleleft G$ ならば $H \cap K \triangleleft G$ および $HK \triangleleft G$ であることを示せ．

4. 群 $G \neq \{e\}$ が $\{e\}, G$ 以外に部分群を持たなければ，G はサイズが素数の巡回群であることを示せ．

5. 群 G が部分群 H, K の和集合として $G = H \cup K$ と書けているとき，$G = H$ または $G = K$ が成り立つことを示せ．

6. 有限群 G と部分群 $H \supset K$ に対して，$[G:K] = [G:H] \cdot [H:K]$ を示せ．

7. 4次対称群 $G = S_4$ と部分群 $H = \{e, (1,2)\}$, $K = \{e, (1,2,3), (1,3,2)\}$, $V = \{e, (1,2)(3,4), (1,3)(2,4), (1,4)(2,3)\}$ に対して，次の問いに答えよ．
   （1） 部分群 H と K の指数 $[G:H]$ と $[G:K]$ をそれぞれ求めよ．
   （2） HV は部分群になることを示し，そのサイズも求めよ．
   （3） KV は4次交代群 A_4 に一致することを示せ．

8. 有限群 G と部分群 H, K に対し，写像 $f: H \times K \to HK$ を $(x, y) \mapsto xy$ で定める．$m = |H \cap K|$ とすれば，f は m 対 1 の写像であることを示せ．

9. 実数のなす加法群 $(\mathbb{R}, +)$ と正の実数のなす乗法群 $(\mathbb{R}^{\text{pos}}, \cdot)$ は同型であることを示せ．

10. サイズ 4 の群をすべて決定せよ．

11. サイズ 6 の群をすべて決定せよ．

第 2 章
整数と多項式

　この章では整数と多項式を主題にして考える．演算は加法 (減法も含む) と乗法が中心で，具体的な扱いに十分に慣れた後に，そういう演算体系を持つものとして，環(かん)という概念を導入する．整数や多項式に関しては，読者は小中学校以来ずいぶんと親しんできていることでもあり，何をいまさらという気がするかも知れないが，本章前半の内容は進んだ代数学を学んでいく過程で，一度はしっかりと確認しておかねばならない大切な基本的事項ばかりである．本章後半では議論の発展として，整数と多項式に対する単因子論(たんいんしろん)とそれらの応用を付記した．線形代数を修得し，これから数学を本格的に学ぼうとしている読者にとって，有益な話題となることを期待している．

万物の根源は数である　ピタゴラス

何ゆえそんなに早く数学者になれたのかの問いに答えて
偉大な数学者の著作をたくさん読み，本当の数学に接したから
ニールス・アーベル

2.1　整数

　この節では整数を扱う．整数 (integer) とは自然数 (natural number)

$$1, 2, 3, \cdots$$

にゼロや負も合わせた

$$\cdots, -3, -2, -1, 0, 1, 2, 3, \cdots$$

という数の総称である．前章でも触れられていて重複になってしまうが，ここでも整数全体のなす集合を慣例に従って $\mathbb{Z}$ で表す．この記号はドイツ語で数などを表す単語 Zahl (ツァール) の頭文字に由来するといわれている．ちなみに，自然数全体は $\mathbb{N}$ で表す．また，あらためて注意する必要もないことであろうが，整数 a の絶対値 $|a|$ は

$$|a| = \begin{cases} a & (a \geqq 0 \text{ のとき}) \\ -a & (a < 0 \text{ のとき}) \end{cases}$$

で与えられる．

1. 約数・倍数・素数

2つの整数 $a, b \in \mathbb{Z}$ に対して，ある整数 $x \in \mathbb{Z}$ が存在して $ax = b$ が成り立つとき，a は b の**約数**である，あるいは b は a の**倍数**であるという．これを記号

$$a \mid b$$

で表す[1]．例えば，2 は 6 の約数であり，6 は 2 の倍数である．すなわち $2 \mid 6$ である．6 の約数は全部で $\pm 1, \pm 2, \pm 3, \pm 6$ の 8 つあり，また 1 の約数は ± 1 である．この定義によると，すべての整数は 0 の約数であり，0 はすべての整数の倍数となる．$a \mid b$ ではないことを表すのに $a \nmid b$ という記号を用いることもある．

整数 $p \in \mathbb{Z}$ が**素数**であるとは，$p > 1$ であり，かつ p の約数のうち正であるものが $1, p$ のみである場合にいう．例えば，$2, 3, 5, 7, 11, \cdots$ などは素数である．素数は無限に存在し，その分布に関する研究も大変におもしろい．詳しいことは第 4 章に譲ろう．また，素数が先に生まれたのか，それとも宇宙が先に生まれたのか，という問いかけをする数学者もいて，ある意味で数学の持つ本質

---

[1] この記号はランダウの記号とよばれている．

を突いているので，考えるだけでも楽しい．『博士の愛した数式』により世間でも有名になったオイラーの公式 $e^{\pi\sqrt{-1}}+1=0$ や完全数・友愛数などと共に，素数に関する諸問題は現代数学においても多くの人々の興味を引き付けている．

さらに続けよう．整数 a が整数の組 $b_1,\cdots,b_n$ の**公約数**であるとは，

$$a \mid b_i \quad (1 \leqq i \leqq n)$$

であることとし，さらに a が $b_1,\cdots,b_n$ の**最大公約数**であるとは，a が次の 3 条件 (GCD1) – (GCD3) をみたすときにいう．

(GCD1)　a は $b_1,\cdots,b_n$ の公約数である．
(GCD2)　$b_1,\cdots,b_n$ の任意の公約数 d に対し，$d \mid a$ となる．
(GCD3)　$a \geqq 0$ である．

この定義だけからでは最大公約数の存在は必ずしも明確ではないが，後の例 2.3 で見るように，その存在を確かめることができる．このとき，最大公約数 a を $\mathrm{GCD}(b_1,\cdots,b_n)$ あるいは単に $(b_1,\cdots,b_n)$ で表す．また，整数 b が整数の組 $a_1,\cdots,a_n$ の**公倍数**であるとは，

$$a_i \mid b \quad (1 \leqq i \leqq n)$$

であることとし，さらに b が $a_1,\cdots,a_n$ の**最小公倍数**であるとは，b が次の 3 条件 (LCM1) – (LCM3) をみたすときにいう．

(LCM1)　b は $a_1,\cdots,a_n$ の公倍数である．
(LCM2)　$a_1,\cdots,a_n$ の任意の公倍数 m に対し，$b \mid m$ となる．
(LCM3)　$b \geqq 0$ である．

最小公倍数についても，後の例 2.4 でその存在を確かめることができる．このとき，最小公倍数 b を $\mathrm{LCM}[a_1,\cdots,a_n]$ あるいは単に $[a_1,\cdots,a_n]$ と表す．

上の条件 (GCD3) や (LCM3) は一般論の立場からすると省いた方が賢明であるが，本書は入門書ということでもあるし，ましてあまりにも小中学校以来の馴染み深い概念であるため，非負条件を課しておいた．もしこれらの条件がないと，$6,8,12$ の最大公約数は ± 2 であり，最小公倍数は ± 24 となるが，我々のここでの定義では非負条件があるので，それぞれ 2 と 24 になり，これは小

中学校で習った事実と同じなので，多くの読者は安心されることであろう．非負に限った場合に，「最大」や「最小」という言葉本来の意味が生きてくる．

問題 2.1 整数 $a,b \in \mathbb{Z}$ が $a \mid b$ かつ $b \mid a$ をみたせば，$a = \pm b$ であることを示せ．

2. $\mathbb{Z}$ のイデアル

ここではイデアル (ideal, 理想数) の概念を導入する．これは後でみるように多項式の場面でも登場し，より正確には一般に環と呼ばれる代数系において導入される重要な概念である．この小節では整数の場合に限ることにする．まずは定義を与えよう．空でない $\mathbb{Z}$ の部分集合 $\mathfrak{a}$ が $\mathbb{Z}$ の**イデアル**であるとは 2 条件

(ID1)　$a,b \in \mathfrak{a} \Rightarrow a+b \in \mathfrak{a}$
(ID2)　$r \in \mathbb{Z}, a \in \mathfrak{a} \Rightarrow ra \in \mathfrak{a}$

がみたされているときにいう．

上の (ID2) において，

$$ra = \begin{cases} \overbrace{a+a+\cdots+a}^{r} & (r > 0) \\ 0 & (r = 0) \\ \underbrace{(-a)+(-a)+\cdots+(-a)}_{s} & (r = -s < 0) \end{cases}$$

であるから，ここでいう $\mathbb{Z}$ のイデアルは，結果的に $\mathbb{Z}$ を加法演算により群とみなしたときの部分群 (第 1 章 1.4 節参照) と一致する．

$$\mathbb{Z} \text{ のイデアル} = \mathbb{Z} \text{ の (加法) 部分群}$$

ここでは，第 1 章での議論の復習を兼ねつつ，後に出てくる多項式の場合を意識して $\mathbb{Z}$ のイデアルの議論を進めたい．一般の代数系では，イデアルは加法に関する部分群であるが，逆は必ずしも成立しないので十分に注意しておく必要がある．

問題 2.2 $\mathbb{Z}$ のイデアルは，$\mathbb{Z}$ を加法に関して群とみなしたときの部分群となることを定義に戻って示せ．逆に，加法群 $\mathbb{Z}$ の部分群は $\mathbb{Z}$ のイデアルとなることを確かめよ．

さて，$\mathbb{Z}$ のイデアルがどのようなものであるかを調べる前に，整数の商と余りの性質を復習しておこう．既にこの結果は前章で用いられていたはずであるが，ここで証明を与えておく．

> **定理 2.1 (商と余りの一意性)** 整数 $a \in \mathbb{Z}$ と正の整数 $b \in \mathbb{Z}$ に対し，$a = qb + r$ と $0 \leqq r < b$ をみたす整数 $q, r \in \mathbb{Z}$ が一意的に存在する．

証明 b の倍数で a を超えない最大のものを qb とする．すなわち，$qb \leqq a < (q+1)b$ となるように $q \in \mathbb{Z}$ を選ぶ．ここで，$r = a - qb$ とおくと，$0 \leqq r < b$ である．より具体的に述べよう．$a = 0$ のときは $q = 0, r = 0$ である．$a > 0$ のときは a を b で割った商を q，余りを r とすればよい．$a < 0$ のときは $-a$ を b で割った商を q_0，余りを r_0 と定め，$r_0 = 0$ ならば $q = -q_0$, $r = 0$ とし，$r_0 \neq 0$ ならば $q = -(q_0 + 1)$, $r = b - r_0$ とすればよい．さらに条件をみたすもう一組の q', r' があると仮定する．すなわち

$$a = qb + r = q'b + r', \quad 0 \leqq r, r' < b$$

とする．さらに $r' \leqq r$ と仮定しても一般性は失わない．このとき，$0 \leqq r - r' = b(q' - q) < b$ であり，とくに $0 \leqq q' - q < 1$ となるから，$q = q'$ および $r = r'$ を得る． □

さて，$a_1, \cdots, a_k \in \mathbb{Z}$ に対し，

$$I(a_1, \cdots, a_n) = \{\, m_1 a_1 + \cdots + m_k a_k \mid m_1, \cdots, m_k \in \mathbb{Z} \,\}$$

とおく．このとき，$m_1, \cdots, m_k, n_1, \cdots, n_k, r \in \mathbb{Z}$ に対して，

$$\begin{cases} (m_1 a_1 + \cdots + m_k a_k) + (n_1 a_1 + \cdots + n_k a_k) \\ \qquad = (m_1 + n_1)a_1 + \cdots + (m_k + n_k)a_k; \\ r(m_1 a_1 + \cdots + m_k a_k) = (rm_1)a_1 + \cdots + (rm_k)a_k; \end{cases}$$

が成り立つので，$I(a_1, \cdots, a_k)$ は $\mathbb{Z}$ のイデアルとなる．これを，$a_1, \cdots, a_k$ により**生成されたイデアル**という．また，混乱がなければ，$I(a_1, \cdots, a_k)$ を単に $(a_1, \cdots, a_k)$ とも書く．1つの整数 $a \in \mathbb{Z}$ に対しても，同じ記号

$$I(a) = (a) = \{\, ma \mid m \in \mathbb{Z} \,\}$$

で，a により生成された $\mathbb{Z}$ のイデアルを表す．すなわち，$I(a)$ は a の倍数全体からなる集合となる．第 1 章で学んだように，$\mathbb{Z}$ を加法群とみなしたときには，$I(a_1, \cdots, a_k)$ は $a_1, \cdots, a_k$ で生成される部分群に他ならないことに注意しよう．

次に $\mathbb{Z}$ のイデアルを調べよう．読者は第 1 章で学んだこと (定理 1.13 参照) から結果を容易に類推できるであろう．証明もすでに第 1 章で乗法演算の場合に与えられている．ここではそれを加法演算の場合に適用することができて，重複にはなるが入門書ということで再び簡潔に述べておくことにする．証明が明らかに思われる賢明な読者は読み飛ばして先に進んでも一向にかまわない．

定理 2.2 ($\mathbb{Z}$ のイデアルの形)　$\mathbb{Z}$ のイデアルは，ある整数 $d \in \mathbb{Z}$ の倍数全体

$$I(d) = \{\, md \mid m \in \mathbb{Z} \,\}$$

の形で書き表すことができる．

証明　$\mathfrak{a}$ を $\mathbb{Z}$ のイデアルとする．もし，$\mathfrak{a} = \{0\}$ であれば，$d = 0$ として目的は達成される．以下，$\mathfrak{a} \neq \{0\}$ と仮定する．ここで $a \neq 0$ なる整数 $a \in \mathfrak{a}$ を選べば，a と $-a$ のいずれも $\mathfrak{a}$ に属するので，とくに

$$\{\, b \in \mathfrak{a} \mid b > 0 \,\} \neq \varnothing$$

である．ここで，

$$d = \min\{\, b \in \mathfrak{a} \mid b > 0 \,\}$$

とおく．さらに，$x \in \mathfrak{a}$ に対して

$$x = qd + r, \quad 0 \leqq r < d$$

をみたす整数 $q, r \in \mathbb{Z}$ を選んでおくと，

$$x - qd = r \in \mathfrak{a}$$

となり, d の最小性に着目すれば $r = 0$ を得る. すなわち, $x = qd$ となる. したがって, これは $\mathfrak{a} \subset I(d)$ を意味している. 逆に, $d \in \mathfrak{a}$ とイデアルの定義から

$$md \in \mathfrak{a} \quad (m \in \mathbb{Z})$$

となるので, $I(d) \subset \mathfrak{a}$ も成り立つ. 以上より, $\mathfrak{a} = I(d)$ が示された. □

ここで注意をしておく必要があるが, 括弧 ( ) という記号 1 つをとってみても, 様々な用法がある. なるべく混乱を引き起こさないように留意し, 必要に応じて適切な言葉を添えるなど工夫することが望ましい.

さらに, 最大公約数と最小公倍数に関しては, 以下の 2 つの事実が成り立つ.

例 2.3 (最大公約数の存在とイデアル) $a_1, \cdots, a_n \in \mathbb{Z}$ に対し, $I(a_1, \cdots, a_n) = I(d)$ をみたす整数 $d \geqq 0$ が最大公約数である. 特に, 最大公約数 d は存在し, 適当な $s_1, \cdots, s_n \in \mathbb{Z}$ を選んで

$$d = s_1 a_1 + \cdots + s_n a_n$$

と表すことができる. 実際, 定理 2.2 により $I(a_1, \cdots, a_n) = I(d)$ と書き表せている. さらに $d \geqq 0$ と仮定してよい (もし, $d < 0$ ならば d の代わりに $-d$ を用いればよい). ここで, $a_i \in I(d)$ より, $d \mid a_i$ である. すなわち, d は $a_1, \cdots, a_n$ の公約数である. 次に, $c \in \mathbb{Z}$ を $a_1, \cdots, a_n$ の公約数とすると, $a_i = cx_i$ をみたす $x_i \in \mathbb{Z}$ が存在する. そこで, $d \in I(a_1, \cdots, a_n)$ より $d = s_1 a_1 + \cdots + s_n a_n$ と書いておけば,

$$d = c(s_1 x_1 + \cdots + s_n x_n)$$

となり, $c \mid d$ を得る. よって, d は $a_1, \cdots, a_n$ の最大公約数である.

例 2.4 (最小公倍数の存在とイデアル) $a_1, \cdots, a_n \in \mathbb{Z}$ に対し,

$$\mathfrak{a} = \{\, s \in \mathbb{Z} \mid s \text{ は } a_1, \cdots, a_n \text{ の公倍数}\,\} = I(a_1) \cap \cdots \cap I(a_n)$$

は $\mathbb{Z}$ のイデアルであり, $\mathfrak{a} = I(m)$ をみたす整数 $m \geqq 0$ として最小公倍数は存

在する．実際，$\mathfrak{a}$ がイデアルであることは容易に確かめることができる．よって，定理 2.2 により $\mathfrak{a} = I(m)$ と書き表せている．さらに $m \geqq 0$ と仮定してよい．定義により，この m が最小公倍数を与えることは明らかである．

問題 2.3 （1） 整数 $a, b \in \mathbb{Z}$ が $I(a) = I(b)$ をみたせば，$a = \pm b$ であることを示せ．
（2） 最大公約数と最小公倍数は一意的に定まることを示せ．

3. ユークリッド互除法 ($\mathbb{Z}$ の巻)

ここでは $a, b \in \mathbb{Z}$ の最大公約数 $d \geqq 0$ を求める簡単なアルゴリズムを紹介する．$a = b = 0$ ならば $d = 0$ である．どちらか片方のみが 0 の場合，例えば $a \neq 0, b = 0$ ならば，$d = |a|$ である．そこで，a, b の両者とも 0 ではないものとする．もし $b < 0$ であれば，以下の議論で b の代わりに $-b$ を採用することができるので，ここでは $b > 0$ と仮定し，$r_0 = b$ とおく．まず，定理 2.1 より

$$a = q_1 b + r_1, \quad 0 \leqq r_1 < b = r_0$$

をみたす整数 $q_1, r_1 \in \mathbb{Z}$ が存在する．もし，$r_1 > 0$ ならば，

$$b = q_2 r_1 + r_2, \quad 0 \leq r_2 < r_1$$

をみたす整数 $q_2, r_2 \in \mathbb{Z}$ が存在する．もし，$r_2 > 0$ ならば，

$$r_1 = q_3 r_2 + r_3, \quad 0 \leqq r_3 < r_2$$

をみたす整数 $q_3, r_3 \in \mathbb{Z}$ が存在する．もし，$r_3 > 0$ ならば，$\cdots$ と必要なだけ繰り返す．このとき，

$$b = r_0 > r_1 > r_2 > r_3 > \cdots \geqq 0$$

が成り立つので，

$$r_n > 0, \quad r_{n+1} = 0$$

となる n が存在する．ここで，

$$\{\ sa+tb \mid s,t \in \mathbb{Z}\ \}$$
$$=\{\ s(q_1 b + r_1) + tb \mid s,t \in \mathbb{Z}\ \}$$
$$=\{\ (sq_1 + t)b + sr_1 \mid s,t \in \mathbb{Z}\ \}$$
$$=\{\ s'b + t'r_1 \mid s',t' \in \mathbb{Z}\ \}$$

に注意すれば,最大公約数に関して $\mathrm{GCD}(a,b) = \mathrm{GCD}(b,r_1)$ が成り立つ. 同様にして

$$\mathrm{GCD}(a,b) = \mathrm{GCD}(b,r_1) = \mathrm{GCD}(r_1,r_2)$$
$$= \cdots = \mathrm{GCD}(r_n,r_{n+1}) = \mathrm{GCD}(r_n,0) = r_n$$

を得る.このようにして,上のアルゴリズムで初めて余りが $r_{n+1} = 0$ になったとき,その直前の r_n が a と b の最大公約数となるのである.このアルゴリズムは**ユークリッド互除法**(ごじょほう)と呼ばれている.

さて,整数 a と b が**互いに素**であるとは, $\mathrm{GCD}(a,b) = 1$ であること,すなわち a と b の最大公約数が 1 であることと定義する.

定理 2.5 (互いに素であるための条件) 整数 $a,b \in \mathbb{Z}$ に対し,次の 2 条件は同値である.
(1) a と b が互いに素である.
(2) $sa+tb = 1$ をみたす整数 s,t が存在する.

証明 (1) $\Rightarrow$ (2):$\mathrm{GCD}(a,b) = 1$ なので,例 2.3 より $I(1) = I(a,b)$ がいえるので,とくに $1 \in I(a,b)$ より $1 = sa+tb$ の形に書ける.
(2) $\Rightarrow$ (1):$1 \in I(a,b)$ より $I(a,b) = \mathbb{Z}$ であり,これより $I(a,b) = I(1)$ となるので,例 2.3 により $\mathrm{GCD}(a,b) = 1$ である. □

この定理に出てくる s,t も具体的に求めることができる.次の例でユークリッド互除法を振り返りながら確かめてみよう.

例 2.6 (ユークリッド互除法の応用) 整数 $a,b \in \mathbb{Z}$ の最大公約数 d は例 2.3 により $d = sa+tb$ と書き表すことができるが,この s,t も具体的に求めるこ

とができる．実際に $d=1$ の例で確かめてみよう．$d>1$ の場合にもまったく同様である．$a=266, b=69$ とする．このとき，ユークリッド互除法に従うと，

$$266 = 3 \times 69 + 59, \quad q_1 = 3, \quad r_1 = 59$$
$$69 = 1 \times 59 + 10, \quad q_2 = 1, \quad r_2 = 10$$
$$59 = 5 \times 10 + 9, \quad q_3 = 5, \quad r_3 = 9$$
$$10 = 1 \times 9 + 1, \quad q_4 = 1, \quad r_4 = 1$$
$$9 = 9 \times 1 + 0, \quad q_5 = 9, \quad r_5 = 0$$

となり，$r_5 = 0$ に注意すれば確かに $d = r_4 = 1$ なのであるが，

$$\begin{aligned}
1 &= r_4 \\
&= r_2 - q_4 r_3 \\
&= (b - q_2 r_1) - q_4 (r_1 - q_3 r_2) \\
&= (b - q_2(a - q_1 b)) - q_4((a - q_1 b) - q_3(b - q_2 r_1)) \\
&= (b - q_2(a - q_1 b)) - q_4((a - q_1 b) - q_3(b - q_2(a - q_1 b))) \\
&= (-q_2 - q_4 - q_2 q_3 q_4)a + (1 + q_1 q_2 + q_1 q_4 + q_3 q_4 + q_1 q_2 q_3 q_4)b
\end{aligned}$$

というようにも変形ができる．ここで $s = -q_2 - q_4 - q_2 q_3 q_4, t = 1 + q_1 q_2 + q_1 q_4 + q_3 q_4 + q_1 q_2 q_3 q_4$ とおけば $sa + tb = d = 1$ が成立している．数値で確かめてみると $s = -7, t = 27$ なので，$(-7) \times 266 + 27 \times 69 = 1$ と計算される．

問題 2.4 次の a, b に対して，$sa + tb = 1$ をみたす整数 s, t を求めよ．
(1)　$a = 5, b = 9$
(2)　$a = 7, b = 24$
(3)　$a = 15, b = 23$
(4)　$a = 31, b = 43$
(5)　$a = 341, b = 256$

問題 2.5 次の a, b の最大公約数 d，および $sa + tb = d$ をみたす整数 s, t を求めよ．
(1)　$a = 234, b = 52$
(2)　$a = 234, b = 54$
(3)　$a = 234, b = 56$

4. 素因数分解

ここでは素因数分解の一意性を学ぶ．素因数分解は小中学校でも計算問題の一環としては扱うが，その一意性に関しては信じて疑うこともなく，ひたすら正解に間違えずに到達することのみが主眼であった．我々は，再度この問題を取り上げて，分解の一意性を確認する．その前に素数の性質を 1 つ確かめておこう．

> **定理 2.7 (素数の性質)** 素数 $p \in \mathbb{Z}$ と整数 $a, b \in \mathbb{Z}$ が $p \mid ab$ をみたすと仮定する．このとき，$p \mid a$ または $p \mid b$ である．

証明 $p \mid ab$ より $ab = pc$ をみたす整数 $c \in \mathbb{Z}$ が存在する．いま，$p \nmid a$ と仮定する．$\mathrm{GCD}(a, p) \mid p$ であり，p が素数であることに注意すれば，

$$\mathrm{GCD}(a, p) = 1 \quad \text{または} \quad p$$

を得る．ここで，$\mathrm{GCD}(a, p) \mid a$ でもあるので，我々の仮定により，$\mathrm{GCD}(a, p) \neq p$ でなければならない．すなわち，$\mathrm{GCD}(a, p) = 1$ となる．このとき，定理 2.5 より $sa + tp = 1$ をみたす整数 $s, t \in \mathbb{Z}$ が存在する．よって，

$$\begin{aligned} b = (sa + tp)b &= sab + tpb \\ &= spc + tpb \\ &= p(sc + tb) \end{aligned}$$

が成り立つので，$p \mid b$ である． □

さて，いよいよ素因数分解の一意性を議論しよう．

> **定理 2.8 (素因数分解の存在と一意性)** 整数 $a \in \mathbb{Z}$ $(a \neq 0)$ は
>
> $$a = (\pm 1) \cdot p_1 p_2 \cdots p_m$$
>
> のように ± 1 といくつかの素数 $p_1, p_2, \cdots, p_m$ の積に順序を除いて一意的に表される．

証明 はじめに，$a > 0$ としてよいことに注意しよう (もし，$a < 0$ であれば，a の代わりに $-a$ を用いて，後に -1 倍で調整すればよい). さて，ここで次の命題 $P(a)$ を考える.

$$P(a) : 「 a が素数の積で表される. 」$$

この命題を a の大きさに関する帰納法で示す.

まず，$P(1)$ は正しい. すなわち，これは 0 個の素数の積であると解釈する. 以下，$a > 1$ と仮定する. 次に，$a = p$ が素数の場合には，明らかに $P(p)$ は正しい.

したがって，a が素数ではないものとする. このとき，$1 < b, c < a$ なる整数 $b, c \in \mathbb{Z}$ で，$a = bc$ をみたすものが存在する. ここで，$b, c < a$ より，とくに $P(b)$ と $P(c)$ は帰納法の仮定により正しい. よって，

$$b = p_1 \cdots p_\ell, \quad c = q_1 \cdots q_m$$

と，それぞれ素数 p_i, q_j ($1 \leqq i \leqq \ell,\ 1 \leqq j \leqq m$) の積で書き表すことができる. これより，

$$a = p_1 \cdots p_\ell q_1 \cdots q_m$$

となり，$P(a)$ は正しいことがいえた.

最後に一意性を示す. そこで，

$$a = p_1 \cdots p_\ell = q_1 \cdots q_m$$

と素数 $p_1, \cdots, p_\ell, q_1, \cdots, q_m$ の積で 2 通りにの書き表し方があったとする. いま，$b_1 = q_2 \cdots q_m$ とすれば，$p_1 \mid q_1 b_1$ なので，定理 2.7 によって，$p_1 \mid q_1$ または $p_1 \mid b_1$ である. ここで，$p_1 \mid q_1$ ならば，$p_1 > 1$ なので $p_1 = q_1$ である. もし，$p_1 \mid b_1$ ならば，$b_2 = q_3 \cdots q_m$ とおくと，$p_1 \mid q_2 b_2$ より，再び定理 2.7 により $p_1 \mid q_2$ または $p_1 \mid b_2$ を得る. 以下これを繰り返すことにより，いずれにせよ $p_1 = q_j$ となる番号 j ($1 \leqq j \leqq m$) を見つけることができる. したがって，

$$a' = p_2 \cdots p_\ell = q_1 \cdots q_{j-1} q_{j+1} \cdots q_m$$

とおいて a' に対し改めて同じことを繰り返す．こうして 1 つずつ素数の個数が減っていき，最後には $\ell = m$ が得られ，そのときの状況を振り返れば，適当に番号を付け替えることにより，$p_1 = q_1, \cdots, p_m = q_m$ が成り立っている． □

さて，ここで素因数分解と最大公約数・最小公倍数の関係を簡潔にまとめておこう．これも小中学校以来のお馴染みの事柄であるが，素因数分解の一意性もやっと証明を確認したばかりなのであるから，一応は言及しておく必要がある．整数 $a, b \in \mathbb{Z}$ $(a \neq 0, b \neq 0)$ に対して上で述べた素因数分解を行い，さらに同じ素数はひとまとめにして

$$a = (\pm 1) \cdot p_1^{r_1} \cdot p_2^{r_2} \cdots p_t^{r_t}$$
$$b = (\pm 1) \cdot p_1^{s_1} \cdot p_2^{s_2} \cdots p_t^{s_t}$$

と書いておく．ここに，$p_1, p_2, \cdots, p_t$ は相異なる素数であり，$r_i \geqq 0$, $s_i \geqq 0$ $(i = 1, 2, \cdots, t)$ なるものと仮定する．このとき，素因数分解の一意性から

$$a \mid b \iff r_i \leqq s_i \ (i = 1, 2, \cdots, t)$$

が成り立ち，最大公約数と最小公倍数に関しては，

$$\mathrm{GCD}(a, b) = p_1^{m_1} p_2^{m_2} \cdots p_t^{m_t}$$
$$\mathrm{LCM}[a, b] = p_1^{n_1} p_2^{n_2} \cdots p_t^{n_t}$$

が成り立つ．ただし，$m_i = \min(r_i, s_i)$, $n_i = \max(r_i, s_i)$ $(1 \leqq i \leqq t)$ とする．したがって，これも小中学校以来おなじみであるが，

$$|ab| = \mathrm{GCD}(a, b) \cdot \mathrm{LCM}[a, b]$$

が成立している．とくに，a と b が互いに素であれば，

$$\mathrm{LCM}[a, b] = |ab|$$

である．

5. 合同と同値関係

ここでは，1.3節の「3. 法 n と巡回群」で学んだ整数に関する合同という概念を再び取り上げ，それにより定まる同値関係や合同式の解などを調べる．まず，$a, b, m \in \mathbb{Z}$ を整数とし，$m > 1$ と仮定する．このとき，$m \mid (a-b)$ が成り立つときに，a と b は m を**法**として**合同**であると定義したのである．これを記号で，

$$a \equiv b \pmod{m} \quad \text{または} \quad a \equiv b \mod m$$

と表すことにする．この合同記号 $\equiv$ を含む式を**合同式**と呼ぶ．例 1.6 でも述べられていることと同等なのであるが，この合同 $\equiv$ は同値関係になっている．同値関係という概念に関しては，1.8 節の 2. 共役類 でも実質的に触れられているし，例えば『明解線形代数』第 6 章付録などにも簡潔な記述がある．また他の多くの専門書にも解説されているので各自で参照し自習して欲しい．ここでは，初学者のために合同が同値関係になることを確かめておこう．

例 2.9 (合同の性質) 整数 $a, b, c \in \mathbb{Z}$ と $m \in \mathbb{Z}$ $(m > 1)$ に対し，次が成立する．

(1) $a \equiv a \pmod{m}$.
(2) $a \equiv b \pmod{m} \implies b \equiv a \pmod{m}$.
(3) $a \equiv b \pmod{m},\ b \equiv c \pmod{m} \implies a \equiv c \pmod{m}$.

実際に，(1) は $m \cdot 0 = 0$ より $m \mid (a-a)$ となるのでいえる．

(2) は

$$\begin{aligned}
m \mid (a-b) &\implies md = a-b \quad (^\exists d \in \mathbb{Z}) \\
&\implies m(-d) = b-a \\
&\implies m \mid (b-a)
\end{aligned}$$

なので成立する[2]．

(3) は

---

[2] 記号 $\exists$ は「存在する」という意味の簡略記号である．

78　第 2 章　整数と多項式

$$m \mid (a-b),\ m \mid (b-c) \implies md = a-b,\ md' = b-c \quad (^\exists d, d' \in \mathbb{Z})$$
$$\implies m(d+d') = (a-b) + (b-c) = a-c$$
$$\implies m \mid (a-c)$$

より成り立つことがわかる．

問題 2.6 整数 $a, b, c, d, x \in \mathbb{Z}$ と整数 $m \in \mathbb{Z}\ (m>1)$ に対して，次が成り立つことを示せ．

(1) $a \equiv b \pmod{m} \implies a+x \equiv b+x \pmod{m}$.

(2) $\mathrm{GCD}(c, m) = 1,\ ca \equiv cb \pmod{m} \implies a \equiv b \pmod{m}$.

(3) $a \equiv b \pmod{m},\ c \equiv d \pmod{m} \implies \begin{cases} a+c \equiv b+d \pmod{m}, \\ ac \equiv bd \pmod{m}. \end{cases}$

ここで学んだ合同と，以前に学んだ余りの関係についてまとめておこう．

定理 2.10 (合同と余り)　$a, b, m \in \mathbb{Z}$ は整数で $m > 1$ とする．ここで，整数 $q, q', r, r' \in \mathbb{Z}$ を

$$a = qm + r, \quad b = q'm + r', \quad 0 \leqq r, r' < m$$

をみたすように定める．このとき，次の 2 条件は同値である．

(1) $a \equiv b \pmod{m}$.

(2) $r = r'$.

証明　(1) $\Rightarrow$ (2): $a \equiv b \pmod{m}$ とすると，$mc = a - b$ をみたす整数 $c \in \mathbb{Z}$ が存在する．このとき，

$$a = b + mc$$
$$= q'm + r' + mc$$
$$= (q' + c)m + r'$$
$$= qm + r$$

と書けているから，商と余りの一意性 (定理 2.1) から，とくに $r = r'$ がいえる．

(2) ⇒ (1): $a = qm + r$, $b = q'm + r$ ならば，$a - b = m(q - q')$ なので，$m \mid (a - b)$ を得る． □

さて，この小節の最後に，簡単な合同式の解について調べておく．

定理 2.11 (合同式の解・その 1) 整数 $b, c, m \in \mathbb{Z}$ が $m > 1$ および $\mathrm{GCD}(m, c) = 1$ をみたしているとする．このとき，合同式

$$cx \equiv b \pmod{m}$$

をみたす整数解 $x \in \mathbb{Z}$ が存在する．また，このような解 x は m を法として一意的に定まる．さらには，この合同式の整数解全体は解 x を 1 つ選んで固定したとき，

$$\{\, x + am \mid a \in \mathbb{Z} \,\}$$

で与えられる．

証明 $\mathrm{GCD}(m, c) = 1$ すなわち m と c が互いに素なので，定理 2.5 より $sm + tc = 1$ をみたす整数 $s, t \in \mathbb{Z}$ が存在する．よって，

$$b = b \cdot 1 = b(sm + tc) = bsm + btc$$

より，

$$cbt \equiv b \pmod{m}$$

が成り立つ．したがって，求める x として bt をとればよい．次に，一意性を示すために，

$$cx_1 \equiv b \pmod{m}, \quad cx_2 \equiv b \pmod{m}$$

をみたす整数 $x_1, x_2 \in \mathbb{Z}$ があると仮定する．このとき，$cx_1 \equiv cx_2 \pmod{m}$ であり，問題 2.6(2) を用いれば，$x_1 \equiv x_2 \pmod{m}$ が得られる．また，x が解であれば，$a \in \mathbb{Z}$ に対し，

$$c(x + am) \equiv cx + cam \equiv cx \equiv b \pmod{m}$$

より $x+am$ も解となるから,以上より求める解全体は $\{\,x+am \mid a \in \mathbb{Z}\,\}$ となる. □

問題 2.7 整数 $x,a,b \in \mathbb{Z}$ が $x \mid ab$, $\mathrm{GCD}(x,a)=1$ をみたすとき,$x \mid b$ を示せ.

問題 2.8 次の合同式の整数解をすべて求めよ.
(1)　$4x \equiv 3 \pmod{7}$
(2)　$5x \equiv 4 \pmod{8}$
(3)　$6x \equiv 5 \pmod{23}$

6.　中国剰余定理

ここでは,複数の合同式を同時にみたす整数解について論じる.これは一般に,**中国剰余定理** (Chinese Remainder Theorem) と呼ばれていて,古代中国文明における天文・暦・易などの研究に,その由来があるとされている.まずは,合同式が 2 つの場合から始め,それを用いて一般の場合を示すことにする.

定理 2.12 (合同式の解・その 2)　整数 $b_1, b_2, m_1, m_2 \in \mathbb{Z}$ が与えられ,$m_1 > 1$, $m_2 > 1$, $\mathrm{GCD}(m_1, m_2) = 1$ と仮定する.このとき,2 つの合同式

$$x \equiv b_1 \pmod{m_1}, \quad x \equiv b_2 \pmod{m_2}$$

を同時にみたす整数解 $x \in \mathbb{Z}$ が存在する.さらに,このような解 x は $m_1 m_2$ を法として一意的に定まる.さらには,この 2 つの合同式を同時にみたす整数解全体は解 x を 1 つ選んで固定したとき,

$$\{\,x + a m_1 m_2 \mid a \in \mathbb{Z}\,\}$$

で与えられる.

証明　$\mathrm{GCD}(m_1, m_2) = 1$ なので,定理 2.5 から $s m_1 + t m_2 = 1$ をみたす整数 $s, t \in \mathbb{Z}$ が存在する.そこで $x = b_2 s m_1 + b_1 t m_2$ とおくと,

$$x = \begin{cases} b_2 sm_1 + b_1(1-sm_1) = b_1 + (b_2-b_1)sm_1 \\ b_2(1-tm_2) + b_1 tm_2 = b_2 + (b_1-b_2)tm_2 \end{cases}$$

より，この x は求める解を与えている．次に，x_1, x_2 が条件をみたせば，とくに

$$m_1 \mid (x_1 - x_2), \quad m_2 \mid (x_2 - x_1)$$

であり，$\mathrm{GCD}(m_1, m_2) = 1$ なので $\mathrm{LCM}[m_1, m_2] = m_1 m_2$ に注意すると $m_1 m_2 \mid (x_1 - x_2)$ を得る．すなわち，

$$x_1 \equiv x_2 \pmod{m_1 m_2}$$

となる．さらに，x が条件をみたす解ならば，各 $a \in \mathbb{Z}$ に対し，

$$\begin{cases} x + am_1 m_2 \equiv x \equiv b_1 \pmod{m_1} \\ x + am_1 m_2 \equiv x \equiv b_2 \pmod{m_2} \end{cases}$$

より，$x + am_1 m_2$ も解となるから，以上より求める解全体は

$$\{\, x + am_1 m_2 \mid a \in \mathbb{Z} \,\}$$

と表すことができる． □

問題 2.9 2 つの合同式を同時にみたす整数解 $x \in \mathbb{Z}$ をすべて求めよ．

(1) $\begin{cases} x \equiv 1 \pmod{5} \\ x \equiv 2 \pmod{7} \end{cases}$

(2) $\begin{cases} x \equiv 3 \pmod{11} \\ x \equiv 4 \pmod{17} \end{cases}$

(3) $\begin{cases} x \equiv 5 \pmod{13} \\ x \equiv 6 \pmod{23} \end{cases}$

さて，これだけの準備の下に，中国剰余定理を示そう (読者は今証明した定理 2.12 や次の定理が，第 1 章で学んだ定理 1.22 と深く関係していることに気づかれるであろうか．実際，本質的にはほとんど同等の事柄といってもかまわないくらいである)．

定理 2.13 (中国剰余定理) 整数 $b_1,\cdots,b_r,m_1,\cdots,m_r \in \mathbb{Z}$ が与えられていて，条件 $m_i > 1\ (1 \leqq i \leqq r)$ と $\mathrm{GCD}(m_i,m_j) = 1\ (1 \leqq i \neq j \leqq r)$ がみたされていると仮定する．このとき，r 個の合同式

$$x \equiv b_i \pmod{m_i}, \quad i = 1,\cdots,r$$

を一斉にみたす整数解 $x \in \mathbb{Z}$ が存在する．このような解 x は $m_1,\cdots,m_r$ の最小公倍数 $m = \mathrm{LCM}[m_1,\cdots,m_r] = m_1\cdots m_r$ を法として一意的に定まる．さらには，この合同式の整数解全体は解 x を 1 つ選んで固定したとき，

$$\{\,x + am \mid a \in \mathbb{Z}\,\}$$

で与えられる．

証明 r に関する帰納法で示す．$r = 2$ のときは直前の定理 2.12 そのものである．$r > 2$ とし，$r - 1$ のときは成立しているものとする．すなわち，

$$y \equiv b_i \pmod{m_i}, \quad i = 1,\cdots,r-1$$

をみたす整数解 y が存在する．一方，素因数分解の一意性に注意すれば $\mathrm{GCD}(m_1\cdots m_{r-1},m_r) = 1$ なので，定理 2.12 を $y,b_r,m_1\cdots m_{r-1},m_r$ に適用することより，

$$\begin{cases} x \equiv y \pmod{m_1\cdots m_{r-1}} \\ x \equiv b_r \pmod{m_r} \end{cases}$$

をみたす整数解 x が存在する．このとき，

$$x \equiv y \equiv b_i \pmod{m_i}, \quad i = 1,\cdots,r-1$$

でもあるので，この x が求める解を与えている．さらに，x_1,x_2 が 2 つの解だとすると，$i = 1,\cdots,r$ に対して $m_i \mid (x_1 - x_2)$ であるから，$m \mid (x_1 - x_2)$ を得る．さらに，x が解であれば，各 $a \in \mathbb{Z}$ と $1 \leqq i \leqq r$ に対して，

$$x + am \equiv x \equiv b_i \pmod{m_i}$$

が成り立つので，求める解全体は $\{\,x+am\mid a\in\mathbb{Z}\,\}$ となる． □

例 2.14 4つの合同式

$$\begin{cases} x \equiv 2 \pmod{3} \\ x \equiv 3 \pmod{5} \\ x \equiv 4 \pmod{7} \\ x \equiv 5 \pmod{11} \end{cases}$$

を同時にみたす整数解 $x\in\mathbb{Z}$ を定理の証明に沿って求めてみよう．$1=2\cdot 3+(-1)\cdot 5$ より $y=2\cdot(-5)+3\cdot 6=8$ とおけば，$y\equiv 2\pmod 3$ かつ $y\equiv 3\pmod 5$ となる．$1=1\cdot 15+(-2)\cdot 7$ より $z=8\cdot(-14)+4\cdot 15=-52$ とおけば，

$$z \equiv 2 \pmod{3}, \quad z \equiv 3 \pmod{5}, \quad z \equiv 4 \pmod{7}$$

となる．$1=2\cdot 105+(-19)\cdot 11$ より $x=(-52)\cdot(-209)+5\cdot 210=11918$ が求める整数解を与える．これでも正解であるが，このままでは少し値が大きいと感じるかも知れない．実際ここでは，$11918\equiv 368\pmod{1155}$ なので $x=368$ を解として採用することも可能である．解全体は $\{\,368+1155a\mid a\in\mathbb{Z}\,\}$ となる．

問題 2.10 3つの合同式を同時にみたす整数解 $x\in\mathbb{Z}$ をすべて求めよ．

（1）$\begin{cases} x \equiv 1 \pmod{3} \\ x \equiv 2 \pmod{5} \\ x \equiv 3 \pmod{7} \end{cases}$

（2）$\begin{cases} x \equiv 2 \pmod{5} \\ x \equiv 3 \pmod{7} \\ x \equiv 4 \pmod{11} \end{cases}$

7. フェルマの小定理

高等学校の数学でも習うことではあるが，相異なる n 個の中から r 個だけ取り出す方法は何通りあるか，という問題の答えは

$$_nC_r = \frac{n!}{r! \cdot (n-r)!}$$

で与えられる．これは，$(X+Y)^n$ の展開として

$$(X+Y)^n = \sum_{r=0}^{n} {}_nC_r X^{n-r} Y^r$$
$$= {}_nC_0 X^n + {}_nC_1 X^{n-1} Y + \cdots + {}_nC_{n-1} XY^{n-1} + {}_nC_n Y^n$$

という形でも登場するので，この $_nC_r$ を**二項係数**ともいう．大学以上の数学では，通常は $_nC_r$ の代わりに，

$$\binom{n}{r} = \frac{n!}{r! \cdot (n-r)!}$$

という記号を用いるのが慣習となっている．この二項係数に関しては次が知られている．

定理 2.15 (二項係数の性質) p を素数とするとき，各 $i = 1, 2, \cdots, p-1$ に対し，

$$\binom{p}{i} \equiv 0 \pmod{p}$$

が成り立つ．

証明 まず，$i! \cdot (p-i)!$ を素因数分解してみると，そこには決して p は登場しない．しかし，二項係数は整数であるから $i! \cdot (p-i)!$ は $p!$ の約数である．したがって，$i! \cdot (p-i)!$ は $(p-1)!$ の約数でなければならない．そこで，

$$s = \frac{(p-1)!}{i! \cdot (p-i)!} \in \mathbb{Z}$$

とおけば，

$$\binom{p}{i} = \frac{p \cdot (p-1)!}{i! \cdot (p-i)!} = ps \equiv 0 \pmod{p}$$

を得る． □

さて，ここでフェルマの小定理の別証明を与えよう．証明にはいく通りもの方法があり，定理 1.29 にあるように有限群のサイズを用いて証明できるし，また第 3 章で学ぶ体論の立場から見直すことも可能である．ここでは，$\mathbb{Z}$ のイデアル (より正確には部分群) を用いた証明を与えておく．読者の好みに合わせた証明を採用して差し支えない．

> **定理 2.16 (フェルマの小定理：再録)** 素数 p と整数 $a \in \mathbb{Z}$ に対し，
> $$a^p \equiv a \pmod{p}$$
> が成り立つ．

証明 まず $\mathfrak{a} = \{a \in \mathbb{Z} \mid a^p \equiv a \pmod{p}\}$ とおく．$0, 1 \in \mathfrak{a}$ であることに注意する．次に，$x, y \in \mathfrak{a}$ に対し，定理 2.15 より

$$(x+y)^p = \sum_{i=0}^{p} \binom{p}{i} x^i y^{p-i} \equiv x^p + y^p \equiv x + y \pmod{p}$$

が成り立つので $x + y \in \mathfrak{a}$ である．また，

$$(-1)^p \equiv \begin{cases} 1 & (p = 2 \text{ のとき}) \\ -1 & (p > 2 \text{ のとき}) \end{cases} \equiv -1 \pmod{p}$$

より，$x \in \mathfrak{a}$ ならば

$$(-x)^p \equiv (-1)^p \cdot x^p \equiv (-1) \cdot x \equiv -x \pmod{p}$$

が成り立つので $-x \in \mathfrak{a}$ である．したがって，$\mathfrak{a}$ は $\mathbb{Z}$ の部分群 (あるいはイデアル) となる．$1 \in \mathbb{Z}$ なので $\mathfrak{a} = \mathbb{Z}$ であり，これで定理は証明された． □

フェルマの小定理は，現代暗号にも応用されている (第 4 章参照)．

2.2 多項式

本節では多項式を扱う．小学校では自然数・分数・小数などの計算を，中学校では整数・有理数・実数や文字式などの計算を，高等学校では複素数・多項

式やベクトルなどの計算を学ぶ．整数と多項式には多くの類似した代数的性質があり，両者を比較しながら学ぶことは，代数の入門的な段階にはふさわしいと思われる．整数で学んだ基本的な項目を，あえて多項式でも繰り返すことにより，学習効果の向上を期待している．少し非能率的かも知れないが，急がば回れということでご理解いただきたい．

ここでは，K は有理数全体 $\mathbb{Q}$，実数全体 $\mathbb{R}$，複素数全体 $\mathbb{C}$ のいずれかを表すものとする．あるいは，必要があれば，もう少し一般にして，K は $\mathbb{Q} \subset K \subset \mathbb{C}$ をみたす数の集合で，加減乗除 (四則演算：もちろん除法では 0 以外の数で割る約束) で閉じているものと仮定してもかまわない．また，K の乗法群を $K^\times = \{\, a \in K \mid a \neq 0 \,\}$ と定める (第 1 章例 1.3 を参照)．

折角の機会であるので，記号に関して簡単に触れておくと，有理数 (rational number) は分数すなわち整数の商 (quotient) であるので $\mathbb{Q}$ を，また実数 (real number) と複素数 (complex number) はそのままの頭文字をとり，それぞれ $\mathbb{R}$ と $\mathbb{C}$ を用いるのが慣習となっている．有理数の頭文字も実数と同じなので，1 つ前の $\mathbb{Q}$ が選ばれたとする説もある．

係数を左側にベキを右上にという現在の多項式記法を考案したのは，「我思う ゆえに我有り」で有名なデカルトである．この表記のおかげで多項式の和 $(X^2 + 2X) + (X + 2) = X^2 + 3X + 2$ や積 $(X+1)(X+2) = X^2 + 3X + 2$ などの計算も簡明に行うことができるようになった．

変数 (または文字) X に関する **多項式** を一般に

$$f(X) = a_0 + a_1 X + \cdots + a_m X^m = \sum_{i=0}^{m} a_i X^i$$

で表し，$a_m \neq 0$ のとき $f(X)$ を **m 次多項式**，あるいは単に **m 次式** という．また $\deg f(X) = m$ と定め，$\deg f(X)$ を $f(X)$ の **次数** という．すべての係数がゼロである多項式をゼロ多項式と呼び，それを 0 で表す．これも立派な多項式として認めよう．そうすると，ゼロ多項式 0 の次数 $\deg 0$ は定義されていないことになるが，無限大記号を用いて $\deg 0 = -\infty$ (マイナス無限大) と定める (無限大記号に不慣れな読者は，$\deg 0$ は定義されていないと思って頂いても差し支えない)．また，2 つの多項式

$$f(X) = a_0 + a_1 X + \cdots + a_m X^m \quad (a_m \neq 0)$$
$$g(X) = b_0 + b_1 X + \cdots + b_n X^n \quad (b_n \neq 0)$$

が等しい $f(X) = g(X)$ ということを，すべての係数が等しい，すなわち

$$m = n \quad \text{かつ} \quad a_0 = b_0, a_1 = b_1, \cdots, a_m = b_m$$

によって定義する．変数は大文字 X でも小文字 x でもかまわない．もちろん，他の文字で代用してもよい．肝心なことは前後関係で無用な混乱を誘発しない配慮をしておくことである．多項式の表示は (都合に応じて) 次数の高い順に並べてもよいし，逆に次数の低い順に並べてもかまわない．多項式全体の集合を

$$K[X] = \left\{ \left. \sum_{i=0}^{m} a_i X^i \;\right|\; m \geqq 0,\; a_i \in K\; (0 \leqq i \leqq m) \right\}$$

で表すことにする．1 つの多項式を単独で扱うだけではなく，このように多項式全体を集合としてみなして解明していこうという立場も現代数学では重要である．$f(X) = \sum_i a_i X^i$, $g(X) = \sum_i b_i X^i \in K[X]$ とするとき，**多項式の和は**

$$f(X) + g(X) = \sum_i (a_i + b_i) X^i$$

で，また $c \in K$ による多項式のスカラー倍は

$$c \cdot f(X) = \sum_i (c a_i) X^i$$

で定められ，これにより $K[X]$ は K 上のベクトル空間の構造を持つ．さらに，$f(X) = \sum_i a_i X^i$ と $g(X) = \sum_j b_j X^j$ の**多項式の積は**

$$f(X)g(X) = \left(\sum_i a_i X^i \right) \left(\sum_j b_j X^j \right) = \sum_k \left(\sum_{i+j=k} a_i b_j \right) X^k$$

により与えられる．すなわち，$h(X) = f(X)g(X) = \sum_k c_k X^k$ の係数は $c_k = a_0 b_k + a_1 b_{k-1} + \cdots + a_k b_0$ と計算される．例えば，$(f(X) + g(X))h(X) = f(X)h(X) + g(X)h(X)$ や $(f(X)g(X))h(X) = f(X)(g(X)h(X))$ など，今まで習ってきた通常の計算は普通に行ってよい．このとき，次数との関係では

$$\deg(f(X)+g(X)) \leqq \max(\deg f(X), \deg g(X))$$
$$\deg(f(X)g(X)) = \deg f(X) + \deg g(X)$$

が成立する．多項式 $f(X) = \sum_i a_i X^i \in K[X]$ のゼロ次の係数 a_0 を**定数項**という．とくに，$\deg f(X) = 0$ ならば，$f(X) = a_0 \neq 0$ である．また，K の元を他の一般の多項式と比べて**定数** (スカラー) と呼んで区別することもある．最高次数の係数が 1 である多項式を**モニック** (monic) **多項式**という．ゼロ多項式はモニック多項式ではないので注意しておく．

ここで上級の数学を目指す読者に補足しておこう．少し高度な理論において次数公式の理論展開をスムースに行うためには $\deg 0 = -\infty$ とする方が便利である．すなわち，ここでは整数 $n \geqq 0$ に対して

$$n + (-\infty) = -\infty = (-\infty) + n$$

と約束することとし，また

$$(-\infty) + (-\infty) = -\infty$$

と考えることにする．これは普通の数の計算とはまったく異なる話であって，$(-\infty) + (-\infty) = -\infty$ だからといって無闇に両辺から $-\infty$ を 1 つずつキャンセルして $-\infty = 0$ などとしては決していけない．次数の公式を一般に (すなわちゼロ多項式 0 を含めた場合に拡張して) 成り立たせる目的で導入したものだと理解して欲しい．以下，$\deg 0$ の定義を気にするあまり必要以上に混乱が生じてしまわないようにと，記述に配慮しながら話を進めていくことにしよう (本書では代数の魅力を伝えることが目的なので，読者が戸惑ってしまう事態は極力避けたい)．

さらにもう一点だけ簡単に注意しておこう．多項式と方程式とは言葉の使い方や意味が微妙に異なるということである．例えば 2 つの多項式 $f(X), g(X)$ の和を計算して多項式 $h(X)$ が得られたとしよう．これを我々は $f(X) + g(X) = h(X)$ と書く．これは両辺 $f(X) + g(X)$ と $h(X)$ が結果的に多項式として完全に同じものであることを意味している．どんな値を $X = a$ と代入したとしても，$f(a) + g(a)$ と $h(a)$ の両者は当然ながら同じ値である．多項式として

$f(X) = 0$ であるという場合には，$f(X)$ 自身がゼロ多項式 (すべての係数がゼロの多項式) 0 であるということである．

一方で，方程式 $\varphi(X) = 0$ というように「方程式」という言葉が付記されている場合には事情がまったく異なり，ある特別な値 $X = b$ の場合に $\varphi(b) = 0$ となる可能性があり，そういう b を求めていくことに主眼がある．例えば，多項式としては $X^2 + 3X + 2 \neq 0$ であるが，他方では方程式 $X^2 + 3X + 2 = 0$ には意味があり，$X = -1, -2$ と解ける．両者の違いが何となく (違和感無く) ご理解頂けたであろうか．

1. 約元・倍元・既約多項式

多項式に関しても，商と余りの関係を調べよう．

定理 2.17 (商と余りの一意性)　多項式
$$f(X) = \sum_{i=0}^{n} a_i X^i, g(X) = \sum_{i=0}^{m} b_i X^i \in K[X]$$
に対し，$g(X) \neq 0$ ならば次が成り立つ．

(1)　$\deg g(X) = 0$ ならば，
$$f(X) = q(X)g(X)$$
をみたす多項式 $q(X) \in K[X]$ が一意的に存在する．さらに，このとき
$$\deg q(X) = \deg f(X), \quad g(X) = b_0 \in K^{\times}$$
である．

(2)　$\deg g(X) \geqq 1$ ならば，
$$f(X) = q(X)g(X) + r(X), \quad \deg r(X) < \deg g(X)$$
をみたす多項式 $q(X), r(X) \in K[X]$ が一意的に存在する (ただし，$r(X) = 0$ の場合も含まれているものとする)．

証明　(1)　$g(X) = b_0 \in K$ は 0 ではない定数となるので，$q(X)$ は

$$q(X) = \frac{1}{b_0} f(X)$$

として一意的に定まる．

（2） $\deg f(X) = n$, $\deg g(X) = m \geqq 1$ とおく．まず，求める形に表示できることを示す．n に関する帰納法を用いる．$n < m$ のときは，$q(X) = 0$, $r(X) = f(X)$ とおいてよい．次に，$n \geqq m$ と仮定する．ここで，

$$h(X) = f(X) - \frac{a_n}{b_m} X^{n-m} g(X)$$

とおくと，$\deg h(X) < \deg f(X)$ なので帰納法の仮定より，

$$h(X) = q_1(X) g(X) + r_1(X), \quad \deg r_1(X) < \deg g(X)$$

をみたす多項式 $q_1(X), r_1(X) \in K[X]$ が存在する．ここで，

$$q(X) = q_1(X) + \frac{a_n}{b_m} X^{n-m}, \quad r(X) = r_1(X)$$

とおけば，求める $f(X) = q(X)g(X) + r(X)$ を得る．

最後に，一意性を示すために

$$f(X) = q(X)g(X) + r(X) = q'(X)g(X) + r'(X)$$

かつ

$$\deg r(X), \ \deg r'(X) < \deg g(X)$$

をみたす

$$q(X), \ q'(X), \ r(X), \ r'(X) \in K[X]$$

があると仮定する．移項して

$$(q(X) - q'(X))g(X) = r'(X) - r(X)$$

となるが，もしここで $q(X) - q'(X) \neq 0$ ならば

$$\deg((q(X) - q'(X))g(X)) \geqq m, \quad \deg(r'(X) - r(X)) < m$$

となり矛盾である．よって，$q(X) = q'(X), r(X) = r'(X)$ を得る． □

この定理に現れる $q(X)$ と $r(X)$ をそれぞれ $f(X)$ を $g(X)$ で割った**商**と**余り**という．$g(X) \neq 0$ で，かつ余りが 0 のとき，$g(X)$ は $f(X)$ を**割り切る**という．一般に多項式 $f(X), g(X) \in K[X]$ に対し，$f(X) = g(X)h(X)$ をみたす多項式 $h(X) \in K[X]$ が存在するとき，$g(X)$ を $f(X)$ の**約元**または**約式**，$f(X)$ を $g(X)$ の**倍元**または**倍式**という．このとき，整数のときと同じ記号で

$$g(X) \mid f(X)$$

と書き表す．

$g(X), f_1(X), \cdots, f_n(X) \in K[X]$ に対して，

$$g(X) \mid f_i(X) \quad (i = 1, \cdots, n)$$

なるとき，$g(X)$ は $f_1(X), \cdots, f_n(X)$ の**公約元**または**公約式**であるといい，

$$f_i(X) \mid g(X) \quad (i = 1, \cdots, n)$$

なるとき，$g(X)$ は $f_1(X), \cdots, f_n(X)$ の**公倍元**または**公倍式**であるという．さらに $g(X)$ が $f_1(X), \cdots, f_n(X)$ の**最大公約元**または**最大公約式**であるとは，$g(X)$ が次の 3 条件 (GCD1), (GCD2), (GCD3) をみたすときにいう．

(GCD1) $g(X)$ は $f_1(X), \cdots, f_n(X)$ の公約元である．

(GCD2) $f_1(X), \cdots, f_n(X)$ の任意の公約元 $h(X)$ に対し，$h(X) \mid g(X)$ となる．

(GCD3) $g(X)$ はゼロ多項式またはモニック多項式である．

整数の場合と同様に，存在に関しては後出の例 2.19 で確かめることにする．このとき，最大公約元 $g(X)$ を $\mathrm{GCD}(f_1(X), \cdots, f_n(X))$ あるいは単に

$$(f_1(X), \cdots, f_n(X))$$

で表す．また $g(X)$ が $f_1(X), \cdots, f_n(X)$ の**最小公倍元**または**最小公倍式**であるとは，$g(X)$ が次の 3 条件 (LCM1), (LCM2), (LCM3) をみたすときにいう．

(LCM1) $g(X)$ は $f_1(X), \cdots, f_n(X)$ の公倍元である．

(LCM2) $f_1(X),\cdots,f_n(X)$ の任意の公倍元 $h(X)$ に対し，$g(X) \mid h(X)$ となる．

(LCM3) $g(X)$ はゼロ多項式またはモニック多項式である．

同じく存在は後出の例 2.20 で扱うことにしよう．このとき，最小公倍元 $g(X)$ を $\mathrm{LCM}[f_1(X),\cdots,f_n(X)]$ あるいは単に

$$[f_1(X),\cdots,f_n(X)]$$

と表す．

問題 2.11 （1）多項式 $f(X), g(X) \in K[X]$ に対して，$f(X) \mid g(X)$ かつ $g(X) \mid f(X)$ が成り立てば，$f(X) = ug(X)$ をみたす非ゼロ定数 $u \in K^\times$ が存在することを示せ．

（2）最大公約元や最小公倍元は (存在すれば) それぞれ一意的に定まることを示せ．

問題 2.12 [因数定理] $f(X) \in K[X]$ に $\alpha \in K$ を代入して $f(\alpha) = 0$ となれば，$(X - \alpha) \mid f(X)$ であることを示せ．

$f(X) \mid g(X)$ が成立しないことを，$f(X) \nmid g(X)$ という記号で表す．

多項式 $f(X) \in K[X]$ が既約であるとは，次の 2 条件が成り立つときにいう．

(IRR1) $\deg f(X) \geqq 1$．

(IRR2) $g(X), h(X) \in K[X]$ が $f(X) = g(X)h(X)$ をみたせば，$\deg g(X) = 0$ または $\deg h(X) = 0$ のいずれかである．

既約な多項式を**既約多項式**という．例えば，1 次多項式はつねに既約である．

2. $K[X]$ のイデアル

多項式に対してもイデアルの概念を導入しよう．空でない $K[X]$ の部分集合 $\mathfrak{a} \subset K[X]$ が $K[X]$ の**イデアル**であるとは，次の 2 条件がみたされているときにいう．

(ID1) $f(X), g(X) \in \mathfrak{a} \Rightarrow f(X) + g(X) \in \mathfrak{a}$．

(ID2) $h(X) \in K[X], f(X) \in \mathfrak{a} \Rightarrow h(X)f(X) \in \mathfrak{a}$．

多項式 $f_1(X), \cdots, f_k(X) \in K[X]$ に対し，

$I(f_1(X), \cdots, f_k(X))$
$= \{\, g_1(X)f_1(X) + \cdots + g_k(X)f_k(X) \mid g_1(X), \cdots, g_k(X) \in K[X] \,\}$

とおくと，整数の場合とまったく同じ理由で，この $I(f_1(X), \cdots, f_k(X))$ は $K[X]$ のイデアルとなる．これを，$f_1(X), \cdots, f_k(X)$ により**生成されるイデアル**と呼ぶ．混乱が生じない場合には，$I(f_1(X), \cdots, f_k(X))$ を単に $(f_1(X), \cdots, f_k(X))$ と表すことも多い．

定理 2.18 ($K[X]$ のイデアルの形)　$K[X]$ のイデアルはある多項式 $d(X) \in K[X]$ の倍元全体

$$I(d(X)) = \{\, f(X)d(X) \mid f(X) \in K[X] \,\}$$

の形で表される．

証明　$K[X]$ のイデアルを $\mathfrak{a}$ とする．$\mathfrak{a} = \{0\}$ ならば，$\mathfrak{a} = I(0)$ と書けている．次に，$\mathfrak{a} \neq \{0\}$ とする．ここで，

$$m = \min\{\, \deg g(X) \mid g(X) \neq 0,\ g(X) \in \mathfrak{a} \,\}$$

とおき，多項式 $d(X) \in \mathfrak{a}$ $(d(X) \neq 0)$ を $\deg d(X) = m$ となるように選ぶ．ここで $g(X) \in \mathfrak{a}$ を任意にとる．もし，$m = 0$ ならば $d(X) \in K^\times$ となり，定理 2.17(1) により，$d(X) \mid g(X)$ であり，かつ $\mathfrak{a} \subset I(d(X)) = K[X]$ である．また，$m \geqq 1$ ならば，定理 2.17(2) により，

$$g(X) = q(X)d(X) + r(X), \quad \deg r(X) < \deg d(X)$$

をみたす多項式 $q(X), r(X) \in K[X]$ が存在する．このとき，

$$r(X) = g(X) - q(X)d(X) \in \mathfrak{a}$$

であるが，$d(X)$ の選び方より，$r(X) = 0$ でなくてはならない．すなわち，$d(X) \mid g(X)$ であり，この場合にも，$\mathfrak{a} \subset I(d(X))$ がいえる．しかるに，$d(X) \in \mathfrak{a}$ より，つねに $I(d(X)) \subset \mathfrak{a}$ はいえるので，いずれの場合にも $\mathfrak{a} = I(d(X))$

が成立する. □

この定理において, $I(d(X)) \neq \{0\}$ であれば, $d(X)$ としてモニック多項式をとることができる. 次に, 整数の場合と同様に, 最大公約元や最小公倍元とイデアルとの関係を調べよう.

例 2.19 (最大公約元の存在とイデアル)　$f_1(X), \cdots, f_n(X) \in K[X]$ に対し,

$$I(f_1(X), \cdots, f_n(X)) = I(d(X))$$

をみたす多項式 $d(X)$ として, 0 またはモニック多項式を選ぶことができ, それが最大公約元である. 特に, 最大公約元 $d(X)$ は適当な $s_1(X), \cdots, s_n(X) \in K[X]$ を選んで

$$d(X) = s_1(X)f_1(X) + \cdots + s_n(X)f_n(X)$$

と表すことができる. 実際, 定理 2.18 により $I(f_1(X), \cdots, f_n(X)) = I(d(X))$ と書き表せている. ここで, $f_i(X) \in I(d(X))$ より, $d(X) \mid f_i(X)$ である. すなわち, $d(X)$ は $f_1(X), \cdots, f_n(X)$ の公約元である. 次に, $c(X) \in K[X]$ を $f_1(X), \cdots, f_n(X)$ の公約元とすると, $f_i(X) = c(X)b_i(X)$ をみたす $b_i(X) \in K[X]$ が存在する. そこで, $d(X) \in I(f_1(X), \cdots, f_n(X))$ より $d(X) = s_1(X)f_1(X) + \cdots + s_n(X)f_n(X)$ と書いておけば,

$$d(X) = c(X)(s_1(X)b_1(X) + \cdots + s_n(X)b_n(X))$$

となり, $c(X) \mid d(X)$ を得る. よって, $d(X)$ は $f_1(X), \cdots, f_n(X)$ の最大公約元である.

例 2.20 (最小公倍元の存在とイデアル)　$f_1(X), \cdots, f_n(X) \in K[X]$ に対し,

$$\mathfrak{a} = \{\, s(X) \in K[X] \mid s(X) \text{ は } f_1(X), \cdots, f_n(X) \text{ の公倍元} \,\}$$
$$= I(f_1(X)) \cap \cdots \cap I(f_n(X))$$

は $K[X]$ のイデアルであり, $\mathfrak{a} = I(m(X))$ をみたす多項式 $m(X) \in K[X]$ と

して，0 またはモニック多項式を選ぶことができ，それが最小公倍元である．実際，$\mathfrak{a}$ がイデアルであることは容易に確かめることができ，定理 2.18 により $\mathfrak{a} = I(m(X))$ と書き表せているので，$m(X)$ を 0 またはモニック多項式として選んでおけば，定義より，これが最小公倍元を与えることは明らかである．

問題 2.13 多項式 $f(X), g(X) \in K[X]$ に対して，$I(f(X)) = I(g(X))$ が成り立てば，$f(X) = ug(X)$ をみたす非ゼロ定数 $u \in K^\times$ が存在する．

3. ユークリッド互除法 ($K[X]$ の巻)

ここでは，整数の場合と同様にして，$f(X), g(X) \in K[X]$ の最大公約元 $d(X)$ を求める簡単なアルゴリズムが得られることを確かめる．もし，$f(X) = g(X) = 0$ ならば $d(X) = 0$ である．次に $f(X)$ と $g(X)$ のいずれか一方だけが 0 であるとする．例えば $f(X) \neq 0, g(X) = 0$ とすれば，求める最大公約元 $d(X)$ は $f(X)$ を最高次の係数で割って得られるモニック多項式として与えられる．

そこで，$f(X), g(X)$ の両者とも 0 ではないものとする．もし，$\deg g(X) = 0$ ならば $g(X) \in K^\times$ であり，定理 2.17(1) により $g(X) \mid f(X)$ となるから，求める最大公約元は $d(X) = 1$ となる．以下，$\deg g(X) \geqq 1$ とし，$r_0(X) = g(X)$ とおく．まず，定理 2.17(2) により

$$f(X) = q_1(X)g(X) + r_1(X), \quad \deg r_1(X) < \deg g(X)$$

をみたす多項式 $q_1(X), r_1(X) \in K[X]$ が存在する．もし，$\deg r_1(X) \geqq 1$ ならば，

$$g(X) = q_2(X)r_1(X) + r_2(X), \quad \deg r_2(X) < \deg r_1(X)$$

をみたす多項式 $q_2(X), r_2(X) \in K[X]$ が存在する．もし，$\deg r_2(X) \geqq 1$ ならば，

$$r_1(X) = q_3(X)r_2(X) + r_3(X), \quad \deg r_3(X) < \deg r_2(X)$$

をみたす多項式 $q_3(X), r_3(X) \in K[X]$ が存在する．もし，$\deg r_3(X) \geqq 1$ ならば，$\cdots$ と必要なだけ繰り返す．このとき，

$$\deg g(X) > \deg r_1(X) > \deg r_2(X) > \deg r_3(X) > \cdots$$

が成り立つので，

$$\deg r_n(X) \geqq 1, \quad r_{n+1}(X) \in K$$

となる番号 n が存在する．ここで，

$$\begin{aligned}
& \{\, s(X)f(X) + t(X)g(X) \mid s(X), t(X) \in K[X] \,\} \\
={} & \{\, s(X)(q_1(X)g(X) + r_1(X)) + t(X)g(X) \mid s(X), t(X) \in K[X] \,\} \\
={} & \{\, (s(X)q_1(X) + t(X))g(X) + s(X)r_1(X) \mid s(X), t(X) \in K[X] \,\} \\
={} & \{\, s'(X)g(X) + t'(X)r_1(X) \mid s'(X), t'(X) \in K[X] \,\}
\end{aligned}$$

に注意すれば，最大公約元に関して $\mathrm{GCD}(f(X), g(X)) = \mathrm{GCD}(g(X), r_1(X))$ が成り立つ．同様にして

$$\begin{aligned}
\mathrm{GCD}(f(X), g(X)) &= \mathrm{GCD}(g(X), r_1(X)) = \mathrm{GCD}(r_1(X), r_2(X)) \\
&= \cdots = \mathrm{GCD}(r_n(X), r_{n+1}(X))
\end{aligned}$$

を得る．ここで，もし $r_{n+1}(X) = 0$ ならば，

$$d(X) = \mathrm{GCD}(f(X), g(X)) = \mathrm{GCD}(r_n(X), 0)$$

は $r_n(X)$ を最高次の係数で割ったモニック多項式として得られる．また，もし $r_{n+1}(X) \neq 0$ であれば，$r_{n+1}(X) \in K^\times$ なので定理 2.17(1) により，$r_n(X) = q(X)r_{n+1}(X)$ となる $q(X) \in K[X]$ が存在し，

$$d(X) = \mathrm{GCD}(f(X), g(X)) = \mathrm{GCD}(r_n(X), r_{n+1}(X)) = 1$$

となる．このようにして上のアルゴリズムを続け，初めて余り $r_{k+1}(X)$ が 0 になったとき (すなわち上で，$r_{n+1}(X) = 0$ の場合には $k = n$ が，$r_{n+1}(X) \neq 0$ の場合には $k = n+1$ がそれぞれ相当する)，その直前の $r_k(X)$ を最高次の係数で割ったモニック多項式が $f(X)$ と $g(X)$ の最大公約元 $d(X)$ となるのである．このアルゴリズムは整数のときと本質的に同じであり，やはり**ユークリッド互除法**と呼ばれている．

さて，整数のときと同じように，多項式 $f(X)$ と $g(X)$ が**互いに素**である と

は，$f(X)$ と $g(X)$ の最大公約元が 1 であることと定義する．

問題 2.14 多項式 $f(X), g(X) \in K[X]$ に対し，次の 2 条件が同値であることを示せ．
（1） $f(X)$ と $g(X)$ が互いに素である．
（2） $s(X)f(X) + t(X)g(X) = 1$ をみたす多項式 $s(X), t(X)$ が存在する．

4. 多項式の分解

ここでは，既約多項式が素数と類似の役割を担うことをみることにする．

> **定理 2.21 (既約多項式の性質)** 既約多項式 $f(X) \in K[X]$ と多項式 $g(X), h(X) \in K[X]$ が
> $$f(X) \mid g(X)h(X)$$
> をみたすならば，$f(X) \mid g(X)$ または $f(X) \mid h(X)$ のいずれかが成り立つ．

証明 $f(X) \nmid g(X)$ と仮定する．このとき，$d(X) = \mathrm{GCD}(f(X), g(X))$ とおけば，$f(X)$ の既約性から，$d(X) = 1$ となる．すなわち，$f(X)$ と $g(X)$ は互いに素なので，問題 2.14 により，

$$s(X)f(X) + t(X)g(X) = 1$$

をみたす多項式 $s(X), t(X) \in K[X]$ が存在する．一方，$f(X) \mid g(X)h(X)$ なので，

$$g(X)h(X) = f(X)u(X)$$

をみたす多項式 $u(X) \in K[X]$ が存在する．このとき，

$$\begin{aligned}
h(X) &= h(X)(s(X)f(X) + t(X)g(X)) \\
&= h(X)s(X)f(X) + t(X)f(X)u(X) \\
&= (h(X)s(X) + t(X)u(X))f(X)
\end{aligned}$$

となるので, $f(X) \mid h(X)$ を得る. □

ここで今まで得られた結果を用いると,次の因数分解に関する事実を確かめることができる. 証明は整数の場合と完全に同じであるので省略する.

定理 2.22 (因数分解の一意性) $K[X]$ の 0 でない多項式 $f(X)$ は非ゼロ定数と有限個の既約多項式の積として,

$$f(X) = u \cdot f_1(X) \cdots f_r(X) \quad (u = 定数 \neq 0,\ f_i(X) = 既約多項式)$$

の形に, 非ゼロ定数倍と順序を除いて, 一意的に表される.

問題 2.15 定理 2.22 を証明せよ.

5. 既約性の判定法 ($K = \mathbb{C}, \mathbb{R}$ の場合)

ここでは, $K = \mathbb{C}, \mathbb{R}$ の場合に, 多項式 $f(X) \in K[X]$ の既約性に関して考察する. 一般に, $\mathbb{C} \supset \mathbb{R} \supset \mathbb{Q}$ と大きい方が多項式の既約性の議論は簡単になる.

<u>$K = \mathbb{C}$ の場合</u>

この場合には, 代数学の基本定理 (第 3 章の定理 3.42 を参照) というものがあり, $\deg f(X) \geqq 2$ なるすべての多項式 $f(X)$ はいくつかの 1 次式の積に分解してしまうことが知られている. よって, 次の定理が成立する.

定理 2.23 (既約な複素数係数の多項式) 多項式 $f(X) \in \mathbb{C}[X]$ に対し, 次の 2 条件は同値である.

(1) $f(X)$ は既約多項式である.

(2) $\deg f(X) = 1$ である. すなわち, $f(X) = aX + b\ (a \neq 0)$ の形である.

問題 2.16 代数学の基本定理を仮定した上で, 定理 2.23 を示せ.

問題 2.17 多項式 $f(X) = X^3 - 1 \in \mathbb{C}[X]$ を ($\mathbb{C}[X]$ において) 既約多項式の積に分解せよ.

<u>$K = \mathbb{R}$ の場合</u>

$f(X) \in \mathbb{R}[X]$, $\deg f(X) = 1, 2$ なる場合には, 高等学校までの数学で習った事柄と合わせると, 以下の事実を得る.

> **定理 2.24 (既約な実数係数の多項式)** 多項式 $f(X) \in \mathbb{R}[X]$ に対して, 次が成り立つ.
> （1） $\deg f(X) = 1$, すなわち $f(X) = aX + b$ $(a \neq 0)$ の形ならば, $f(X)$ は既約多項式である.
> （2） $\deg f(X) = 2$, すなわち $f(X) = aX^2 + bX + c$ $(a \neq 0)$ の形であり, さらに $D(f) = b^2 - 4ac < 0$ であれば, $f(X)$ は既約多項式である.
> （3） $\deg f(X) = 2$, すなわち $f(X) = aX^2 + bX + c$ $(a \neq 0)$ の形であり, さらに $D(f) = b^2 - 4ac \geqq 0$ であれば, $f(X)$ は既約多項式ではない.

問題 2.18 定理 2.24 を示せ.

次に $n = \deg f(X) \geqq 3$ なる多項式 $f(X) = \sum_i a_i X^i \in \mathbb{R}[X]$ を考える. これを $\mathbb{C}[X]$ の元とみなすと, 代数学の基本定理より, $f(X) = a_n(X - \alpha_1)(X - \alpha_2) \cdots (X - \alpha_n)$ と分解される. $\alpha_1, \cdots, \alpha_n$ の中に実数ではないものが含まれているとき, それを α とすれば, $\sum_i a_i \alpha^i = 0$ が成り立ち, その両辺の複素共役をとることにより, $\sum_i a_i \overline{\alpha}^i = 0$ も成立している. これは, $\alpha_1, \cdots, \alpha_n$ の中では, 実数でないものは必ず複素共役との対で存在することを意味している.

また, $g(X) = (X - \alpha)(X - \overline{\alpha}) = X^2 - (\alpha + \overline{\alpha})X + \alpha\overline{\alpha}$ とおけば, $g(X) \in \mathbb{R}[X]$ である. このことに注意すれば, すべての 3 次以上の多項式 $f(X) \in \mathbb{R}[X]$ は $\mathbb{R}[X]$ の中で, いくつかの 1 次式と 2 次式の積に分解してしまうことが示される.

問題 2.19 $\mathbb{R}[X]$ における既約多項式を決定せよ．

問題 2.20 多項式 $f(X) = X^3 - 1 \in \mathbb{R}[X]$ を ($\mathbb{R}[X]$ において) 既約多項式の積に分解せよ．

問題 2.21 実数 $\alpha, \beta \in \mathbb{R}$ を次の式が成り立つようにそれぞれ選ぶ (一通りしかない)．

$$\alpha^3 = \frac{-3+\sqrt{5}}{2}, \quad \beta^3 = \frac{-3-\sqrt{5}}{2}$$

このとき，$f(X) = X^3 - 3X + 3 \in \mathbb{R}[X]$ について，次に答えよ．
 (1) $f(\alpha + \beta) = 0$ であることを示せ．
 (2) $f(X) = (X-a)(X^2+bX+c)$ をみたす実数 $a, b, c \in \mathbb{R}$ を求めよ．
 (3) $f(X)$ は $\mathbb{R}[X]$ において既約多項式ではないことを示せ．

有理数係数の多項式の場合には状況はそれほど簡単ではない．次節で基本的な準備をしながら既約性判定の議論を進める．

6. アイゼンシュタインの判定条件

この小節では，係数を整数に限った多項式を議論する．まず，

$$\mathbb{Z}[X] = \{\, a_0 + a_1 X + \cdots + a_n X^n \mid a_0, a_1, \cdots, a_n \in \mathbb{Z} \,\}$$

とおき，ここでは前節までの話と混乱させないために，$f(X) \in \mathbb{Z}[X]$ を $\mathbb{Z}$-多項式と呼ぶことにする．$f(X) \in \mathbb{Z}[X]$ が既約 $\mathbb{Z}$-多項式であるとは，次の 2 条件 (ZIR1), (ZIR2) がみたされるときにいう．

(ZIR1)　$\deg f(X) \geqq 1$．
(ZIR2)　$\mathbb{Z}$-多項式 $g(X), h(X) \in \mathbb{Z}[X]$ が $f(X) = g(X)h(X)$ をみたすならば，$g(X) = \pm 1$ または $h(X) = \pm 1$ である．

また，$\mathbb{Z}$-多項式 $f(X) = a_0 + a_1 X + \cdots + a_n X^n \in \mathbb{Z}[X]$ が**原始的**であるとは，

$$\mathrm{GCD}(a_0, a_1, \cdots, a_n) = 1$$

がみたされているときにいう．例えば，$2X + 3$ は原始的な $\mathbb{Z}$-多項式であり，

$2X+4$ は $\mathrm{GCD}(2,4) = 2 \neq 1$ なので原始的な $\mathbb{Z}$-多項式ではない．定義によると，既約 $\mathbb{Z}$-多項式は原始的となる．実際，$f(X)$ を既約 $\mathbb{Z}$-多項式とし，d を係数の最大公約数とするとき，$f(X) = d \cdot (f(X)/d)$ は $\mathbb{Z}[X]$ における分解を与えるが，既約性を考慮すれば，$d=1$ とならざるを得ない．

定理 2.25 (アイゼンシュタインの判定条件) p を素数とし，
$$f(X) = a_0 + a_1 X + \cdots + a_n X^n \in \mathbb{Z}[X]$$
を原始的な $\mathbb{Z}$-多項式で $\deg f(X) \geqq 1$ なるものとする．さらに，次の 3 条件
$$\begin{cases} a_n \not\equiv 0 \pmod{p} \\ a_{n-1} \equiv \cdots \equiv a_1 \equiv a_0 \equiv 0 \pmod{p} \\ a_0 \not\equiv 0 \pmod{p^2} \end{cases}$$
がみたされているものと仮定する．このとき，$f(X)$ は既約 $\mathbb{Z}$-多項式である．

証明 $\mathbb{Z}$-多項式 $g(X) = \sum_{i=0}^{k} b_i X^i$, $h(X) = \sum_{j=0}^{\ell} c_j X^j \in \mathbb{Z}[X]$ が
$$f(X) = g(X) h(X), \quad k + \ell = n$$
をみたしていると仮定する．このとき，$f(X)$ がみたす条件より，
$$\begin{cases} a_0 = b_0 c_0 \not\equiv 0 \pmod{p^2} \\ a_0 = b_0 c_0 \equiv 0 \pmod{p} \end{cases}$$
である．ここで，$b_0 \not\equiv 0 \pmod{p}$ と仮定してみる．このとき，定理 2.7 により $c_0 \equiv 0 \pmod{p}$ である．また，$a_n = b_k c_\ell \not\equiv 0 \pmod{p}$ なので，$c_\ell \not\equiv 0 \pmod{p}$ となる．したがって，$c_r \not\equiv 0 \pmod{p}$ なる最小の番号 r を選ぶことができて，上のことより $1 \leqq r \leqq \ell$ となっている．この番号 r に対して，
$$\begin{aligned} a_r &= b_0 c_r + b_1 c_{r-1} + \cdots + b_r c_0 \\ &\equiv b_0 c_r \pmod{p} \end{aligned}$$

であり，さらに
$$b_0 \not\equiv 0 \pmod{p}$$
$$c_r \not\equiv 0 \pmod{p}$$

なので，$a_r \not\equiv 0 \pmod{p}$ がいえる．$f(X)$ のみたす条件より，$n = r \leqq \ell \leqq n$ なので $n = \ell = r$ かつ $k = 0$ を得る．すなわち，
$$f(X) = b_0 \cdot h(X), \quad b_0 \neq 0$$

であり，$f(X)$ が原始的であるという条件から，$g(X) = b_0 = \pm 1$ が従う．

同様にして，$c_0 \not\equiv 0 \pmod{p}$ の場合には，$h(X) = c_0 = \pm 1$ がいえる．また，$b_0 \equiv c_0 \equiv 0 \pmod{p}$ の場合は，$a_0 = b_0 c_0 \not\equiv 0 \pmod{p^2}$ という条件より起こらない．以上により，$f(X)$ が既約 $\mathbb{Z}$-多項式となることが示された．□

問題 2.22 次の多項式は既約 $\mathbb{Z}$-多項式であるかどうかを調べよ．
(1)　$X^3 + 3X + 3$
(2)　$X^3 + 3X + 4$
(3)　$X^3 + 3X + 9$
(4)　$X^6 + 3X^4 + 6X^2 + 9X + 6$

7. ガウスの補題

ここでは原始的な $\mathbb{Z}$-多項式に関するガウスの補題について述べる．

補題 2.26 (ガウスの補題) 原始的な $\mathbb{Z}$-多項式 $f(X), g(X) \in \mathbb{Z}[X]$ に対して，その積 $f(X)g(X)$ も原始的な $\mathbb{Z}$-多項式である．

証明 まず，
$$f(X) = \sum_{i=0}^{m} a_i X^i, \quad g(X) = \sum_{j=0}^{n} b_j X^j \quad (a_m \neq 0,\ b_n \neq 0)$$
とし，
$$f(X)g(X) = \sum_{k=0}^{m+n} c_k X^k \quad (c_{m+n} = a_m b_n \neq 0)$$

とおく．この $f(X)g(X)$ が原始的でないと仮定する．このとき，$p \mid c_k$ ($k = 0, 1, \cdots, m+n$) をみたす素数 p が存在する．ここで，a_{i_0}, b_{j_0} をそれぞれ p で割り切れない係数のうち最小添え字番号を持つものとする．すなわち，

$$\begin{cases} a_r \equiv 0 \pmod{p} & 0 \leqq r \leqq i_0 - 1, \quad a_{i_0} \not\equiv 0 \pmod{p} \\ b_s \equiv 0 \pmod{p} & 0 \leqq s \leqq j_0 - 1, \quad b_{j_0} \not\equiv 0 \pmod{p} \end{cases}$$

と仮定する．このとき，

$$\begin{aligned} a_{i_0} b_{j_0} &= c_{i_0+j_0} - (a_0 b_{i_0+j_0} + a_1 b_{i_0+j_0-1} + \cdots \\ &\quad + a_{i_0-1} b_{j_0+1} + a_{i_0+1} b_{j_0-1} + \cdots + a_{i_0+j_0} b_0) \\ &\equiv 0 \pmod{p} \end{aligned}$$

なので，$a_{i_0} \equiv 0 \pmod{p}$ または $b_{j_0} \equiv 0 \pmod{p}$ となるが，これは我々の i_0, j_0 の選び方に反する．よって，$f(X)g(X)$ は原始的でなければならない．□

問題 2.23 （1）ガウスの補題の逆命題を述べよ．
（2）この (1) で答えた命題は正しいことを確かめよ．

8. 既約性の判定法 ($K = \mathbb{Q}$ の場合)

ここでは，$K = \mathbb{Q}$ の場合に，多項式 $f(X)$ の既約性に関して議論する．そのために，1 つの補題も準備する．

補題 2.27 ($\mathbb{Q}[X]$ における原始性) 多項式 $f(X) \in \mathbb{Q}[X]$ が $f(X) \neq 0$ であれば，

$$f(X) = c_f \cdot f^*(X)$$

をみたす有理数 $c_f \in \mathbb{Q}^\times$ と原始的な $\mathbb{Z}$-多項式 $f^*(X) \in \mathbb{Z}[X]$ が存在する．さらに，これら c_f と $f^*(X)$ は ± 1 倍を除いて一意的である．

証明 まず，

$$f(X) = \sum_{i=0}^{n} \frac{b_i}{a_i} X^i \quad (a_i, b_i \in \mathbb{Z}, \ a_i \neq 0, \ b_n \neq 0)$$

と書いておく．ここで，さらに
$$c = a_0 a_1 \cdots a_n$$
とおき，
$$g(X) = c \cdot f(X) = \sum_{i=0}^{n} c_i X^i \in \mathbb{Z}[X]$$
と定める．ここで，$g(X)$ の係数の最大公約数を
$$c' = \mathrm{GCD}(c_0, c_1, \cdots, c_n)$$
とする．さらに，
$$f^*(X) = \frac{1}{c'} \cdot g(X) \in \mathbb{Z}[X]$$
とおく．このとき，定め方から $f^*(X)$ は原始的な $\mathbb{Z}$-多項式である．ここで，$c_f = c'/c \in \mathbb{Q}^\times$ とすれば，
$$f(X) = c_f \cdot f^*(X)$$
を得る．

次に，
$$f(X) = c_f \cdot f^*(X) = d_f \cdot g^*(X)$$
をみたす有理数 $c_f, d_f \in \mathbb{Q}^\times$ と原始的な $\mathbb{Z}$-多項式 $f^*(X), g^*(X) \in \mathbb{Z}[X]$ があると仮定する．ここで
$$\frac{d_f}{c_f} = \frac{u}{v}$$
をみたす整数 $u, v \in \mathbb{Z}$ を $\mathrm{GCD}(u,v) = 1$ となるように選んでおく．このとき，
$$u g^*(X) = \frac{v d_f}{c_f} g^*(X) = \frac{v}{c_f} f(X) = v f^*(X)$$
となるが，$f^*(X), g^*(X)$ ともに原始的であるので，u, v の双方とも素因数を持つことは，$\mathrm{GCD}(u,v) = 1$ によって許されない．したがって，とくに
$$\frac{u}{v} = \pm 1$$

となり，
$$c_f = \pm d_f, \quad f^*(X) = \pm g^*(X)$$
が成り立つ． □

この補題を用いて，目標であった次の定理を示す．

定理 2.28 (既約性の保存) $f(X) \in \mathbb{Z}[X]$ が既約 $\mathbb{Z}$-多項式であれば，$f(X) \in \mathbb{Q}[X]$ とみても既約多項式である．

証明 そうでないと仮定する．すなわち，
$$f(X) = g(X)h(X), \quad \deg g(X) \geqq 1, \deg h(X) \geqq 1$$
みたす多項式 $g(X), h(X) \in \mathbb{Q}[X]$ が存在するとする．ここで，補題 2.27 にあるように，
$$g(X) = c_g \cdot g^*(X), \ h(X) = c_h \cdot h^*(X)$$
をみたす有理数 $c_g, c_h \in \mathbb{Q}^\times$ と原始的な $\mathbb{Z}$-多項式 $g^*(X), h^*(X) \in \mathbb{Z}[X]$ を選ぶ．ここに，$f(X)$ は原始的な $\mathbb{Z}$-多項式であり $f(X) = c_g c_h \cdot g^*(X)h^*(X)$ となることに注意する．ガウスの補題 2.26 によると，$g^*(X)h^*(X)$ も原始的な $\mathbb{Z}$-多項式なので，再び補題 2.27 より，
$$c_g c_h = \pm 1, \quad f(X) = \pm g^*(X)h^*(X)$$
を得る．したがって，とくに
$$f(X) = \pm g^*(X)h^*(X), \quad \deg g^*(X) \geqq 1, \quad \deg h^*(X) \geqq 1$$
が成立してしまい，これは $f(X)$ が既約 $\mathbb{Z}$-多項式であることに反する．よって，$f(X)$ は $\mathbb{Q}[X]$ において既約多項式となる． □

問題 2.24 次は $\mathbb{Q}[X]$ において既約多項式かどうか判定せよ．
(1) $X^3 + 3X + 3$
(2) $X^3 + 3X + 4$
(3) $X^3 + 3X + 9$

問題 2.25 $f(X) \in \mathbb{Z}[X]$ を原始的で $\deg(f(X)) \geqq 1$ をみたす $\mathbb{Z}$-多項式とする．このとき，$f(X) \in \mathbb{Q}[X]$ とみて既約多項式であるならば，$f(X)$ は既約 $\mathbb{Z}$-多項式であることを示せ．

2.3 環

第 1 章では群 (group) という概念を学んだ．本節では，既に整数や多項式の項目で学んだ代数的な構造を一般的にした環 (ring) という概念を導入する．本書では深入りはしないが，さらに進んだ代数学を勉強する際には，こういった取り扱いが不可欠になる．環だけを単独で定義するよりも，次章で扱う体 (field) も含めて関連した代数系をいくつかまとめて学ぶことにする．そのため，群の取り扱いが第 1 章とは多少異なって見えるかも知れないが，まったく同等であるので注意して欲しい．

環という名前はドイツ語の Zahlring (数の環) に由来し，ヒルベルト空間等で有名なヒルベルトにより命名された．第 1 章に出て来た $\mathbb{Z}/n\mathbb{Z} = \{0, 1, \cdots, n-1\}$ はじつは環である．例えば，$\mathbb{Z}/12\mathbb{Z}$ は時計の文字盤のように数字 $1, \cdots, 12$ が環状に並んだ状態と同じである．5 時から 8 時間経つと 1 時になるというように法 12 で考えており，0 と 12 が一致する．これが数の環という名前の由来である．イデアル (ideal) とは，長いこと未解決問題であった有名な「フェルマの大定理」（これは 20 世紀末に証明された) を研究する過程においてクンマーが到達した理想数という概念であり，最終的にはデデキントにより抽象概念として確立されたものである．

1. 代数系

ここでは，抽象的な物言いになってしまうので，日頃よく扱い慣れている自然数全体 $\mathbb{N}$, 整数全体 $\mathbb{Z}$, 有理数全体 $\mathbb{Q}$, 実数全体 $\mathbb{R}$, 複素数全体 $\mathbb{C}$ をはじめ，多項式全体 $K[X]$ や正方行列全体 $M_n(K)$ など，身近な具体的な対象と演算を思い起こしながら読み進めてもらいたい．すなわち，数や多項式や行列について，通常の (よく知られている) 和「$+$」や積「$\cdot$」を想定して頂ければ十分である．

これらを統一的に扱うために抽象的な概念をいくつか導入しよう．その方が取り扱う上で便利なのである．もし混乱してしまうようであれば，$(\mathbb{R}, +)$ や $(\mathbb{R}^{\times}, \cdot)$ を $(A, \cdot)$ の当座の典型例とし，それぞれ $e = 0, 1$ と想定して読み進めて頂きたい．

空でない集合 A と写像

$$\mu : A \times A \to A$$

を考え，そこに様々な代数構造を定めていく．簡単のため，$a, b \in A$ に対し，$a \cdot b = \mu(a, b)$ とも書くことにする．我々はしばしば μ や $\cdot$ を演算と呼ぶ．

$a \cdot b = b \cdot a$ がすべての $a, b \in A$ に対して成り立つとき，この演算は**交換可能** (あるいは**可換**) であるという．

空でない集合 A と演算 $\cdot$ が与えられているとする．このとき $(A, \cdot)$ が **半群**(はんぐん) (semigroup) であるとは，次の結合法則と呼ばれる条件 (SG) が成り立つときにいう．

(SG)　$(a \cdot b) \cdot c = a \cdot (b \cdot c)$ がすべての $a, b, c \in A$ に対して成り立つ．

次の 3 条件 (MD1) – (MD3) が満たされているとき，$(A, \cdot, e)$ はモノイド (monoid) であるという．

(MD1)　$e \in A$ である．
(MD2)　$(A, \cdot)$ は半群である．
(MD3)　$a \cdot e = e \cdot a = a$ がすべての $a \in A$ に対して成り立つ．

次の 2 条件 (GP1), (GP2) が満たされているとき，$(A, \cdot, e)$ は群であるという．これは第 1 章で学んだ概念と同じである．

(GP1)　$(A, \cdot, e)$ はモノイドである．
(GP2)　各 $a \in A$ に対して，$a \cdot x = x \cdot a = e$ をみたす $x \in A$ が存在する．

演算が可換な半群，モノイド，群をそれぞれ**可換半群**，**可換モノイド**，アーベル群 (可換群) と呼ぶ．さて，いよいよ環を定義するが，環の定義には 2 種類の演算が必要である．次の 5 条件 (RG1) – (RG5) が満たされているとき，

$(A, +, \cdot, 0, 1)$ は環であるという[3].

- (RG1) $(A, +, 0)$ はアーベル群である．
- (RG2) $(A, \cdot, 1)$ はモノイドである．
- (RG3) $(a+b) \cdot c = a \cdot c + b \cdot c$ がすべての $a, b, c \in A$ に対して成り立つ．
- (RG4) $a \cdot (b+c) = a \cdot b + a \cdot c$ がすべての $a, b, c \in A$ に対して成り立つ．
- (RG5) $0 \neq 1$.

環の場合には，演算 $+$ を加法，演算 $\cdot$ を乗法と呼ぶ．それゆえに，ここで述べたように，演算記号も馴染み深いものを採用するのが普通である．乗法演算のドット記号「$\cdot$」は必要に応じてしばしば省略され，通常は $a \cdot b$ を ab と書くことが多い．また，長々とした $(A, +, \cdot, 0, 1)$ を毎回書く代わりに単に A とだけ書いて，A を環と呼んだりもする．そして，0 を A の**ゼロ元**，1 を A の**単位元**と呼ぶ．A を強調したいときには，0_A や 1_A で表す．さらに，$(A, \cdot, 1)$ が可換モノイドのとき，$(A, +, \cdot, 0, 1)$ は**可換環**と呼ばれる．

環 A の元 a が**単元**（または，**正則元**，**可逆元**）であるとは，$a \cdot x = x \cdot a = 1$ をみたす $x \in A$ が存在するときにいう．この性質をみたす x は一意的である．これは第 1 章でも学んだ技法であるが，もし仮に x' も同じ条件を満たせば，

$$x' = x' \cdot 1 = x' \cdot (a \cdot x) = (x' \cdot a) \cdot x = 1 \cdot x = x$$

となるからである．この x を a の（乗法に関する）**逆元**という．環 A の単元全体を $A^\times$ で表す．このとき，$(A^\times, \cdot, 1)$ は群をなすことが容易に示される．この $A^\times$ を A の**乗法群**（または**単群**，**単数群**）という．次の 3 条件 (FD1)–(FD3) が満たされているとき，A は**体**であるという．

- (FD1) A は環である．
- (FD2) $A = A^\times \cup \{0\}$ である．
- (FD3) $(A^\times, \cdot, 1)$ はアーベル群である．

---

[3] 環の定義で (RG5) を仮定しない流儀もあり，また単位元 1 の存在を仮定しない流儀もあるので，注意を要する．

問題 2.26 A を環とするとき，$(A^\times, \cdot, 1)$ は群となることを示せ．

2 つの環の比較を考察してみよう．群の準同型写像と同じ考え方が環に対しても可能である．

定義 2.29 可換環 A から可換環 A' への写像を

$$\varphi : A \to A'$$

とする．すべての $x, y \in A$ に対し

$$\varphi(x+y) = \varphi(x) + \varphi(y)$$
$$\varphi(xy) = \varphi(x)\varphi(y)$$
$$\varphi(1_A) = 1_{A'}$$

が成り立つとき，φ を A から A' への**環準同型写像**という．全単射な環準同型写像を**環同型写像**と呼ぶ．このとき，2 つの環 A, A' は互いに**同型**であるといい，

$$A \cong A'$$

の記号で表す．

また，2 つの環 $(A, +_A, \cdot_A, 0_A, 1_A)$ と $(B, +_B, \cdot_B, 0_B, 1_B)$ から新たな環 $(C, +_C, \cdot_C, 0_C, 1_C)$ を作ることができる．ここで，$C = A \oplus B = \{(a,b) \mid a \in A, b \in B\}$ であり，$(a,b) +_C (a',b') = (a +_A a', b +_B b')$，$(a,b) \cdot_C (a',b') = (a \cdot_A a', b \cdot_B b')$ と定め，$0_C = (0_A, 0_B)$，$1_C = (1_A, 1_B)$ とする．この新たな環 C を A と B の**直和**と呼ぶ．

そもそも直積と直和は厳密な意味では異なるので，本来ならば非常に注意深く用いなければならないが，本書ではせいぜい有限個の直積や直和しか扱わないので，群では (主に乗法演算を想定しているので) 直積という用語を，環では (加法に関して群となっているので) 直和という用語を使うことにする．

2. 例

まず自然数全体の集合 $\mathbb{N} = \{1, 2, 3, \cdots\}$ を観察してみよう．通常の加法 $+$ に関して，$(\mathbb{N}, +)$ は可換半群である．また，通常の乗法 $\cdot$ に関して，$(\mathbb{N}, \cdot, 1)$

は可換モノイドとなる．さらに，$\mathbb{W} = \mathbb{N} \cup \{0\} = \{\,0, 1, 2, 3, \cdots\,\}$ とおけば，$(\mathbb{W}, +, 0)$ と $(\mathbb{W}, \cdot, 1)$ の両者とも可換モノイドである．

さて，今度は整数全体の集合 $\mathbb{Z} = \{\,0, \pm 1, \pm 2, \pm 3, \cdots\,\}$ を観察してみよう．通常の加法に関して，$(\mathbb{Z}, +, 0)$ はアーベル群となるが，そればかりではなく，通常の乗法と合わせて，$(\mathbb{Z}, +, \cdot, 0, 1)$ は可換環であることがわかる．数の概念を拡大して，有理数全体の集合 $\mathbb{Q}$，実数全体の集合 $\mathbb{R}$，複素数全体の集合 $\mathbb{C}$ が得られるが，これら3つはみな通常の加法と乗法に関して環であると同時に体にもなる．とくに，有理数全体，実数全体，複素数全体を体とみなしたとき，それぞれ**有理数体**，**実数体**，**複素数体**と呼ぶ．また，今まで扱ってきた $\mathbb{Z}[X], \mathbb{Q}[X], \mathbb{R}[X], \mathbb{C}[X]$ は可換環の例である．

例 1.6 の説明にあるように，$n \in \mathbb{Z}$ ($n > 1$) に対し，$\mathbb{Z}/n\mathbb{Z}$ には2つの演算 $+_n$ と $\cdot_n$ が定義される．このとき，$(\mathbb{Z}/n\mathbb{Z}, +_n, \cdot_n, 0, 1)$ は可換環となる．

2つの環 $\mathbb{Z}/m\mathbb{Z}$ と $\mathbb{Z}/n\mathbb{Z}$ の直和として新たな環 $\mathbb{Z}/m\mathbb{Z} \oplus \mathbb{Z}/n\mathbb{Z}$ が得られるが，中国剰余定理によると，$\mathrm{GCD}(m, n) = 1$ ならば $\mathbb{Z}/m\mathbb{Z} \oplus \mathbb{Z}/n\mathbb{Z} \cong \mathbb{Z}/mn\mathbb{Z}$ である．すなわち，$\mathbb{Z}/m\mathbb{Z} \oplus \mathbb{Z}/n\mathbb{Z}$ と $\mathbb{Z}/mn\mathbb{Z}$ は環としてはまったく同一の構造を持つもので，両者は同型となる（第2章の章末問題2番を参照）．

もう1つ重要な例を挙げておこう．$M_n(\mathbb{C})$ を n 次複素行列全体とすれば，行列の和と積を2つの演算として，$M_n(\mathbb{C})$ は環となる．このとき，ゼロ元はゼロ行列 O，単位元は単位行列 E となる．そもそも名前の付け方も，こういうことを見越して付けられている．$n = 1$ の場合 $M_1(\mathbb{C}) = \mathbb{C}$ となり，これは単に複素数と何ら変わりのないので，$M_1(\mathbb{C})$ は可換環（じつは体）となるが，$n \geq 2$ の場合には，$M_n(\mathbb{C})$ は可換環ではない（積が交換可能ではない環を**非可換環**(ひかかんかん)ということもある）．

問題 2.27 $M_n(\mathbb{C})$ は環となることを示せ．

3. 整数環と多項式環

ここでは可換環に限って話を進める．先に整数全体 $\mathbb{Z}$ が環の構造を持つことに触れた．環の構造に着目していることを強調して述べるときには，**整数環** $\mathbb{Z}$

という呼び方をする．本章では我々は整数と並んで多項式も扱ってきた．多項式の和と積を2つの演算として，$(K[X], +, \cdot, 0, 1)$ はやはり可換環となる．ここに，0 はゼロ多項式，1 は定数項 1 のみからなる多項式である．環の構造に着目するときは，$K[X]$ を K 上の**多項式環**と呼ぶ．

さて，A を可換環とする．このとき，空でない A の部分集合 $\mathfrak{a}$ が A のイデアルであるとは，次の 2 条件

(ID1) $a, b \in \mathfrak{a} \Rightarrow a + b \in \mathfrak{a}$

(ID2) $r \in A, a \in \mathfrak{a} \Rightarrow ra \in \mathfrak{a}$

が満たされているときにいう．$a \in A$ に対して

$$(a) = I(a) = \{ ra \mid r \in A \}$$

とおけば，この (a) は A のイデアルの例となる．この形のイデアルを**単項イデアル** (principal ideal) と呼ぶ．

さて，可換環の中でもさらに性質の良いものを見定めよう．次の条件 (DM) をみたす可換環 A を**整域** (integral domain あるいは単に domain) という．

(DM) $a, b \in A, ab = 0 \Rightarrow a = 0$ または $b = 0$．

整域の例としては，整数環 $\mathbb{Z}$ や多項式環 $K[X]$ が挙げられるが，他にも体が整域であることは定義よりわかる．整域 A のイデアルがつねに単項イデアルであるとき，A は**単項イデアル整域** (principal ideal domain, あるいは略してPID) と呼ばれる．したがって，整数と多項式の項目で学んだことより次の定理を得る．

定理 2.30 (単項イデアル整域の例) 整数環 $\mathbb{Z}$ と多項式環 $K[X]$ は単項イデアル整域である．

問題 2.28 多項式環 $K[X]$ が整域であることを確かめよ．

次節以降では，ここまでの結果と関連させて，有限生成アーベル群の基本定理やジョルダン標準型への応用を紹介する．

2.4　発展：単因子論 (整数版) とアーベル群の構造

1. 整数行列の単因子論

この部分節では整数を成分とする行列だけを考える．

定義 2.31　成分がすべて整数である行列を**整数行列**と呼ぶ．$m \times n$ 整数行列全体を $M_{m,n}(\mathbb{Z})$ で表す．特に，正方行列の場合には，$M_n(\mathbb{Z})$ のように表す．

余因子による逆行列表示を使えば，次の結果がわかる．

補題 2.32 (整数行列と逆行列)　n 次整数行列 A の逆行列も整数行列となる必要十分条件は $\det A = \pm 1$ である．

このような整数行列のことを**ユニモジュラー行列**と呼ぶ．

実 (複素) 行列の基本変形は，本質的に 3 種類の基本行列 $P_{st}, E_{st}(r), E_s(r)$ をかけることによって実現できた．ここでは，ユニモジュラー行列である基本行列だけを考えることにする．

定義 2.33　整数行列 A の行 (または列) に対する以下の操作を A に対する行 (または列) の**基本変形** (初等変換) と呼ぶ．
(1)　A の 2 つの行 (または列) を交換する．
(2)　A のある行 (または列) の整数倍したものを 他の行 (または列) に加える．
(3)　A のある行 (または列) を ± 1 倍する．

実数や複素数を成分とする行列に対する簡約階段行列への変形を整数成分だけで行った場合，どこまで変形できるかを確認してみよう．ただし，ここでは行の基本変形と列の基本変形を同時に織り交ぜて行う．

2.4. 発展：単因子論 (整数版) とアーベル群の構造

定理 2.34 (整数行列の簡約化) $A \in M_{m,n}(\mathbb{Z})$ とする．このとき，行および列の (整数行列の) 基本変換を繰り返して，次の形にできる．

$$\begin{pmatrix} e_1 & 0 & 0 & \cdots & 0 & \\ 0 & e_2 & 0 & \cdots & 0 & \\ 0 & 0 & e_3 & \ddots & \vdots & O \\ \vdots & \vdots & \ddots & \ddots & 0 & \\ 0 & 0 & \cdots & 0 & e_r & \\ \hline & & O & & & O \end{pmatrix}$$

ただし，$r=0$ も含める．ここで，$e_i > 0$ で，e_i は e_{i+1} の約数である．

証明 $A \neq O$ としてよい．A に行と列の基本変形を繰り返してでき上がる整数行列の中で，正の最小成分が出てくるものを B とする．$B = (b_{ij})$ の正の成分の中で最小のものを b_{st} とする．行の交換と列の交換によって，b_{11} が最小の正の成分としてよい．定理 2.1 により，各 $(1,k)$ 成分 b_{1k} に対して，整数 q_{1k}, c_{1k} があって

$$b_{1k} = q_{1k}b_{11} + c_{1k} \quad (0 \leqq c_{1k} < b_{11})$$

とできる．このとき，第 1 列を $-q_{1k}$ 倍して k 列に加えるという基本変換で，$(1,k)$ 成分を c_{1k} とできる．b_{11} の最小性により，$c_{1k} = 0$ である．これを繰り返して，$b_{12} = \cdots = b_{1n} = 0$ としてよい．同様に，行の基本変換によって $b_{21} = \cdots = b_{n1} = 0$ としてよい．すなわち，以下の形となる．

$$B = \begin{pmatrix} b_{11} & 0 & \cdots & 0 \\ \hline 0 & & & \\ \vdots & & B' & \\ 0 & & & \end{pmatrix}$$

次に，B' の位置にある成分 b_{st} $(s, t \geqq 2)$ はすべて b_{11} で割り切れることを示そう．$E_{1s}(1)B$ とすると，$(1,1)$ 成分は b_{11} のままであるが，$(1,t)$ 成分は b_{st} となるので，上の議論と同様にして，b_{11} の最小性から b_{st} は b_{11} の倍数となるこ

とが示される．それゆえ，ある整数行列 C があって，$B' = b_{11}C$ とできる．整数行列のサイズに関する帰納法から C は基本変形によって，$f_2, \cdots, f_r, 0, \cdots, 0$ が並んだ最終形の行列で $f_i > 0$ と $f_i \mid f_{i+1}$ をみたすものに変形できる．C に対する基本変形は B の中の基本変形で第 1 行，第 1 列を変更することなく実現できるので，B は基本変形によって，

$$b_{11}, b_{11}f_2, \cdots, b_{11}f_r, 0, \cdots, 0$$

が並んだ最終形の行列に変形できる．

$$e_1 = b_{11}, e_2 = b_{11}f_2, \cdots, e_r = b_{11}f_r$$

とおくことにより，求める形に変形できる． □

基本変形は基本行列の積によって実現できるので，上の定理は次のように書き換えることができる．

定理 2.35 (整数行列の単因子標準形) $A \in M_{m,n}(\mathbb{Z})$ とする．このとき，(整数成分の) 基本行列の積である整数行列 P, Q が存在して，

$$PAQ = \left(\begin{array}{ccccc|c} e_1 & 0 & 0 & \cdots & 0 & \\ 0 & e_2 & 0 & \cdots & 0 & \\ 0 & 0 & e_3 & \ddots & \vdots & O \\ \vdots & \vdots & \ddots & \ddots & 0 & \\ 0 & 0 & \cdots & 0 & e_r & \\ \hline & & O & & & O \end{array} \right)$$

となる．ここに，$r = 0$ の場合も含め，$e_i > 0$ であり，e_i は e_{i+1} の約数とする．この $(e_1, e_2, \cdots, e_r, \underbrace{0, \cdots, 0}_{\ell - r})$ を A の**単因子**と呼び，結論の形の行列を A の**単因子標準形**と呼ぶ．単因子は一意的に定まる．表示を簡単にするために，0 である単因子も $e_{r+1}, \cdots, e_\ell$ と表すことがある．ただし，$\ell = \min(m, n)$ とする．

2.4. 発展：単因子論 (整数版) とアーベル群の構造　115

証明　一意性を示せばよい. A に対して，その p 次小行列式をすべて考え，その最大公約数を $d_p \geq 0$ とおく．これは基本変形で不変である．よって，この d_p $(p = 1, 2, \cdots, \ell)$ は最終形で考えてもよい．このとき，$d_1 = e_1$, $d_2 = e_1 e_2$, $d_3 = e_1 e_2 e_3, \cdots, d_\ell = e_1 e_2 \cdots e_\ell$ を得る．ここで，$d_i \neq 0$ $(i = 1, 2, \cdots, r)$ および $d_{r+1} = \cdots = d_\ell = 0$ とすれば，$e_1 = d_1$, $e_2 = d_2/d_1$, $\cdots$, $e_r = d_r/d_{r-1}$ かつ $e_{r+1} = \cdots = e_\ell = 0$ として，$(e_1, e_2, \cdots, e_\ell)$ は一意的に定まる．　□

例 2.36　単因子標準形に変形する例をみてみよう．単因子は $(1, 2, 0)$ となる.

$$\begin{pmatrix} 4 & 2 & 6 \\ -1 & -6 & 1 \\ 2 & -10 & 8 \end{pmatrix} \Rightarrow \begin{pmatrix} -1 & -6 & 1 \\ 4 & 2 & 6 \\ 2 & -10 & 8 \end{pmatrix} \Rightarrow \begin{pmatrix} 1 & 6 & -1 \\ 4 & 2 & 6 \\ 2 & -10 & 8 \end{pmatrix}$$

$$\Rightarrow \begin{pmatrix} 1 & 6 & -1 \\ 0 & -22 & 10 \\ 0 & -22 & 10 \end{pmatrix} \Rightarrow \begin{pmatrix} 1 & 0 & 0 \\ 0 & -22 & 10 \\ 0 & -22 & 10 \end{pmatrix} \Rightarrow \begin{pmatrix} 1 & 0 & 0 \\ 0 & -2 & 10 \\ 0 & -2 & 10 \end{pmatrix}$$

$$\Rightarrow \begin{pmatrix} 1 & 0 & 0 \\ 0 & 2 & -10 \\ 0 & -2 & 10 \end{pmatrix} \Rightarrow \begin{pmatrix} 1 & 0 & 0 \\ 0 & 2 & -10 \\ 0 & 0 & 0 \end{pmatrix} \Rightarrow \begin{pmatrix} 1 & 0 & 0 \\ 0 & 2 & 0 \\ 0 & 0 & 0 \end{pmatrix}$$

すべての整数基本行列の行列式は ± 1 なので，$A \in M_n(\mathbb{Z})$ かつ $\det A \neq 0$ なら，単因子の中にゼロはでてこない．しかも，$\det A = \pm e_1 \cdots e_n$ となる．

線形代数で学んだように，実数または複素数を成分とする行列の場合，正則行列 (逆元を持つ行列) は基本行列の積で表示できた．この結果が整数行列に対しても正しいことを単因子論の簡単な応用として証明しよう．

定理 2.37 (ユニモジュラー行列と基本行列)　ユニモジュラー行列は (整数成分の) 基本行列の積の形で書ける．

証明　A をユニモジュラー行列とする．ユニモジュラー行列の行列式は ± 1 なので，$e_1 \cdots e_n = \pm 1$ であり，$e_1 = \cdots = e_n = 1$ となる．それゆえ，基本行列の積 P, Q があって，$PAQ = E_n$ である．Q と P の逆行列も基本行列の積にかけるので，$A = P^{-1} Q^{-1}$ も基本行列の積である．　□

2. 有限生成アーベル群の基本定理

単因子論の 2 つめの応用として，有限生成アーベル群の基本定理を証明する．群 G の任意の 2 元 g, h が可換 ($gh = hg$) であるとき G をアーベル群と呼んだ．例えば，巡回群はアーベル群であり，巡回群の直積はすべてアーベル群である．特別な場合には，この逆も正しい．これを定理として証明しておこう．

定理 2.38 (有限生成アーベル群の基本定理) 有限生成アーベル群は巡回群の直積である．すなわち，G を有限生成アーベル群とすると，自然数 $e_1, \cdots, e_k$ があって，

$$G \cong (\mathbb{Z}/e_1\mathbb{Z} \times \cdots \times \mathbb{Z}/e_k\mathbb{Z}) \times (\mathbb{Z} \times \cdots \times \mathbb{Z})$$

となる．特に，$e_1 > 1$ かつ $e_i \mid e_{i+1}$ ($i = 1, \cdots, k-1$) とでき，しかもそのとき，$e_1, \cdots, e_k$ および $\mathbb{Z}$ の個数は一意的に決まる．

整数の単因子の表示に似ていることに気づかれるだろうか？

証明 群 $G = \langle g_1, \cdots, g_n \rangle$ を有限生成アーベル群とする．加法演算を持つ無限巡回群 $\langle x_i \rangle \cong \mathbb{Z}$ ($i = 1, \cdots, n$) を用意し，$X = \langle x_1 \rangle \times \cdots \times \langle x_n \rangle$ とおけば，$X \cong \mathbb{Z}^n$ である．このとき，全射準同型

$$\phi : X = \langle x_1 \rangle \times \cdots \times \langle x_n \rangle \to G$$

を $\phi(a_1 x_1, \cdots, a_n x_n) = g_1^{a_1} \cdots g_n^{a_n} \in G$ で定義する．ここに，$a_1, \cdots, a_n \in \mathbb{Z}$ である．準同型定理より $G \cong X/\mathrm{Ker}\,\phi$ である．まず，$\mathrm{Ker}\,\phi$ は n 個の元で生成できることを示そう．n に関する帰納法を使う．$\langle x_2, \cdots, x_n \rangle \cap \mathrm{Ker}\,\phi$ は $c_2, \cdots, c_n$ で生成されているとしてよい．

$$Y = \{x_1' \mid (x_1', \cdots, x_n') \in \mathrm{Ker}\,\phi\}$$

は $\langle x_1 \rangle$ の部分群であり，巡回群の部分群は巡回群なので，

$$c_1 = (x_1'', \cdots, x_n'') \in \mathrm{Ker}\,\phi$$

で $Y = \langle x_1'' \rangle$ となるものがある．このとき，任意の $\alpha = (x_1', \cdots, x_n') \in \mathrm{Ker}\,\phi$ に対して，$x_1' \in Y$ なので，$r \in \mathbb{Z}$ があって，$x_1' = r x_1''$ であり，

2.4. 発展：単因子論 (整数版) とアーベル群の構造　　**117**

$$\alpha \cdot c_1^{-r} = (0, *, \cdots, *) \in \langle x_2, \cdots, x_n \rangle \cap \mathrm{Ker}\,\phi = \langle c_2, \cdots, c_n \rangle$$

となる．それゆえ，$\alpha \in \langle c_1, \cdots, c_n \rangle$ であり，$\mathrm{Ker}\,\phi = \langle c_1, \cdots, c_n \rangle$ を得る．$c_i = (a_{i1}x_1, \cdots, a_{in}x_n) \in X$ と表示し，$A = (a_{ij})$ とおくと，A は n 次正方行列である．

単因子論 (定理 2.35) により，ユニモジュラー行列 $P = (p_{ij}), Q = (q_{ij}) \in M_n(\mathbb{Z})$ が存在して

$$PAQ^{-1} = \begin{pmatrix} e_1 & 0 & 0 & \cdots & 0 \\ 0 & e_2 & 0 & \cdots & 0 \\ 0 & 0 & e_3 & \cdots & 0 \\ \vdots & \vdots & \vdots & \ddots & \vdots \\ 0 & 0 & 0 & \cdots & e_n \end{pmatrix}$$

の形に，しかも $e_1|e_2|\cdots|e_k$ かつ $e_i > 0$, $e_j = 0$ $(1 \leq i \leq k < j \leq n)$ となるようにできる．$|Q| = \pm 1$ なので，Q の逆行列 $Q^{-1} = (r_{ij})$ も整数行列である．このとき，$y_j = \sum_i q_{ji} x_i$ とおくと，$x_i = \sum_j r_{ij} y_j$ なので，$\langle x_1, \cdots, x_n \rangle = \langle y_1, \cdots, y_n \rangle \cong \mathbb{Z}^n$ であり，

$$e_j y_j = \sum_i p_{ji} c_i \in \mathrm{Ker}\,\phi$$

となる．また $b_j = \sum_i p_{ji} c_i$ とおけば，$b_j = e_j y_j$ であり，$\langle c_1, \cdots, c_n \rangle = \langle b_1, \cdots, b_n \rangle$ が得られる．それゆえ，

$$\begin{aligned} G = \mathrm{Im}\,\phi &\cong \langle x_1, \cdots, x_n \rangle / \langle c_1, \cdots, c_n \rangle \\ &\cong \langle y_1, \cdots, y_n \rangle / \langle b_1, \cdots, b_n \rangle \\ &\cong \langle y_1 \rangle / \langle b_1 \rangle \times \cdots \times \langle y_n \rangle / \langle b_n \rangle \\ &\cong (\langle y_1 \rangle / \langle e_1 y_1 \rangle) \times \cdots \times (\langle y_n \rangle / \langle e_n y_n \rangle) \\ &\cong (\mathbb{Z}/e_1\mathbb{Z} \times \cdots \times \mathbb{Z}/e_k\mathbb{Z}) \times \underbrace{(\mathbb{Z} \times \cdots \times \mathbb{Z})}_{n-k} \end{aligned}$$

となり，G は希望した分解を得る (厳密には，$e_i = 1$ なるものを取り除いて求める分解が得られる)．いま行った変形の議論を模式的に説明すると，$A' = PAQ^{-1}$ とおけば

$$(b_1,\cdots,b_n) = (c_1,\cdots,c_n)\,{}^tP = (x_1,\cdots,x_n)\,{}^tA\,{}^tP$$
$$= (x_1,\cdots,x_n)\,{}^tQ\,{}^tA' = (y_1,\cdots,y_n)\,{}^tA' = (e_1y_1,\cdots,e_ny_n)$$

と変形されるという意味になる.

最後に e_i の一意性を確かめよう (筋道を中心に簡潔に述べるので, 細かな点は必要に応じて各自で補って欲しい). まず, $\mathbb{Z}/e_1\mathbb{Z}\times\cdots\times\mathbb{Z}/e_k\mathbb{Z}$ の部分は, $T(G) = \{x \in G \mid o(x) < \infty\}$ として完全に定まることに注意しよう. このとき,

$$G/T(G) \cong \underbrace{\mathbb{Z}\times\cdots\times\mathbb{Z}}_{n-k}$$

である (問題 1.51 参照：$A = \{e\}, B = H$ の場合). この表示の一意性を示すには, 次の表し方：

$$\underbrace{\mathbb{Z}\times\cdots\times\mathbb{Z}}_{l} \cong \underbrace{\mathbb{Z}\times\cdots\times\mathbb{Z}}_{m}$$

($l < m$) があり得ないことを示せばよいが, 右辺の生成元を左辺の生成元で書き表すとき, 線形代数における論法と同じで, 左辺による表示ではある種の従属性が生じ, 一方で右辺の生成元の間には独立性が保たれているので, 両者は相容れない. よって, $G/T(G)$ に対する上記の表示は一意的, すなわち $n - k$ の値は一意的に定まる. したがって, 残りは $T(G)$ を調べればよく, それには初めから G が有限アーベル群の場合を考えれば十分である.

G のサイズを素因数分解して $o(G) = p_1^{t_1}\cdots p_s^{t_s}$ と書き, $G_i = \{g \in G \mid g^{p_i^{t_i}} = 1\}$ とおく (ただし, 単位元を 1 としている). 求める分解の存在より, 必要があれば定理 1.22 を繰り返し用いて同じ素数に対応するものをまとめれば, $G = G_1 \times \cdots \times G_s$ を得る. よって, 各 G_i に対して分解の一意性をいえば十分である. よって, 以下 $o(G) = p^t$ と仮定し, $e_i = p^{f_i}$ とおく. とくに, $H = \{g \in G \mid g^p = 1\}$ とおけば

$$H \cong \underbrace{\mathbb{Z}/p\mathbb{Z}\times\cdots\times\mathbb{Z}/p\mathbb{Z}}_{k}$$

となり (問題 1.17 参照), k は一意的に定まる. このとき, 剰余群 $\overline{G} = G/H$

の分解が誘導され，$e_i' = p^{f_i - 1}$ とおくとき，
$$\overline{G} \cong \mathbb{Z}/e_1'\mathbb{Z} \times \cdots \times \mathbb{Z}/e_k'\mathbb{Z}$$
となる．G のサイズによる帰納法を用いれば，$e_1', \cdots, e_k'$ は一意的に定まるとしてよいので，これより G に対する分解も一意的である． □

問題 2.29 有限生成 (または n 元生成) アーベル群 G の部分群 H が有限生成 (または高々 n 元生成) であることを，次の順に従いながら確かめよ (定理の証明を参照)．ただし，G は n 個の元 $g_1, \cdots, g_n$ で生成されているとして，n に関する帰納法を用いる．

（1） $n = 1$ の場合に，H は巡回群であることに注意せよ (定理 1.13 参照)．

（2） $X = \langle x_1 \rangle \times \cdots \times \langle x_n \rangle \cong \mathbb{Z}^n$ となる群 X をとり，準同型 $\phi : X \to G$ を $\phi(x_i) = g_i$ により定めるとき，$K = \phi^{-1}(H) = \{x \in X \mid \phi(x) \in H\}$ は X の部分群であることを示せ．

（3） $n > 1$ とし，帰納法の仮定により，$\langle x_2, \cdots, x_n \rangle \cap K$ は有限生成 (または高々 $n - 1$ 元生成) であるとしてよいことに注意せよ．

（4） $Y = \{x_1' \mid (x_1', \cdots, x_n') \in K\}$ は $\langle x_1 \rangle$ の部分群であり，したがって Y は巡回群となることを示せ．

（5） $Y = \langle x_1'' \rangle$ であるとき，x_1'' を実現する元 $c = (x_1'', \cdots, x_n'') \in K$ を用いて，K が有限生成 (または高々 n 元生成) であることを示せ．

（6） K が有限生成 (または高々 n 元生成) であることを用いて，H が有限生成 (または高々 n 元生成) であることを示せ．

問題 2.30 $G \cong \underbrace{\mathbb{Z} \times \cdots \times \mathbb{Z}}_{n}$ となるとき，G は**自由アーベル群**と呼ばれる．また n をその**階数**という．このとき，階数 n の自由アーベル群 G の部分群 $H \, (\neq \{e\})$ は階数 n 以下の自由アーベル群であることを示せ．

2.5 発展：単因子論 (多項式版) とジョルダン標準形

1. 多項式行列の単因子論

この部分節では，行列の成分として多項式を考える．ここでは，K を複素数全体 $\mathbb{C}$，実数全体 $\mathbb{R}$，有理数全体 $\mathbb{Q}$，あるいはより一般に体とする．K の元

をスカラーと呼んだりもする．

定義 2.39 $K[x]$ の元を成分とするような行列を K 上の**多項式行列**と呼ぶ．$m \times n$ 多項式行列を $M_{m,n}(K[x])$ で表す．n 次多項式行列全体は $M_n(K[x])$ で表す．通常のスカラー (複素数，実数，有理数など) を成分とする行列も多項式行列の 1 つとみなす．

スカラーを成分とする通常扱う行列と区別するために，$A(x)$ と書くことにしよう．ただし，本質的には区別する必要はないものである．通常の行列の成分を多項式に置き換えただけなので，通常の行列と同じ計算が可能となる．

定義 2.40 多項式行列 $A(x) \in M_n(K[x])$ に対しても，行列式の定義を与えることができる．これを $|A(x)|$ で表す．通常の行列の積と同じように n 次多項式行列 $A(x), B(x)$ に対して，

$$|A(x)B(x)| = |A(x)||B(x)|$$

である．

問題 2.31 次の行列の行列式を求めよ．

(1) $\begin{pmatrix} 3x+2 & 2x+1 & 3 \\ x-2 & x^2 & x-1 \\ x^2-1 & x & x+3 \end{pmatrix}$ (2) $\begin{pmatrix} -1+6x^2 & 3x \\ 2x & 1 \end{pmatrix}$

命題 2.41 (多項式行列と逆行列) $A(x) \in M_n(K[x])$ が $M_n(K[x])$ において逆行列を持つ必要十分条件は，$|A(x)|$ が K のゼロでないスカラーであることである．

証明 もし，$A(x)$ が逆行列 $B(x)$ を持つなら，$|A(x)||B(x)| = |E_n| = 1$ なので，$|A(x)|$ はゼロでないスカラーである．一方，逆に $|A(x)|$ がゼロでないスカラーのときには，余因子による逆行列の式を利用することによって，多項式を成分とする逆行列が得られる． □

2.5. 発展：単因子論 (多項式版) とジョルダン標準形

定義 2.42 多項式行列 $A(x) \in M_n(K[x])$ が，多項式を成分とする逆行列を持つとき，$A(x)$ を**可逆行列**と呼ぶ．

スカラーを成分とする行列のときとは違い，$|A(x)| \neq 0$ は逆行列を持つための必要条件に過ぎない．そのため，正則行列という言い方は多項式行列に対しては使わないことにする．

多項式行列は行列を係数とする多項式と見ることができる．すなわち，$C(x) = (c_{i,j}(x))$ で $c_{i,j}(x) = \sum_{k=0}^{n_{ij}} c_{i,j,k} x^k$ とすると，

$$C(x) = \sum_{k=0}^{\max\{n_{ij}\}} C_k x^k, \qquad C_k = (c_{i,j,k})_{1 \leq i,j \leq n}$$

と見ることができる．$c_{i,j}(x)$ の中で最高次数を持つものの次数が $C(x)$ の**次数** $\deg C(x)$ とする．

命題 2.43 (行列係数多項式の商と余り) $A(x) = A_n x^n + A_{n-1} x^{n-1} + \cdots + A_0$, $C(x) = C_m x^m + C_{m-1} x^{m-1} + \cdots + C_0$ $(A_i, C_j \in M_n(K))$ とする．もし，A_n が正則行列なら，

$$C(x) = B(x) A(x) + R(x)$$
$$= A(x) D(x) + S(x)$$

で $\deg R(x) < \deg A(x)$, $\deg S(x) < \deg A(x)$ をみたす多項式行列の組 $(B(x), R(x))$, $(D(x), S(x))$ が存在する．

証明 m に関する帰納法を使う．$A_n \neq O$ より，$\deg A(x) \geq 0$ である．$\deg A(x) = 0$ とすると，$n = 0$ であり $A(x) = A_0$ は正則行列なので，$C(x) = (C(x) A_0^{-1}) A(x) + O$ となり，条件をみたす組 $(C(x) A_0^{-1}, O)$ が存在する．もし，$m < n$ なら，$(O, C(x))$ が条件をみたす組である．それゆえ，$m \geq n$ としてよい．このとき，$C'(x) = C(x) - C_m A_n^{-1} A(x) x^{m-n}$ の次数は m より小なので，帰納法により，

$$C'(x) = B'(x) A(x) + R(x) \quad (\deg R(x) < \deg A(x))$$

となるものがある．それゆえ，$C(x) = (C_m A_n^{-1} x^{m-n} + B'(x))A(x) + R(x)$ となり，$C(x)$ に対しても条件をみたす組がある．$(D(x), S(x))$ についても同様である． □

2.3 節で整数行列の基本変形を学んだ．この類似を多項式行列の場合に考えよう．

定義 2.44 多項式行列 $A(x)$ の行 (または列) に対する以下の操作を $A(x)$ に対する行 (または列) の**基本変形** (初等変換) と呼ぶ．
（1） $A(x)$ の 2 つの行 (または列) を交換する．
（2） $A(x)$ のある行 (または列) の多項式倍したものを 他の行 (または列) に加える．
（3） $A(x)$ のある行 (または列) をゼロでないスカラー倍する．

行列の基本変形は本質的に，次の 3 種類の基本行列 $P_{st}, E_{st}(r), E_s(r)$ をかけることによって実現できた．

復習 (スカラーを成分とする行列の基本行列)
（1） $P_{st} = (p_{ij}) \ (s \neq t)$
$p_{ii} = 1 \ (i \neq s, t), p_{st} = p_{ts} = 1$, それ以外の成分はすべて 0 である行列．
$P_{st}A$ は A の s 行と t 行を交換し，AP_{st} は A の s 列と t 列を交換する．
（2） $E_{st}(r) = (q_{ij}) \ (s \neq t)$
すべての対角成分 q_{ii} は 1 であり，$q_{st} = r$, その他の成分はすべて 0 である行列．
$E_{st}(r)A$ は A の t 行の r 倍を s 行に加え，$AE_{st}(r)$ は s 列の r 倍を t 列に加える．
（3） $E_s(r) = (r_{ij}) \ (r \neq 0)$
$r_{ii} = 1 \ (i \neq s), r_{ss} = r$, それ以外の成分はすべて 0 である行列．
$E_s(r)A$ は A の s 行を r 倍し，$AE_s(r)$ は A の s 列を r 倍する．

スカラーを成分とする行列に対する基本変形と多項式行列に対する基本変形との違いは，2 番目の変形操作において定数倍を加えるか多項式倍を加えるか

の違いだけである．多項式行列に対して 2 番目の基本操作を与える**基本行列** $E_{st}(r(x))$ を定義しよう．

定義 2.45　$r(x)$ を多項式とする．このとき，$E_{st}(r(x)) = (q_{ij}(x))$ $(s \neq t)$ を，すべての対角成分 $q_{ii}(x)$ は 1 であり，$q_{st}(x) = r(x)$，その他の成分はすべて 0 として定義する．スカラー成分の基本行列 $P_{st}, E_s(r)$ とをあわせた，3 種類の行列 $P_{st}, E_{st}(r(x)), E_s(r)$ を**多項式行列の基本行列**と呼ぶ．

このとき，$E_{st}(r)$ の場合と同様に，次の結果を得る．

補題 2.46　$E_{st}(r(x))A$ は A の t 行の $r(x)$ 倍を s 行に加え，$AE_{st}(r(x))$ は s 列の $r(x)$ 倍を t 列に加える．
また，$|E_{st}(r(x))| = 1$ であり，$E_{st}(r(x))$ の逆行列は $E_{st}(-r(x))$ である．

スカラーを成分とする行列に対する簡約階段行列への変形が多項式行列に対しても適応できることを確認してみよう．ただし，ここでは行の基本変形と列の基本変形を同時に織り交ぜて行う．

定理 2.47 (多項式行列の簡約化)　$A(x) \in M_{m,n}(K[x])$ とする．このとき，(行や列の) 基本変換を繰り返して，

$$\left(\begin{array}{ccccc|c} e_1(x) & 0 & 0 & \cdots & 0 & \\ 0 & e_2(x) & 0 & \cdots & 0 & \\ 0 & 0 & e_3(x) & \ddots & \vdots & O \\ \vdots & \vdots & \ddots & \ddots & 0 & \\ 0 & 0 & \cdots & 0 & e_r(x) & \\ \hline & & O & & & O \end{array} \right)$$

とできる (ただし，$r = 0$ も含める)．ここで，$e_i(x)$ はすべてモニック多項式であり，$e_i(x)$ は $e_{i+1}(x)$ を割り切る．

証明　整数の場合と同様に証明できるので，ここでは省略する．　□

整数と多項式の類似性は今までいろいろな形で学んできているが，例えば以下のように基本的な対応を念頭に置いておけばよい．

整数	⟺	多項式
素数	⟷	既約多項式
正の整数	⟷	モニック多項式
絶対値の大小	⟷	次数の大小
±1	⟷	非ゼロ定数
	など	

次に述べる定理 2.48 と定理 2.50 も証明は省略するが，この対応を用いて整数の場合を参考にして各自で挑戦して欲しい．

問題 2.32 上の定理 2.47 を証明せよ．

すべての基本行列の行列式はゼロでないスカラーなので，$\det A(x) \neq 0$ なら，単因子の中にゼロはでてこない．しかも，あるゼロでないスカラー r が存在して，$\det A(x) = r e_1(x) \cdots e_n(x)$ となる．

スカラーを成分とする行列の場合，正則行列は基本行列の積で表示できた．この結果が多項式行列に対しても正しいことが証明できる．

定理 2.48 (可逆性と基本行列) 可逆な多項式行列は基本行列の積の形で書ける．

証明 省略する． □

問題 2.33 上の定理 2.48 を証明せよ．

定理 2.48 の証明などに便利な概念があるので名前を付けて紹介しよう．

定義 2.49 多項式行列 $A(x)$ と $B(x)$ が対等(equivalent)であるとは，可逆行列 $P(x), Q(x)$ があって，$P(x)A(x)Q(x) = B(x)$ とできることと定める．このとき，$A(x) \sim B(x)$ で表す．

基本変形は基本行列の積によって実現できることに注意しよう．今までの結果を合わせると，次の結果が得られる．

定理 2.50 (多項式行列の単因子標準形) $A(x) \in M_{m,n}(K[x])$ とする．このとき，可逆な多項式行列 $P(x), Q(x)$ が存在して，

$$P(x)A(x)Q(x) = \left(\begin{array}{ccccc|c} e_1(x) & 0 & 0 & \cdots & 0 & \\ 0 & e_2(x) & 0 & \cdots & 0 & \\ 0 & 0 & e_3(x) & \ddots & \vdots & O \\ \vdots & \vdots & \ddots & \ddots & 0 & \\ 0 & 0 & \cdots & 0 & e_r(x) & \\ \hline & & O & & & O \end{array}\right)$$

となる．ここで，$e_i(x)$ はすべてモニック多項式であり，$e_i(x)$ は $e_{i+1}(x)$ を割り切る．しかも，$e_1(x), \cdots, e_r(x)$ は $P(x), Q(x)$ の取り方によらず $A(x)$ と上の条件によって一意的に決まる．この $(e_1(x), e_2(x), \cdots, e_r(x), \underbrace{0, \cdots, 0}_{\ell - r})$ を $A(x)$ の**単因子**と呼び，定理の中の右の形の行列を $A(x)$ の**単因子標準形**と呼ぶ．表示を簡単にするために，0 である単因子も $e_{r+1}(x), \cdots, e_\ell(x)$ と表すことがある．ただし，$\ell = \min(m, n)$ とする．

証明 省略する． □

問題 2.34 上の定理 2.50 を証明せよ．

問題 2.35 行列 $\begin{pmatrix} x-1 & 2x-1 & x+1 \\ 3x-1 & -1 & 2x+1 \\ x-1 & x-1 & 1 \end{pmatrix}$ の単因子標準形を求めよ．

2. ジョルダン標準形

ここでは $K = \mathbb{C}$ とし，単因子論を利用して，複素正方行列がジョルダン標準形に変形できることを示す．まず，固有値 c の n 次ジョルダン細胞

$$J_n(c) = \begin{pmatrix} c & 1 & 0 & \cdots & 0 \\ 0 & c & 1 & \cdots & 0 \\ 0 & 0 & c & \ddots & \vdots \\ \vdots & \vdots & \ddots & \ddots & 1 \\ 0 & 0 & 0 & \cdots & c \end{pmatrix}$$

の単因子を見てみよう．

> **補題 2.51 (ジョルダン細胞の単因子)** 固有値 c の n 次ジョルダン細胞 $J_n(c)$ に対し，$E_n x - J_n(c)$ の単因子は $(1, 1, \cdots, 1, (x-c)^n)$ である．

証明 ジョルダン細胞 $J_n(c)$ の形から，$E_n x - J_n(c)$ の $n{-}1 \times n{-}1$ 小行列として，第 1 列と第 n 行を除くことで，下三角行列

$$\begin{pmatrix} -1 & 0 & \cdots & 0 \\ x-c & -1 & & 0 \\ \vdots & & \ddots & 0 \\ 0 & 0 & \cdots x-c & -1 \end{pmatrix}$$

を得ることができる．それゆえ，$n-1$ 番目までの単因子は 1 である．さらに，$|E_n x - J_n(c)| = (x-c)^n$ なので，補題が成り立つ． □

例題 2.52 (基本変形と GCD および LCM) $A(x)$ を多項式行列とする．基本変形を繰り返して

$$\left(\begin{array}{cc|c} a(x) & 0 & O \\ 0 & b(x) & O \\ \hline O & O & R(x) \end{array} \right)$$

の形にできたとすると，基本変形を繰り返して

$$\left(\begin{array}{cc|c} \mathrm{GCD}(a(x), b(x)) & 0 & O \\ 0 & \mathrm{LCM}[a(x), b(x)] & O \\ \hline O & O & R(x) \end{array} \right)$$

の形に変形できることを示せ. 特に, $a_1(x), \cdots, a_n(x)$ を互いに素なモニック多項式とすると, それらが対角成分として並んだ対角行列の単因子は $(1, \cdots, 1, a_1(x) \cdots a_n(x))$ であることを示せ.

解答 $a(x)b(x) = 0$ の場合は明らかなので, $a(x)b(x) \neq 0$ とする. $\mathrm{GCD}(a(x), b(x)) = t(x)$ とおく. $\mathrm{LCM}[a(x), b(x)] = a(x)b(x)/t(x)$ と仮定してよい (スカラー倍を除いて). 明らかに,

$$A(x) = \begin{pmatrix} a(x) & 0 \\ 0 & b(x) \end{pmatrix}$$

として証明すれば十分である. 例 2.19 より, 多項式 $c(x), d(x)$ があって, $a(x)c(x) + b(x)d(x) = t(x)$ とできる. このとき,

$$\begin{pmatrix} 1 & d(x) \\ 0 & 1 \end{pmatrix} \begin{pmatrix} a(x) & 0 \\ 0 & b(x) \end{pmatrix} \begin{pmatrix} 1 & c(x) \\ 0 & 1 \end{pmatrix} \begin{pmatrix} 0 & 1 \\ 1 & 0 \end{pmatrix} = \begin{pmatrix} t(x) & a(x) \\ b(x) & 0 \end{pmatrix}$$

である. $t(x) \mid a(x), t(x) \mid b(x)$ なので, 基本変形を繰り返すことで

$$\begin{pmatrix} t(x) & 0 \\ 0 & a(x)b(x)/t(x) \end{pmatrix}$$

に変形できる. □

定理 2.53 (単因子の不変性) n 次正方行列 $A, B \in M_n(K)$ に対して, 正則行列 $P \in M_n(K)$ が存在して $B = P^{-1}AP$ と書ける (すなわち A と B が相似である) ための必要十分条件は, 多項式行列 $E_n x - A$ と $E_n x - B$ の単因子の集合が一致することである (すなわち $E_n x - A$ と $E_n x - B$ が対等となることである).

証明 $P^{-1}AP = B$ とすれば, $P^{-1}(E_n x - A)P = E_n x - B$ なので, $E_n x - A$ と $E_n x - B$ の単因子は一致する. 逆に, $E_n x - A$ と $E_n x - B$ が対等ならば, 可逆行列 $P(x), Q(x)$ があって, $P(x)(E_n x - A) = (E_n x - B)Q(x)$ と

なる．E_n は正則行列なので，命題 2.43 を利用して，多項式行列 $D(x)$ とスカラーを成分とする行列 H が存在して $P(x) = (E_n x - B)D(x) + H$ とできる．上の式に代入して，

$$(E_n x - B)Q(x)$$
$$= P(x)(E_n x - A)$$
$$= \{(E_n x - B)D(x) + H\}(E_n x - A)$$
$$= (E_n x - B)D(x)(E_n x - A) + H(E_n x - A)$$
$$= (E_n x - B)D(x)(E_n x - A) + (E_n x - B)H + (BH - HA)$$
$$= (E_n x - B)\{D(x)(E_n x - A) + H\} + (BH - HA)$$

となる．これより，とくに

$$(E_n x - B)\{D(x)(E_n x - A) - Q(x) + H\} + (BH - HA) = O$$

を得る．もし，$D(x)(E_n x - A) - Q(x) + H \neq O$ ならば，左辺に次数が 1 以上の多項式成分が出てきてしまい矛盾である．よって，$D(x)(E_n x - A) - Q(x) + H = O$ が成り立ち，とくに $BH = HA$ である．さらに，$P(x)$ は可逆行列なので，多項式行列 $D'(x)$ とスカラーを成分とする行列 H' で $P(x)^{-1} = (E_n x - A)D'(x) + H'$ をみたすものが存在する．このとき，

$$E_n = P(x)P(x)^{-1} = P(x)((E_n x - A)D'(x) + H')$$
$$= P(x)(E_n x - A)D'(x) + P(x)H'$$
$$= (E_n x - B)Q(x)D'(x) + ((E_n x - B)D(x) + H)H'$$
$$= (E_n x - B)(Q(x)D'(x) + D(x)H') + HH'$$

である．ここで，$Q(x)D'(x) + D(x)H' \neq O$ ならば，次数が 1 以上の多項式成分が $(E_n x - B)(Q(x)D'(x) + D(x)H')$ に出てきてしまい矛盾である．よって，$Q(x)D'(x) + D(x)H' = O$ すなわち $E_n = HH'$ が得られる．とくに H は正則行列である．先のことと合わせて，$B = HAH^{-1}$ を得る． □

次に，単因子論をジョルダン標準形に応用しよう．

2.5. 発展：単因子論 (多項式版) とジョルダン標準形

> **定理 2.54 (ジョルダン標準形の一意性)** 任意の複素 n 次正方行列 A はあるジョルダン標準形に相似である. しかも, ジョルダン標準形はジョルダン細胞の順番を無視すると一意的に決まる.

証明 $E_n x - A$ の単因子を $e_1(x), \cdots, e_n(x)$ とする. A の固有多項式 $|E_n x - A| = \Phi_A(x)$ は n 次のモニック多項式なので, $e_1(x) \cdots e_n(x) = \Phi_A(x)$ であり, 特にどの単因子 $e_i(x)$ もゼロでない. $e_i(x)$ の次数を n_i とおく. $\Phi_A(x)$ を 1 次式の積に分解して

$$\Phi_A(x) = (x - a_1)^{t_1} \cdots (x - a_r)^{t_r}$$

とおく. ここで, $a_1, a_2, \cdots, a_r$ は A の相異なる固有値全体である. $e_i(x)$ における $(x - a_j)$ のベキ数を t_{ij} とおくと, $e_i(x) \mid e_{i+1}(x)$ なので, $0 \leqq t_{1j} \leqq t_{2j} \leqq \cdots \leqq t_{nj}$ かつ $\sum_{i=1}^{n} t_{ij} = t_j$, $\sum_{j=1}^{r} t_{ij} = n_i$ であり,

$$e_i(x) = (x - a_1)^{t_{i1}} \cdots (x - a_r)^{t_{ir}}$$

となる. 一方, ジョルダン細胞 $J_{t_{ij}}(a_j)$ に対しては, 補題 2.51 で示したように, $E_{t_{ij}} x - J_{t_{ij}}(a_j)$ の単因子が $(1, 1, \cdots, 1, (x - a_j)^{t_{ij}})$ となる. そこで, $J_{t_{i1}}(a_1), \cdots, J_{t_{ir}}(a_r)$ を対角線上に並べた行列を

$$J_i = J_{t_{i1}}(a_1) \oplus \cdots \oplus J_{t_{ir}}(a_r)$$

とおくと, $E_{n_i} x - J_i$ を基本変形によって, 対角成分が

$$1, \cdots, 1, (x - a_1)^{t_{i1}}, \cdots, (x - a_r)^{t_{ir}}$$

となる対角行列にできる. 例題 2.52 により, $E_{n_i} x - J_i$ の単因子は

$$(1, \cdots, 1, (x - a_1)^{t_{i1}} \cdots (x - a_r)^{t_{ir}}) = (1, \cdots, 1, e_i(x))$$

となる. ここで J_i ($i = 1, \cdots, n$) を対角線上に並べたジョルダン行列 J は $n = n_1 + \cdots + n_r$ 次の正方行列であり, $E_n x - J$ の単因子は $(e_1(x), \cdots, e_n(x))$ となる. それゆえ, $E_n x - A$ と $E_n x - J$ は対等であり, 定理 2.53 より, ある正則行列 P があって, $P^{-1} A P = J$ とできる.

もし，別の正則行列 Q によって $Q^{-1}AQ = J'$ が別のジョルダン標準形であると仮定する．J' と J は相似であるので，定理 2.53 より $E_n x - J'$ と $E_n x - J$ の単因子は一致しており，$E_n x - J'$ の単因子も $(e_1(x), \cdots, e_n(x))$ となる．先の議論にあるように，$E_n x - J'$ の単因子は J' のジョルダン細胞によって一意的に決定されている．また，$E_n x - J'$ の各単因子の分解の様子から J' に現われるジョルダン細胞の情報を完全に回復することができる．上の記号で

$$e_i(x) = \cdots (x - a_j)^{t_{ij}} \cdots \longleftrightarrow J_{t_{ij}}(a_j)$$

$(1 \leqq i \leqq n, 1 \leqq j \leqq r)$ という対応を考えればよい．したがって，特に J' と J のジョルダン細胞は順番を無視して一致することがわかる． $\square$

問題 2.36 3 次複素行列 A に対し，$Ex - A$ の単因子が次の各々で与えられているとき，A のジョルダン標準形を求めよ．ただし，複素数 a, b, c はすべて異なる．

（1） $(1, 1, (x-a)^3)$ 　　　　（2） $(1, x-a, (x-a)^2)$
（3） $(x-a, x-a, x-a)$ 　　（4） $(1, 1, (x-a)(x-b)^2)$
（5） $(1, x-b, (x-a)(x-b))$ （6） $(1, 1, (x-a)(x-b)(x-c))$

章末問題

1. 可換環 A のイデアル $\mathfrak{a}$ $(\neq A)$ と $x \in A$ に対し，$\overline{x} = x + \mathfrak{a} = \{x + a \mid a \in \mathfrak{a}\}$ および $\overline{A} = A/\mathfrak{a} = \{\overline{x} \mid x \in A\}$ とおく．このとき，$\overline{x} + \overline{y} = \overline{x+y}$ かつ $\overline{x}\,\overline{y} = \overline{xy}$ と定めて，$\overline{A}$ は可換環となることを示せ．この $\overline{A}$ を A の $\mathfrak{a}$ による**剰余環**(じょうよかん)という．

2. （1） 可換環 A, A' の間の写像 $\varphi: A \to A'$ が環準同型であるとき，φ の**核** $\mathrm{Ker}\,\varphi = \{x \in A \mid \varphi(x) = 0\}$ は A のイデアルであることを示せ．さらに，φ が全射ならば，$A/\mathrm{Ker}\,\varphi \cong A'$ であることを示せ (環の準同型定理に相当)．

    （2） $m, n \in \mathbb{Z}$ $(m, n > 0)$ が $\mathrm{GCD}(m,n) = 1$ をみたすとき，環の同型 $\mathbb{Z}/m\mathbb{Z} \oplus \mathbb{Z}/n\mathbb{Z} \cong \mathbb{Z}/mn\mathbb{Z}$ を示せ．(このとき，$(\mathbb{Z}/m\mathbb{Z})^\times \times (\mathbb{Z}/n\mathbb{Z})^\times$ と $(\mathbb{Z}/mn\mathbb{Z})^\times$ は群として同型である.)

3. 素数 p に対し，整数環 $\mathbb{Z}$ のイデアル $p\mathbb{Z} = I(p)$ による剰余環 $\mathbb{Z}/p\mathbb{Z} = \{\overline{0}, \overline{1}, \overline{2}, \cdots, \overline{p-1}\}$ は体となることを示せ．これを p 元体と呼び，$\mathbb{F}_p$ で表す．

4. 可換環 A のイデアル I, J に対して，$I \cap J$ および $I + J = \{x + y \mid x \in I, y \in J\}$ はイデアルとなることを示せ．

5. 可換環 A のイデアル P は，2 条件

   (P1)　$P \neq A$

   (P2)　$x, y \in A$ かつ $xy \in P$ ならば $x \in P$ または $y \in P$ が成り立つ

   がみたされるとき素イデアルと呼ばれる．このとき，整数環 $\mathbb{Z}$ の素イデアルは $I(0) = \{0\}$ と $I(p)$ (p は素数) に限ることを示せ．

6. 可換環 A のイデアル M は，2 条件

   (M1)　$M \neq A$

   (M2)　$M \subseteq I \subseteq A$ をみたすイデアル I は M と A に限る

   がみたされるとき極大イデアルと呼ばれる．このとき，ツォルンの補題[4]を用いて，可換環 A にはつねに極大イデアルが存在することを示せ．

7. 可換環 A の極大イデアルは素イデアルとなることを示せ．

8. 任意の体 K 上の多項式環 $K[X]$ に対しても，因数分解の一意性が成り立つことを示せ．また，微分作用素と呼ばれる線形変換 D を $D\left(\sum_i a_i X^i\right) = \sum_i (i a_i) X^{i-1}$ と定めるとき，$f, g \in K[X]$ に対して $D(fg) = D(f)g + fD(g)$ が成り立つことを示せ．

9. n 次整数ベクトル $(a_1, a_2, \cdots, a_n)$ に対して，$(a_1, a_2, \cdots, a_n)C = (b, 0, \cdots, 0)$ をみたす n 次ユニモジュラー行列 C と整数 $b \geqq 0$ の存在を示せ．また，$b = \mathrm{GCD}(a_1, a_2, \cdots, a_n)$ を示せ．さらに，これを利用して $c_1 a_1 + c_2 a_2 + \cdots + c_n a_n = b$ となる整数 $c_1, c_2, \cdots, c_n$ を求める方法を考えよ．特に，例 2.6 (p.72) に，この議論を適用してみよ．

---

[4] 「帰納的順序集合には極大元が存在する．」

第3章

定木とコンパスによる方程式の解法と体

> もしもかの仮説の数をそこから除外するならば美観および円滑において失うところ多大であって一般に通用すべき真理に絶えず面倒な制限を加える必要が生じるであろう．
>
> ガウス (ベッセルへの手紙)

3.1 体について

1. 体とは？

　線形代数のほとんどの場面において，実数や複素数をスカラーと呼んだ．どうして実数と複素数を区別しないで扱ったのだろうか．答えは，線形代数の理論が非常に強力な武器であり，実数であることや複素数であることをそれほど気にする必要がないからである．

　実際，線形代数において，a, b, c と書いてスカラーを表したとき，それらが実数か複素数であるかを気にして使っていただろうか．多分，固有値を求めるとき以外には気にしていなかったはずである．固有値の場合でも固有多項式が解を持つかどうかを気にしただけである．このように必要な演算さえできれば，対象がどんなものであるかを気にしないことが，代数学における抽象化の意味であり，読者は，すでに四則演算の抽象化に慣れ親しんでいたことになる．

　もう少し詳しく説明しよう．ベクトルの線形独立や次元などの計算に必要と

したものを思い出してみよう．使ったものは四則演算

$$\times, \quad \div, \quad +, \quad -$$

だけである．ただ，当然のように分配法則や結合法則を使っていたはずである．それゆえ，実数の四則演算と同じような四則演算を持った集合があれば，問題なくベクトル空間の理論 (n 項数ベクトル，線形独立，部分空間，線形写像など) を作り出せることになる．実際に，そのようなものが実数や複素数以外にも数限り無く存在し，それらの線形代数が役に立つのである．このようなスカラーの集合を体と呼ぶ[1]．これがこの章の題材である．四則演算自体は紀元前から扱われてきたが，体の公理 (概念を正確に記述すること) が確定したのは，今から 140 年ほど前であり，群や環の公理よりも後の時代である．

まず，よく慣れ親しんでいる実数や有理数以外にも，四則演算で同じように加減乗除ができるものとして，第 2 章の章末問題で任意の素数 p に対して，$\mathbb{Z}/p\mathbb{Z}$ が体 (p 元体と呼び，$\mathbb{F}_p$ で表す) となることを紹介した．例えば，$p = 2$ として $\mathbb{Z}/2\mathbb{Z} = \{0, 1\}$ が体の構造を持つのである．

それでは第 2 章でも紹介したが，本章の中心題材なので，体の公理を正確に書いておこう．

定義 3.1 (体の定義) 加法 + と乗法・の 2 つの演算を持つ集合 K が体であるとは，次のすべての条件をみたすことである．

（1） 加法 + に関して，K はアーベル群である．その単位元を 0_K で表す．

（2） 乗法・に関しても可換であり，結合法則を満たし，0_K 以外の元全体 $K - \{0_K\}$ は群となる．その単位元を 1_K で表す (当然，$0_K \neq 1_K$ である)．

（3） 分配法則をみたす．すなわち，任意の $a, b, c \in K$ に対して，

$$a \cdot (b + c) = a \cdot b + a \cdot c, \quad (b + c) \cdot a = b \cdot a + c \cdot a$$

が成り立つ (通常の乗法と和の関係と同じく，乗法を先に行う)．

---

[1] 18 世紀までは方程式の解というように個々の数を考えていたが，19 世紀になると数全体を考えるようになり，数の重要な集まりを気体 (ドイツ語で Körper) と同じような感覚で数体 (数の団体) と呼んだ．これが体の語源である．

これ以降, 単位元 1_K, ゼロ元 0_K の K を省略して, $1, 0$ と表すことが多い. 2元体や3元体が良く知られている体(有理数体, 実数体, 複素数体)と違う大きな点は, 1_K を何回か足すと, 0_K となってしまうことである. すなわち, 自然数 m に対して,

$$m1_K = \underbrace{1_K + \cdots + 1_K}_{m}$$

とおくと, $n1_K = 0_K$ となる自然数 n がある. そのような n の中で最小の自然数をその体の**標数**と呼ぶ. 2元体の標数は 2 であり, 3元体の標数は 3 である. 実数体のように, そのような自然数がない場合には**標数 0 の体**と呼ぶ(標数が異なる体は, 住む世界がまったく異なっており, 2元体が実数体に含まれたり, 標数 3 の体に含まれたりしない).

問題 3.1 体の標数は 0 でなければ素数であることを示せ.

問題 3.2 体 K の標数が p なら, 任意の元 $a \in K$ に対して $\underbrace{a + \cdots + a}_{p} = 0$ であることを示せ.

2. p 元体上の線形代数

実数体上のベクトル空間を真似て p 元体上のベクトル空間を考えることができる. 例として, 2元体 $\mathbb{F}_2 = \{0, 1\}$ 上のベクトル空間の理論を構成してみよう. ここでは, 簡単のために 2 元体上の 2 項数ベクトルや 2 次正方行列を主に扱うが一般の p 元体上の n 項数ベクトルや n 次正方行列に対しても同じである.

2 元体上の 2 項数ベクトル (a_1, a_2) とは, 成分 a_i が $\mathbb{F}_2$ の元, すなわち 0 か 1 となっているものである. それゆえ, 2 項数ベクトルは全部で 4 つ

$$(0,0), (0,1), (1,0), (1,1)$$

しかない[2].

---

[2] 2 元体はそれ自身は小さいが非常に強力である. 現在コンピュータで情報を処理する場合に 0 と 1 が並ぶ数列で扱う. すなわち, 2 元体上の n 項数ベクトルである. ただし, n は何十桁というようにかなり大きい.

3.1. 体について　**135**

同じように $\mathbb{F}_2$ の元を成分とする行列 ($\mathbb{F}_2$ 上の行列) を考えてみよう．

問題 3.3　$\mathbb{F}_2$ 上の 2 次正方行列をすべて求めよ．

$\mathbb{F}_2$ 上の 2 次正方行列 $A = \begin{pmatrix} a & b \\ c & d \end{pmatrix}$ の行列式も一般と同じように $|A| = ad - bc$ として定義できる．当然 $|A| \in \mathbb{F}_2$ である．

問題 3.4　次の $\mathbb{F}_2$ 上の 2 次正方行列の行列式を求めよ．

$$\begin{pmatrix} 0 & 0 \\ 0 & 0 \end{pmatrix}, \begin{pmatrix} 1 & 0 \\ 0 & 1 \end{pmatrix}, \begin{pmatrix} 1 & 1 \\ 0 & 1 \end{pmatrix}, \begin{pmatrix} 0 & 1 \\ 1 & 1 \end{pmatrix}, \begin{pmatrix} 1 & 1 \\ 1 & 1 \end{pmatrix}$$

問題 3.5　$\mathbb{F}_2$ 上の 2 次正方行列 A, B に対して，

$$|A||B| = |AB|$$

であることを示せ．

問題 3.6　A を $\mathbb{F}_2$ 上の 2 次正方行列とする．A が逆行列を持つ必要十分条件は $|A| \neq 0$ であることを示せ．

問題 3.7　$\mathbb{F}_2$ 上の 2 次正則行列をすべて求めよ．また，それら全体は積によって群となることを示せ (3 次対称群と同型となることも確認せよ)．

問題 3.8　行列式が 1 であるような 3 元体上の 2 次正方行列の個数を求めよ．また，その全体も群となることを示せ (4 次対称群と同型となることも確認せよ)．

問題 3.9　(1) 2 元体上の 3 次正方行列

$$\begin{pmatrix} 1 & 1 & 1 \\ 0 & 1 & 1 \\ 1 & 1 & 0 \end{pmatrix}$$

を行の基本変形によって階段行列に変形せよ．

(2) 上の行列を 3 元体上の行列と思って，基本変形により階段行列に変形せよ．

問題 3.10　n 点集合 $T = \{1, 2, \cdots, n\}$ と $\mathbb{F}_2$ 上の n 項数ベクトル空間 $\mathbb{F}_2^n$ を考える．T の部分集合 C に対して，2 元体上の n 項数ベクトル $\phi(C) = (c_1, \cdots, c_n) \in$

$\mathbb{F}_2^n$ を

$$i \in C \iff c_i = 1 \qquad \text{必要十分}$$

として定義する．このとき，T の部分集合全体と n 項数ベクトル全体は上の対応で 1 対 1 対応していることを示せ．また，

$$\phi(C) + \phi(D) = \phi(C \cup D - C \cap D) \qquad \text{排他的論理和}$$

であることを示せ．この考えを発展させたのが符号理論と呼ばれるものである．

3. p 元体上の多項式環

ここでは，p 元体の元を係数に持つ多項式を考える．より一般に，任意の体上でも同様にして多項式を考えることができる．証明は係数が p 元体であること以外はまったく同じである．慣れることが必要なので，いくつかの問題を解いていこう．

問題 3.11 $\mathbb{F}_p$ を係数に持つ多項式全体 $\mathbb{F}_p[X] = \{a_0 + a_1 X + \cdots + a_n X^n \mid a_0, \cdots, a_n \in \mathbb{F}_p, n \geqq 0\}$ は多項式の和と積により可換環となることを示せ．これを $\mathbb{F}_p$ 上の多項式環という．

問題 3.12 $\alpha \in \mathbb{F}_p$ と $f(X) \in \mathbb{F}_p[X]$ に対して，$f(X) = (X - \alpha)g(X) + b$ をみたす $g(X) \in \mathbb{F}_p[X]$ と $b \in \mathbb{F}_p$ が存在することを示せ．

問題 3.13 $\alpha \in \mathbb{F}_p$ および $f(X) \in \mathbb{F}_p[X]$ とする．このとき，$f(\alpha) = 0$ ならば $f(X) = (X - \alpha)g(X)$ をみたす $g(X) \in \mathbb{F}_p[X]$ が存在することを示せ (**因数定理**)．

問題 3.14 $\mathbb{F}_p[X]$ において $f_p(X) = X^{p-1} - 1$ は $f_p(X) = (X - 1)(X - 2) \cdots (X - p + 1)$ と分解されることを示せ．

3.2 複素数を有理数から眺める

1. 有理数の公理的定義

整数の範囲では除法がつねにできるとは限らない．この除法をつねに可能にする分数は古代から存在し，自然数の比としての記述はユークリッドの『幾何学

原論』においても見られる．しかし，これを演算の立場から，特に四則演算を持つものとして，有理数を考えるようになったのは19世紀になってからであり，例えば，1871年にデデキントが始めて実数や複素数を含めて体と呼んでいる．

その頃の考え方を少し説明しよう．まず現在のように，整数の対 (a,b) で $b \neq 0$ となるものを考え，それら全体の集合

$$\{(a,b) \mid a \in \mathbb{Z}, b \in \mathbb{Z} - \{0\}\}$$

をまず用意する．この集合の中に同値関係 $\sim$ を

$$(a,b) \sim (c,d) \iff ad = bc \qquad (必要十分条件)$$

として定義し，その同値類 (同値関係にある仲間をまとめて1つのクラスと見る) を分数，または有理数と呼ぶ．対 (a,b) を含む同値類 (クラス) を a/b と書いて表す．すなわち，分数 a/b とは (a,b) を含むクラスの名前だと理解するのである．2つのクラスに対して，それらの和と積を，クラスの一員を代表として使って

$$\frac{a}{b} + \frac{c}{d} = \frac{ad+bc}{bc}, \quad \frac{a}{b} \times \frac{c}{d} = \frac{ac}{bd}$$

で定義すると，この演算はクラスから誰を代表として選んだか関係なくつねに同じクラスを決めるのでクラス同士の演算を考えることができる．これが，有理数を厳密に定義したものである．

定理 3.2 (ランダウ) 有理数の集合は上の演算で体となる．

2. 幾何と代数方程式

いろいろな問題を数を求める問題に帰着することができる．例えば，「正 n 角形の図形を描く」は幾何であると同時に，数を求めることと同じであることを紹介しておこう．このように数学的に同じであるものを，必要十分条件という言い方よりは，「2つの条件は同値である」という言い方をする．

[複素平面 (ガウス平面)]

線形代数の導入部分 (例えば『明解線形代数』第 1 章を参照) で学んだように, 複素数 $u = a + b\sqrt{-1}$ $(a, b \in \mathbb{R})$ と xy 平面上の点 $(a, b) \in \mathbb{R}^2$ (ベクトルと見る) を対応させることができる. 言い換えると, 写像 $\Phi : \mathbb{C} \to xy$ 平面 を

$$\Phi(a + b\sqrt{-1}) = (a, b) \in \mathbb{R}^2$$

として定義すると, 複素数 $u = a + b\sqrt{-1}, v = c + d\sqrt{-1}$ に対して,

$$\Phi(u + v) = \Phi(u) + \Phi(v)$$

が成り立っている. また, 極座標で, u, v をそれぞれ, $u = r(\cos\alpha + \sin\alpha\sqrt{-1})$, $v = s(\cos\beta + \sin\beta\sqrt{-1})$ と表示すると,

$$vu = rs(\cos(\alpha + \beta) + \sin(\alpha + \beta)\sqrt{-1})$$

であり

$$\Phi(uv) = (rs\cos(\alpha + \beta),\ rs\sin(\alpha + \beta))$$

は, ちょうど x 軸に対する角度が $\alpha + \beta$ で原点からの距離が rs である点を与える.

問題 3.15 $\xi^3 = 1$ となる複素数 ξ の複素平面上における位置を求めよ.

例題 3.3 半径 1 の円に内接する正五角形を描け.

解答 まず, 方針を説明しよう. 正五角形を描くためには正五角形の頂点の座標が解れば良い. xy 平面において, 原点を中心とし, 半径 1 の円に内接する正五角形で, 1 つの頂点が $(1, 0)$ にあるようなものを描くことを考えてみよう. これを複素平面で考えてみると, xy 平面の $(1, 0)$ は実軸上の 1 に対応し, 次の頂点は $\xi = \cos(2\pi/5) + \sin(2\pi/5)\sqrt{-1}$ となる. すなわち, ξ が求まると正五角形の頂点が描ける. この ξ は $\xi^5 = 1$ なので, $x^5 - 1 = 0$ の解であり, それゆえ, 正五角形の頂点を求めることは $x^5 - 1 = 0$ の 1 以外の根を求めることと同じとなる.

では, 実際に頂点を求めよう. $x^5 - 1 = (x - 1)(x^4 + x^3 + x^2 + x + 1)$ と因

数分解できるので，ξ は $x^4 + x^3 + x^2 + x + 1 = 0$ の解である．この式を x^2 で割って，

$$x^2 + x + 1 + \frac{1}{x} + \frac{1}{x^2} = \left(x + \frac{1}{x}\right)^2 + \left(x + \frac{1}{x}\right) - 1 = 0$$

と変形し，$t = x + 1/x$ とおくと，上の式は $t^2 + t - 1 = 0$ と書けるので，$t = (-1 \pm \sqrt{1+4})/2 = (-1 \pm \sqrt{5})/2$ であることがわかる．

$$\xi = \cos\frac{2\pi}{5} + \sin\frac{2\pi}{5}\sqrt{-1}$$

は 1 の 5 乗根なので，

$$\frac{1}{\xi} = \cos\frac{2\pi}{5} - \sin\frac{2\pi}{5}\sqrt{-1}$$

であり，$t = \xi + 1/\xi = 2\cos(2\pi/5)$ なので，

$$\cos\frac{2\pi}{5} = \frac{-1 + \sqrt{5}}{4}, \quad \cos\frac{4\pi}{5} = \frac{-1 - \sqrt{5}}{4}$$

を得る．これが正五角形の 1 つの頂点の x 座標なので，定木とコンパスで，$(-1 \pm \sqrt{5})/4$ を作れば，図 3.1 のように正五角形が描ける． □

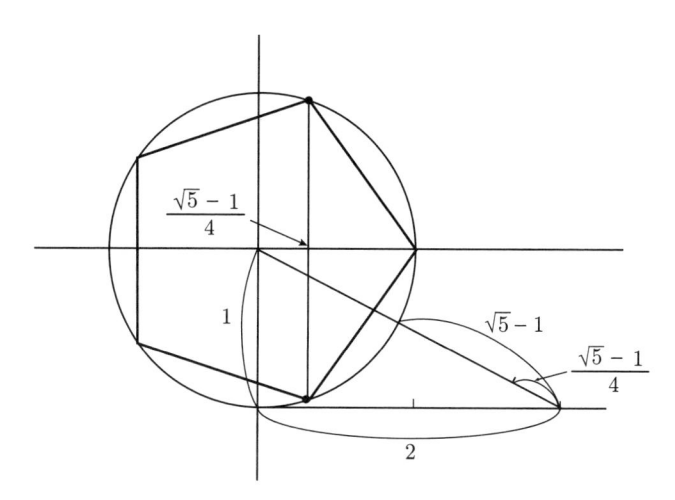

図 3.1

3. 複素数体に含まれる体の例

前の部分節で，適切な複素数を求めることが問題解決につながることを紹介した．その複素数全体 $\mathbb{C}$ は体であり，その部分集合である有理数全体 $\mathbb{Q}$ や実数体 $\mathbb{R}$ も同じ演算で体となっている．

定義 3.4 (拡大体と部分体)　体 K の部分集合 F が K の四則演算によって体となるとき，F を K の**部分体**と呼び，逆に K を F の**拡大体**と呼ぶ．K と部分体 F が与えられたとき，K の部分体 M で F を含むようなものを**中間体**と呼ぶ．

目的の複素数を見つけようとする場合，その複素数がその形で出てくるとは限らない．多くの場合，いくつかの複素数が見つかると，それらから簡単に多数の複素数を見つけることができる．例えば，後で紹介する古典問題である定木とコンパスの使用による作図問題では，2 つの複素数が構成できれば，それらから四則演算で与えられるものは簡単に構成できる．このような場合，新しい複素数を見つける過程において，これまでに求まっている複素数から四則演算で求まるものは，すでに求まっていると理解して良いことになる．逆に言えば，その時点で見つかったと理解できる複素数全体は四則演算で閉じており，$\mathbb{C}$ の部分体となっているわけである．

実際，$\mathbb{C}$ の部分体にはどのようなものがあるか例を見ていこう．まず，複素数体の構成を思い出してみる．複素数体 $\mathbb{C}$ は実数体 $\mathbb{R}$ と $\sqrt{-1}$ を使って，

$$\mathbb{C} = \{a + b\sqrt{-1} \mid a, b \in \mathbb{R}\}$$

と表示されるものとして構成した．これを真似て，

$$\mathbb{Q}[\sqrt{-1}] = \{a + b\sqrt{-1} \mid a, b \in \mathbb{Q}\}$$

を定義してみる．

問題 3.16　上の $\mathbb{Q}[\sqrt{-1}]$ が $\mathbb{C}$ の部分体となることを示せ．

注意 3.5　$\mathbb{Q}[\sqrt{-1}]$ が体であることを示すためには，$\mathbb{Q}[\sqrt{-1}]$ の四則演算が結合法則，分配法則を満たしていることを示さなければならない．しかし，

$\mathbb{Q}[\sqrt{-1}]$ が $\mathbb{C}$ の一部分であることに注意すると，これらの演算はあくまで複素数における演算と同一なので当然結合法則，分配法則が成り立っている．それゆえ，今回確認しなければならないものは，$\mathbb{Q}[\sqrt{-1}]$ が本当に $\mathbb{C}$ と同じ四則演算を持っているかどうかだけである．

これ以降，複素数体のいろいろな部分集合に対して体となるかどうかの確認をすることが多いので，重要な判定条件を述べておこう．証明は読者に任せる．

> **補題 3.6 (部分体の判定条件)** 体 K の部分集合 F が同じ演算を使って部分体となる必要十分条件は次の (1), (2) の 2 条件をみたすことである．
> （1）F は K の単位元 1_K とゼロ元 0_K を含む．
> （2）任意の $a, b \neq 0 \in F$ に対して，$a - b$, $a \cdot b^{-1} \in F$ が成り立つ．
> ここで，b^{-1} は b の $(K^\times, \cdot)$ における逆元である．

注意 3.7 当然，K の部分体 F を考えたとき，F のゼロ元 0_F は $0_F + 0_F = 0_F$ をみたす K の元なので，K のゼロ元でもある．同様に，F の単位元 1_F は K の単位元でもある．

例題 3.8 (2 次体) $m \in \mathbb{Q}$ を平方数でないとする．次の部分集合を考える．
$$\mathbb{Q}[\sqrt{m}] = \{a + b\sqrt{m} \mid a, b \in \mathbb{Q}\}$$
このとき，$\mathbb{Q}[\sqrt{m}]$ は体となることを示せ．これを，とくに **2 次体** という．

解答 明らかに $\mathbb{Q}[\sqrt{m}]$ は加法 $+$，減法 $-$ で閉じており，積でも $(a + b\sqrt{m})(c + d\sqrt{m}) = (ac + mbd) + (ad + bc)\sqrt{m}$ となるので閉じている．すなわち環になっている．しかも，$t = a + b\sqrt{m}$ で，$a \neq 0$ または $b \neq 0$ とすると，m は $\mathbb{Q}$ の中で平方数でないので，$a^2 - mb^2 \neq 0$ である．ゆえに，
$$\left(\frac{a}{a^2 - mb^2}\right) + \left(\frac{-b}{a^2 - mb^2}\right)\sqrt{m}$$
は $\mathbb{Q}[\sqrt{m}]$ の元であり，

$$\left(\frac{a}{a^2-mb^2} + \frac{-b}{a^2-mb^2}\sqrt{m}\right)(a+b\sqrt{m}) = \frac{a^2-mb^2}{a^2-mb^2} = 1$$

を得る．すなわち，$t \neq 0$ なら逆元も $\mathbb{Q}[\sqrt{m}]$ の中に存在する．ゆえに $\mathbb{Q}[\sqrt{m}]$ は $\mathbb{C}$ の部分体である． □

上の議論をもっと拡張しよう．

問題 3.17 K を $\mathbb{C}$ の部分体とし，$m \in K$ は K の中で平方数でないとする．このとき，
$$K[\sqrt{m}] = \{a + b\sqrt{m} \mid a, b \in K\}$$
も体となることを示せ．ここで，$\sqrt{m}$ は $X^2 - m = 0$ の1つの解を表す．

定義 3.9 複素数体 $\mathbb{C}$ の部分集合 K で部分体となるものを数体（すうたい）と呼ぶ．

$\mathbb{C}$ も $\mathbb{R}$ も $\mathbb{Q}$ も，上で構成した $\mathbb{Q}[\sqrt{-1}]$ も，$\mathbb{Q}[\sqrt{2}]$ もすべて数体である．

問題 3.18 次の集合のうち，体でないものを挙げ，その理由を述べよ．
(1) $\{a\sqrt{2} \mid a \in \mathbb{Q}\}$
(2) $\left\{a\dfrac{1+\sqrt{2}}{3} + b\dfrac{1-\sqrt{2}}{2} \,\Big|\, a, b \in \mathbb{Q}\right\}$
(3) $\{a + b\sqrt{2} + c\sqrt{3} \mid a, b, c \in \mathbb{Q}\}$
(4) $\{a + b\sqrt{2} \mid a, b \in \mathbb{Z}\}$

3.3 ベクトル空間の次元と拡大次数

1. 部分体から拡大体を眺める (ベクトル空間として)

実数体 $\mathbb{R}$ も複素数体 $\mathbb{C}$ の部分体であるが，もともと，複素数全体の集合は
$$\mathbb{C} = \{a + b\sqrt{-1} \mid a, b \in \mathbb{R}\} = \mathbb{R}1 + \mathbb{R}\sqrt{-1}$$
と，基底 $\{1, \sqrt{-1}\}$ を持つ 2 次元実ベクトル空間として定義された．すなわち，複素数体は体であると同時に，実数体からみて，2 次元のベクトル空間でもあ

る．これは実数体と複素数体だけの関係だろうか？　この部分節では，拡大体と部分体の関係がつねに，ベクトル空間とスカラーの関係になることを観察する．

例題 3.10　（1）　$\mathbb{R}$ を $\mathbb{R}$ 上のベクトル空間と見ることができることを示せ．
（2）　$\mathbb{R}$ を $\mathbb{Q}$ 上のベクトル空間と見ることができることを示せ．
（3）　上の 2 つの場合のそれぞれの次元を求めよ．

略解　(1) は略す．次元に関しては，(1) は 1 次元，(2) は無限次元である．線形代数では一般に有限次元を扱っているが，線形独立な無限個の元 $\{v_1, v_2, \cdots\}$ があるとき無限次元と呼ぶ．無限個に対する線形独立とは，任意の有限個を取ってきても線形独立であることである． □

ベクトル空間と見ることができることに関しては，より一般的に次の定理を証明しておく．

定理 3.11 (拡大体は部分体上のベクトル空間)　F が K の部分体なら，K の加法および F の元と K の元の積を F の元によるスカラー倍と考えることで，K を F 上のベクトル空間と見ることができる．

注意 3.12　K の積全体は忘れ，持っている性質の一部分だけに注目する．

注意 3.13　一応ベクトル空間の定義を確認しておこう．
F を体とする．加法と体 F の作用を持つ集合 K が F 上のベクトル空間であるとは次の条件をすべてみたすことである．

[ベクトル空間の定義] $\begin{cases} (1) & K \text{ は加法に関してアーベル群である．} \\ (2) & a \in F \text{ の } v \in K \text{ への作用を } av \in K \text{ で表すと，} \\ & \text{任意の } a, b \in F, v, w \in K \text{ に対して，次が成り立つ．} \\ & (2.1) \quad 1v = v \\ & (2.2) \quad a(v + w) = av + aw \\ & (2.3) \quad (a + b)v = av + bv \\ & (2.4) \quad a(bv) = (ab)v \end{cases}$

一方，K を体とし F を部分体とすると，

[部分体との関係から] $\begin{cases} (1) \quad K \text{ は加法に関してアーベル群である．} \\ (2) \quad F \text{ と } K \text{ の積だけに注目すると，} \\ \quad \text{任意の } a, b \in F, v, w \in K \text{ に対して，} \\ \quad (2.1) \text{ 単位元 } \quad 1_F \cdot v = v \\ \quad (2.2) \text{ 分配法則 } a \cdot (v + w) = a \cdot v + a \cdot w \\ \quad (2.3) \text{ 分配法則 } (a + b) \cdot v = a \cdot v + a \cdot v \\ \quad (2.4) \text{ 結合法則 } (a \cdot b) \cdot v = a \cdot (b \cdot v) \end{cases}$

を満足している．それゆえ，$(K, +)$ は F 上のベクトル空間としての条件をすべてを満たしている．すなわち，K は F 上のベクトル空間と見ることができる．

例題 3.14 $\mathbb{Q}[\sqrt{2}]$ の $\mathbb{Q}$ 上のベクトル空間としての基底を 1 つ求めよ．

解答 有理数をスカラーと考えると，$a + b\sqrt{2} = a \cdot 1 + b \cdot \sqrt{2}$ なので，$\mathbb{Q}[\sqrt{2}]$ は 1 と $\sqrt{2}$ のスカラー倍で張られる．明らかに有理数だけをスカラーとして見ているので，1 と $\sqrt{2}$ は線形独立である．実際，$a, b \in \mathbb{Q}$ で $a1 + b\sqrt{2} = 0$ とすると，$b \neq 0$ なら，$\sqrt{2} = -a/b \in \mathbb{Q}$ となって矛盾であり，$b = 0$ なら $a = 0$ である．それゆえ，$\{1, \sqrt{2}\}$ は $\mathbb{Q}$ 上のベクトル空間としての基底であり，$\mathbb{Q}[\sqrt{2}]$ は $\mathbb{Q}$ 上 2 次元である． □

一般に，$1 \neq 0$ なので，基底としてつねに 1 を含むものを持ってこれる．

問題 3.19 （1） $\{1, \sqrt{5}\}$ が $\mathbb{Q}$ 上線形独立であることを示せ．
（2） $\{1, \sqrt{2}, \sqrt{3}, \sqrt{6}\}$ が $\mathbb{Q}$ 上線形独立であることを示せ．
（3） $\{\sqrt{2}, \sqrt{3}\}$ が $\mathbb{Q}(\sqrt{6})$ 上線形独立でないことを示せ（p.145 定義 3.18 参照）．
（4） $\{1, \sqrt[3]{2}, \sqrt[3]{4}\}$ が $\mathbb{Q}$ 上線形独立であることを示せ．ここで，$\sqrt[3]{n}$ は n の 3 乗根の中の実数解を表す．

定義 3.15 L を体とし，K を部分体とする．$(L, +)$ を K 上のベクトル空間と見たときの次元を $[L : K]$ で表し，**拡大次数**と呼ぶ．

問題 3.20 $\sqrt[3]{2}$ を 2 の 3 乗根で実根であるものとする.

$$\mathbb{Q}[\sqrt[3]{2}] = \{a + b\sqrt[3]{2} + c\sqrt[3]{4} \mid a,b,c \in \mathbb{Q}\}$$

が部分体であることを示せ.

例題 3.16 $r \in \mathbb{C}$ を 1 つの複素数とする. $\mathbb{Q}$ と r の両方を含む体をできるだけ小さく構成せよ.

解答 これを 2 通りの方法で紹介しよう.

r と $\mathbb{Q}$ の元から四則演算を繰り返してできる複素数全体の集合 K を考える. 明らかに K は四則演算で閉じているので, 部分体であり, r と $\mathbb{Q}$ を含む一番小さい体である.

一方, 次の補題を考えてみよう.

補題 3.17 H_1, H_2 を体 L の部分体とする. このとき, 共通部分 $H_1 \cap H_2$ も L の部分体となる. より一般に $\{H_i \mid i \in I\}$ を L の部分体の集まりとする. このとき, $\bigcap_{i \in I} H_i$ も L の部分体である.

証明は部分体の判定法を使う. 空集合にはならないことも注意する.

この補題を使うと,

$$\bigcap_{H_i は \mathbb{Q} と r の両方を含む部分体} H_i$$

は部分体であり, $\mathbb{Q}$ と r を含む最小の部分体である. 当然, これは $\mathbb{Q}$ の元と r から四則演算を使って作り出せる複素数全体と一致している. □

定義 3.18 上の体を $\mathbb{Q}(r)$ で表し, $\mathbb{Q}$ に r を添加した体という (上の証明は $\mathbb{Q}$ だけでなく, より一般の体に対しても使えることに注意しておこう).

問題 3.21 拡大次数 $[\mathbb{Q}(\sqrt{5}) : \mathbb{Q}]$, $[\mathbb{Q}(\sqrt[3]{2}) : \mathbb{Q}]$ を求めよ.

注意 3.19 $\mathbb{Q}[\sqrt{2}]$ の記号 $[*]$ は多項式環 $\mathbb{Q}[x]$ の $[*]$ からとって来た記号である. ここでは, 加法 (減法) と乗法を繰り返してできるものという意味があ

る．一方，$\mathbb{Q}(r)$ の記号 $(*)$ はさらに，割り算も考えていることを主張しているのである．言い換えると，$\mathbb{Q}(r)$ と表示してあれば，それは体であると主張している．ただし，環 $\mathbb{Q}[r]$ でも体となることもある．例えば，$r = \sqrt{2}$ とすると，
$$\mathbb{Q}(\sqrt{2}) = \mathbb{Q}[\sqrt{2}]$$
である．

複数の元を添加していくことが多いので，より一般な定義を与えておこう．

定義 3.20 $t_1, \cdots, t_s \in \mathbb{C}$ を複素数とし，K を数体とする．$K[t_1, \cdots, t_s]$ で K の元と，$t_1, \cdots, t_s$ から加法(減法)と乗法の繰り返しでできる元全体を表し，$K(t_1, \cdots, t_s)$ で K と $t_1, \cdots, t_s$ から四則演算を繰り返してできる元全体の集合を表すことにする．当然，$K(r_1, \cdots, r_s) = K(r_1)\cdots(r_{s-1})(r_s)$ である．

2. 拡大次数 $[K(r) : K]$ の意味

この部分節では，1元 r を添加した体 $K(r)$ の K 上の拡大次数の意味を考えてみよう．このように，1つの元を添加して拡大した拡大体を**単純拡大**と呼ぶ．

例題 3.21 K を一般的な体とし，L を K の拡大体とする．
（1）$[L:K] = 1$ とはどういうことか？
（2）$[L:K] = 2$ とはどういうことか？

解答 （1）$[L:K] = 1$ ということは，$\{1\}$ が基底であり，$L = K \cdot 1_L = K$ となることを意味する．

（2）$[L:K] = 2$ ということは，$v \in L$ があって，$\{1, v\}$ が基底となることである．すなわち，$L = K + Kv$ である．このとき，L は体なので，$v^2 \in L$ であり，ある $a, b \in K$ が存在して，$v^2 = b + av$ と書ける．すなわち，v は2次方程式 $X^2 - aX - b = 0$ の解である．$v \notin K$ だから $X^2 - aX - b$ は K-係数の1次式の積には分解せず，既約2次式である．すなわち，L はある既約2次式の解を添加した拡大体である．もし，K の標数が 2 でなければ，より詳しく解る．実際，この方程式は一般に解けて，$v = (a \pm \sqrt{a^2 + 4b})/2$ であり，$D = a^2 + 4b \in K$ とおくと，$L = K[\sqrt{D}]$ となる． □

定義 3.22 ゼロでない有理数係数の多項式の根となっているものを代数的数と呼び，そうでないものを超越数と呼ぶ．

$\sqrt{2}$ は $x^2 - 2 = 0$ の解なので代数的な数である．では一般に，代数的な数とはどのようなものであろうか？ まず，r を代数的な数とする．すなわち，r はある有理数係数の多項式 $f(X) = a_0 X^n + \cdots + a_n$ $(a_i \in \mathbb{Q})$ の根となっている．$a_0 \neq 0$ としてよい．このとき，$a_0 r^n + \cdots + a_{n-1} r + a_n = 0$ なので，

$$r^n = \frac{-a_1}{a_0} r^{n-1} + \cdots + \frac{-a_{n-1}}{a_0} r + \frac{-a_n}{a_0} 1$$

である．すなわち，r^n は $\{1, \cdots, r^{n-1}\}$ による $\mathbb{Q}$-係数の線形和として書ける．しかも，

$$r^{n+1} = r r^n = r \left(\frac{-a_1}{a_0} r^{n-1} + \cdots + \frac{-a_n}{a_0} \right)$$
$$= \frac{-a_1}{a_0} r^n + \frac{-a_2}{a_0} r^{n-1} + \cdots + \frac{-a_n}{a_0} r$$
$$= \frac{-a_1}{a_0} \left(\frac{-a_1}{a_0} r^{n-1} + \cdots + \frac{-a_n}{a_0} \right) + \frac{-a_2}{a_0} r^{n-1} + \cdots + \frac{-a_n}{a_0} r$$

となるので，r^{n+1} も $\{1, \cdots, r^{n-1}\}$ による $\mathbb{Q}$-係数の線形和で書ける．同様に繰り返すことで，任意の自然数 m に対して，r^m は $\{1, \cdots, r^{n-1}\}$ による $\mathbb{Q}$-係数の線形和で書けることがわかる．それゆえ，$\mathbb{Q}[r]$ は $\{1, \cdots, r^{n-1}\}$ で張られており，$\mathbb{Q}[r]$ は $\mathbb{Q}$ 上有限次元である．

逆に，$[\mathbb{Q}[r] : \mathbb{Q}] = n$ とすると（ただし，体とは限らない場合にも $[\mathbb{Q}[r] : \mathbb{Q}]$ は $\mathbb{Q}[r]$ の $\mathbb{Q}$ 上の次元を表すものとする），$n+1$ 個の元の集合 $\{1, r, r^2, \cdots, r^n\}$ は $\mathbb{Q}$ 上線形従属であり，ある有理数 $a_0, a_1, a_2, \cdots, a_n$ （すべてはゼロではない）があって，

$$a_0 r^n + a_1 r^{n-1} + \cdots + a_n = 0$$

となる．すなわち，ゼロでない有理数係数の多項式

$$f(x) = a_0 x^n + a_1 x^{n-1} + \cdots + a_n$$

があって，$f(r) = 0$ となるわけである．整理すると，次のことがわかる．

第 3 章 定木とコンパスによる方程式の解法と体

> **定理 3.23 (代数的数の条件)** r が代数的数である必要十分条件は $[\mathbb{Q}[r] : \mathbb{Q}] < \infty$ となることである．それゆえ，$[\mathbb{Q}[r] : \mathbb{Q}] = \infty$ となることが超越数であるための必要十分条件である．

円周率 $\pi = 3.14159\cdots$ や自然対数の底として利用されるネピア数 $e = 2.71828\cdots$ などは超越数[3]である．これらの証明は非常に難しい．ただ，$99.9999\cdots\%$ の実数は超越数である．

上では，体 $\mathbb{Q}(r)$ ではなく，環 $\mathbb{Q}[r]$ を扱っている．当然，$\mathbb{Q}[r] \subseteq \mathbb{Q}(r)$ なので，$[\mathbb{Q}[r] : \mathbb{Q}] = \infty$ なら $[\mathbb{Q}(r) : \mathbb{Q}] = \infty$ であるが，r が代数的な場合はどうなるであろうか．

例題 3.24 $[\mathbb{Q}[\xi_1, \cdots, \xi_m] : \mathbb{Q}] = n < \infty$ ならば $\mathbb{Q}[\xi_1, \cdots, \xi_m]$ は体となることを示せ．

解答 定義 3.20 で説明したように，$\mathbb{Q}[\xi_1, \cdots, \xi_m]$ は加法，減法，乗法で閉じている．それゆえ，$0 \neq \alpha \in \mathbb{Q}[\xi_1, \cdots, \xi_m]$ の逆元 $1/\alpha$ が $\mathbb{Q}[\xi_1, \cdots, \xi_m]$ に含まれることを示せば十分である．$\mathbb{Q}[\xi_1, \cdots, \xi_m]$ は乗法で閉じているので，$\alpha, \alpha^2, \cdots$ はすべて $\mathbb{Q}[\xi_1, \cdots, \xi_m]$ に含まれていることに注意しておく．$\mathbb{Q}[\xi_1, \cdots, \xi_m]$ は $\mathbb{Q}$ 上 n 次元ベクトル空間なので，

$$\{1, \alpha, \alpha^2, \cdots, \alpha^n\}$$

は線形従属である．それゆえ，すべてがゼロというわけではない有理数 $b_0, \cdots, b_n$ があって

$$b_0 + b_1\alpha + \cdots + b_n\alpha^n = 0$$

とできる．もし，$b_0 = b_1 = \cdots = b_k = 0, b_{k+1} \neq 0$ なら $1/(b_{k+1}\alpha^{k+1})$ を掛けて最終的に

$$1 + c_1\alpha + \cdots + c_m\alpha^m = 0$$

---

[3] π についてはフェルディナント・フォン・リンデマンが 1882 年に超越数であることを示し，ネピア数 e に対してはシャルル・エルミートが 1873 年に示した．

とできる．このとき，

$$\frac{1}{\alpha} = -c_1 - \cdots - c_m \alpha^{m-1} \in \mathbb{Q}[\alpha]$$

なので，α の逆元が $\mathbb{Q}[\alpha]$ に含まれる．ゆえに $\mathbb{Q}[\xi_1,\cdots,\xi_m]$ は体である． □

3.4 体の歴史的問題

1. 方程式の解法

この節では，群を使って体の性質を研究するという有名なガロア理論の出発点となった方程式に関する問題のうち，2次と3次の方程式の一般的な解法を紹介する．5次以上の式に対しては同様な一般的解法がないことがアーベルによって証明されている．この節では標数0の体のみを考える．

[2次方程式]

良く知られているように，2次方程式 $x^2 + ax + b = 0$ の解法は $y = x + a/2$ とおくと，$y^2 - (a^2 - 4b)/4 = 0$ となり，$y = \pm\sqrt{(a^2-4b)/4}$ を得る．ここで，$D = a^2 - 4b$ は判別式と呼ばれる．

すなわち，四則演算と2乗根 (平方根) を求める操作で解が得られる．

[3次方程式]

3次方程式 $x^3 + ax^2 + bx + c = 0$ の解法は16世紀に確立した．最初，イタリア人のボローニャの数学教授シピオネ・デル・フェロが，$x^3 + ax + b = 0$ の形の3次方程式を解いたが，弟子のフロリドゥスに教えたという記録以外は残っていない．タルタリアが1541年に一般解を会得した．それをジロラモ・カルダノが口外しないという約束で聞き出しが，カルダノの弟子のロドヴィゴ・フェラーリが4次方程式の解法を発見した機会に公表した．ただし，幾何学な解法はアラビア人によってすでに発見されていた．例えば，ウマル・ハイヤームは $x^3 + b^2 x = b^2 c$ は $x^2 = by$ と $y^2 = x(c-x)$ の交点として求まることなどを書いている．

解法を 1 つ紹介しよう. $y = x + a/3$ とおくと, $x^3 + ax^2 + bx + c = 0$ は $y^3 + dy + e = 0$ の形に変形できるので, 初めから $x^3 + ax + b = 0$ と仮定する. $x = y - a/(3y)$ を代入すると,

$$27(y^3)^2 + 27by^3 - a^3 = 0$$

となり y^3 に関する 2 次方程式を得る. それゆえ,

$$y^3 = \frac{-27b \pm \sqrt{27D}}{2 \times 27}$$

を得る. ここで, $D = 4a^3 + 27b^2$ である. 次に, その 3 乗根を求めると, y が求まる.

すなわち, 四則演算と 2 乗根, 3 乗根を求める操作で解が得られる.

問題 3.22 4 次方程式の解法を考えよ (本や辞典を参照してよい).

2. 体の萌芽 (古典的問題)

ピタゴラスおよびピタゴラス学派は秘密を守る習慣があったが, ギリシャの中心がアテネに移ってからはその習慣が影を潜めた. 当時の学者の間では次の有名な 3 問題が焦点となっていた. どれもみな定木[4]とコンパスだけを使って作図する問題である.

(1) 角の三等分問題: 任意の角あるいは円弧を三等分すること.

(2) 立方体の倍積問題: すなわち, 与えられた立方体の 2 倍の体積を有する立方体を作ること.

(3) 円積問題: すなわち, 与えられた円の面積とまったく等しい面積を有する正方形を作ること.

およそ数学の問題のなかで, これらの 3 問題ほど, 長いあいだ熱心に根気よく論究されたものはないであろう. この章の 1 つの目的は, これらの問題が定木とコンパスだけでは作図不可能であることを証明することである.

---

[4] 目盛りの付いていない直線だけを引くものなので定規と区別して定木と書く.

ギリシャ人はこの問題の作図を定木とコンパスだけに制限し，他の器具を許さなかった．言い換えれば，図形はただ直線と円だけで作図するものであった．実際の話しとして，彼等は放物線などを描く器具を使ってこれらの問題を解いてはいたが，これはかえって非難された．プラトンの言葉を聞こう．「そのような機械的方法は,『幾何学の美点』を放棄し破壊するものである．それは幾何学を永遠無窮の思想の幻影をして高く仕上げず，かえって，これを再び感覚の世界に引き戻すからである．しかも永遠無窮に高めるものこそ神によって用いられるもので，また，それを用いればこそ神は神なのである.」

[角の三等分問題]

1837 年にワンシェルが 3 次方程式を解かなければならないことを示し，定木とコンパスだけでは作図不可能な角度があることを示した．これに関しては，次の節で詳しく説明する．

[立方体の倍積問題]

この問題の起源については，『デロス人が伝染病に悩まされたとき，神託によって祭壇の 2 倍の体積を有するものを作れと命じられたが，思慮のない大工は簡単に一辺の長さが 2 倍の立方体を作ってしまったため，決して神を慰めることができなかった．その誤りに気づいたプラトンがデロス問題を考察した』といわれているが，多分幾何学者が平面幾何学における正方形の倍積問題を 3 次元の立体幾何学に拡張したものだろう．

ヒポクラテス (紀元前 430 年頃) は線分とその 2 倍の長さの線分との間に 2 つの比例中項を見いだすことに帰すると論じた．すなわち，今風に言うと，

$$0 \text{——} a \text{——} 2a$$

が与えられたとき，$0 \text{——} a \text{—} x \text{—} y \text{—} 2a$ で $a:x = x:y = y:2a$ となるような x, y を見つけることで解決できると示した．

長さで考えるなら，$\sqrt[3]{2}$ を作り出すことである．これも $X^3 - 2 = 0$ という既約 3 次方程式を解かなければならず，後で示すように作図不可能であることがわかる．

[円積問題 (円の平方化問題)]

この時代の大きな進展は，アンティフォン (紀元前 430 年) が取り尽くし論法を創始したことである．すなわち，円に内接する正方形，次に辺上に二等辺三角形を作っていって，段々辺数を増やしていけば円を取り尽くすことができると考えたのである．

これが当時の哲学者によって無限の問題に行き着いた．例えば，有名なゼノンは背理法を用いて，直線の無限分割に反対したのである．これが有名なアキレウスは亀を追い越すことができないという論法である．

最終的には 1882 年にリンデマンにより円周率 π が超越数であることが示されたので，後で示すように作図が不可能である．

3. 定木とコンパスを使って

定木とコンパスを使って角の三等分ができないということを示すためには，定木とコンパスで何ができるかを完全に把握する必要がある．そのために，定木とコンパスを使うということの数学的な意味を考えてみよう．定木とコンパスによる意味のある操作を細かく分割して考えると，次の操作の繰り返しを行っていることがわかる．

[定木でできること]

(R1)　与えられた 2 点を通る直線を引くこと．

(R2)　1 点 v と直線 ℓ が与えられたとき，v を通り，ℓ に平行な直線を引くこと．

[コンパスでできること]

(C1)　与えられた 1 点を中心に与えられた半径の円を描くこと．

(C2)　与えられた長さを他の直線上に移すこと．

新しい点は 2 つの曲線 (直線や円) の交点として得られる．

それゆえ，この古典的問題における定木とコンパスによる解法とは，上の操

作の繰り返しを行って解決することである．正五角形の作図のときにも述べたが，作図において平面上の点を見つけるということは複素平面だと考えて複素数を見つけることと同じである．

ポイント 1： R1, R2, C2 は四則演算そのものである．

実際，定木 (および C2) を使うことで，

（1） 長さ a, b の線分が与えられると，長さ $a+b$ の線分を作図できる．

（2） 負の長さを逆方向だと考えることで，$a-b$ の長さの線分も作図できる．

（3） 長さ $1, a, b$ の線分があれば，長さ ab の線分を作図できる．

（4） 長さ $1, b \neq 0$ の線分から，長さ $1/b$ の線分を作図できる．

すなわち，定木 (および C2) により，与えられた線分の長さ (実数) の集まりから四則演算で構成できる実数を長さに持つ線分が作図できる．例えば，長さ 1 の線分が与えられたら，有理数全体 $\mathbb{Q}$ のどの元 α に対しても長さ α の線分を定木 (および C2) を使って求めることができるわけである．また，複素平面を考えることで，複素数 $a+b\sqrt{-1}$ が与えられることと，実数 a, b が与えられることは同値なので，いくつかの複素数が与えられると，それらから加減乗除で生成される複素数はすべて定木によって作図できる．

逆に，定木で行う操作において

(R1) は 2 点 $(a, b), (c, d)$ に対して，直線 $(a-c)(y-d) = (b-d)(x-c)$ を求めることであり，

(R2) は直線 $\ell : y = ax + b$ と点 (c, d) に対して，直線 $y = a(x-c) + d$ を求めることである．また，新しい点は交点から出てくるので，2 つの 1 次式の解として交点の座標が求まり，その解は係数達の四則演算で得られる．それゆえ，定木を使って新しい点を求める操作は，上で説明した四則演算と本質的に同じものである．

ポイント 2： C1 と定木は既知の数 r から平方根 $\sqrt{r}$ を求める操作である．

例題 3.25 ($\sqrt{r}$ の構成) 長さ 1 と長さ $r > 0$ の線分が与えられたとき，長さ $\sqrt{r}$ の線分を定木とコンパスを使って構成せよ．

解答 長さ r と長さ 1 の棒を合わせた長さ $r+1$ の線分を直径とする円を描き，2 つの棒の接点から円弧まで垂直にあげた線分の長さが $\sqrt{r}$ である． □

逆に，コンパスによる操作 (C1) は点 (a,b) と半径 r が与えられたら，

$$(x-a)^2 + (y-b)^2 = r^2$$

という円の方程式を与えることである．それゆえ，すでに表示されている図形 (円や直線) どうしの交点とは，a,b,r,c,d,s が与えられたとき，円 $(x-a)^2 + (y-b)^2 = r^2$ と円 $(x-c)^2 + (y-d)^2 = s^2$ の交点，円 $(x-a)^2 + (y-b)^2 = r^2$ と直線 $y-d = r(x-c)$ の交点，直線 $y-a = s(x-b)$ と直線 $y-d = r(x-c)$ の交点を求める操作であるか，またはそれらを繰り返した操作である．

それゆえ，これらは複素数 e, f が与えられたときに 2 次方程式 $x^2 + ex + f = 0$ を解く操作と本質的に同じ操作である．それゆえ，四則演算は解っているものとすると，判別式 D の平方根 $\sqrt{D}$ を求める操作となっている．

3.5 歴史的問題の不可能性

1. 拡大の繰り返しと拡大次数

[操作を繰り返すことの意味]

コンパスと定木の操作を繰り返すことを考えてみよう．まず平面上のいくつかの点，すなわち，複素数 $a_1, \cdots, a_n$ がすでに与えられていたとしよう．すると，定木の操作から，$a_1, \cdots, a_n$ から四則演算で構成できる数はすべて作図できるとしてよい．その集合は体となっている．これを K とする．通常では特別な複素数が与えられていなければ $K = \mathbb{Q}$ である．

次に，定木とコンパスなどの手段で，新しい点 (複素数) θ_1 が見つかったとする．そうすると，これを含めて四則演算でできるもの全体は，すなわち，拡大体 $K(\theta_1)$ であるが，そのすべての複素数 β に対して，定木とコンパスを使って点 β を作図できることになる．さらに，それらから，またコンパスなどで新

しい点 (複素数) θ_2 が見つかれば，さらなる拡大体 $K(\theta_1, \theta_2)$ の複素数を点として表示できる．

このプロセスをまとめると，ある四則演算で閉じている全体 K を考え，新しい複素数 θ_1 を見つけ，それも含めて四則演算で閉じた数の全体 $M_1 = K(\theta_1)$ を構成し，さらに新しい複素数 θ_2 を見つけ，同じように四則演算で閉じた数の全体 $M_2 = M_1(\theta_2) = K(\theta_1, \theta_2)$ を構成し，それを繰り返して，

$$K \subseteq M_1 \subseteq M_2 \subseteq \cdots \subseteq M_n$$

と次々に拡大体を構成して行くことであり，問題が解けるということは，目的の複素数 ξ (倍積問題なら $\sqrt[3]{2}$，円積問題なら π) がある M_n に含まれるということである．これを体の立場から論じていこう．

まず，このように体の拡大を繰り返していったとき，拡大次数はどのように変化するだろうか．次の定理が本質的である．

定理 3.26 (拡大の繰り返しと拡大次数) $F \subseteq H \subseteq K$ を拡大体の列とする．このとき，

$$[K : F] = [K : H] \cdot [H : F]$$

が成り立つ．

証明 まず，線形代数の本では有限次元のベクトル空間のみを扱うのが一般的であるが，ここでは無限次元の場合も扱っておこう．F 上のベクトル空間 V が無限次元というのは V に無限個のベクトル $\{v_1, \cdots, v_n, \cdots\}$ があって，これらが F 上線形独立ということである．すなわち，その中のどんな有限個の部分集合 $\{v_{i_1}, \cdots, v_{i_s}\}$ も F 上線形独立ということである．

もし $[K : H]$ が無限とすると，K の中に無限個の元 $\{v_1, \cdots\}$ で H 上線形独立なものがある．このとき，$F \subseteq H$ なので，当然 $\{v_1, \cdots\}$ は F 上でも線形独立であり，$[K : F] = \infty$ となる．また $[H : F]$ が無限とすると，H の中に無限個の元 $\{v_1, \cdots\}$ で F 上線形独立なものがある．v_i は K の元でもあるので，$[K : F] = \infty$ でもある．

それゆえ両方とも有限とし，それぞれ K/H の基底を $\{e_1, \cdots, e_m\}$，H/F

の基底を $\{f_1, \cdots, f_n\}$ とおく．このとき，
$$\Omega = \{f_i e_j \mid i = 1, \cdots, n, \quad j = 1, \cdots, m\}$$
が F 上の K の基底となることを示せば，$[K : F] = n \times m$ となり証明が完成する．

[Ω が F をスカラーとして K 全体を張ることの証明]

$K = He_1 + He_2 + \cdots + He_m, H = Ff_1 + Ff_2 + \cdots + Ff_n$ なので代入して，
$$K = (Ff_1 + \cdots + Ff_n)e_1 + \cdots + (Ff_1 + \cdots + Ff_n)e_m$$
$$= Ff_1e_1 + \cdots + Ff_ne_1 + Ff_1e_2 + \cdots + Ff_ne_2 + \cdots + Ff_ne_m$$
であり $\{f_i e_j \mid i = 1, \cdots, n, \ j = 1, \cdots, m\}$ は F をスカラーとして K を張っている．

[Ω が F 上線形独立であることの証明]

$a_{ij} \in F$ があって $\sum_{i,j} a_{ij} f_i e_j = 0$ と仮定する．e_j で整理すると，
$$0 = \sum_{j} \left\{ \sum_{i} a_{ij} f_i \right\} e_j$$
となる．$\sum_{i} a_{ij} f_i \in H$ であり，$\{e_j \mid j = 1, \cdots, m\}$ は H 上線形独立なので，すべての j に関して $\sum_{i} a_{ij} f_i = 0$ を得る．しかも，$a_{ij} \in F$ であり，$\{f_i\}$ は F 上線形独立なので，すべての i に対して $a_{ij} = 0$ を得る．ゆえに $\{f_i e_j\}$ は F 上線形独立である． □

2. 角の三等分の不可能性

まず，与えられた角の三等分問題を幾何の問題ではなく，代数の問題として理解しよう．複素平面と単位円を考えることで，任意の角 θ が与えられることと，$\cos\theta$ が与えられることとは同じことである．それゆえ，角 θ の三等分を得るということと $\cos(\theta/3)$ が得られることと同じである．よく知られている 3 倍角の定理により，

$$\cos\theta = 4\cos^3\frac{\theta}{3} - 3\cos\frac{\theta}{3}$$

が成り立っている．それゆえ，角の三等分問題とは，$a = \cos\theta\ (-1 \leqq a \leqq 1)$ が与えられたとき，3次方程式

$$4x^3 - 3x - a = 0$$

が定木とコンパスで解けるかという問題に変わる．この式の中に既約なものがあることを紹介しておこう．例えば，$a = 3/16$ とすると先の式は

$$64x^3 - 48x - 3 = (4x)^3 - 12(4x) - 3 = 0$$

と同じであり，$x^3 - 12x - 3$ はアイゼンシュタインの判定条件 (定理 2.25) により既約であることが解る．すなわち，$\cos\theta = 3/16$ とすると，$[\mathbb{Q}(\cos(\theta/3)) : \mathbb{Q}] = 3$ となる．

前の部分節の定理を使って角の三等分問題や立方体の倍積問題が定木とコンパスでは解けないことを示そう．

背理法で説明する．もし誰かが解法を見つけたと主張したとしよう．$x^3 - 12x - 3 = 0$ に適応すると，出発点では有理数だけが解っていることになる．その証明ではコンパスと定木を使い，新しい交点を求め，それを利用して次から次へと新しい交点を求めているはずである．ただし，有限回 (n 回) の操作のはずである．半径 5/3 の 2 円 (中心は $\pm 4/3$) の 1 交点を $\alpha_1 = \sqrt{-1}$ とすると，新しい交点 (複素数 α_i) を求めることは $\mathbb{Q}$ の拡大体の列

$$K_0 = \mathbb{Q}, K_1 = \mathbb{Q}(\alpha_1), K_2 = K_1(\alpha_2), \cdots, K_n = K_{n-1}(\alpha_n)$$

を作ることになる．解法ではこのような手続きを続けることにより $x^3 - 12x - 3 = 0$ の解 α を含む体 K_n ができていることになる．

一方，定木とコンパスのところで説明したように，定木とコンパスによる解法は 1 次か 2 次の多項式の解を求める操作であり，新しい交点 (複素数) を 1 つ求める操作で 1 次か 2 次の拡大体を構成していることになる．すなわち，$[K_i : K_{i-1}] = 1$ または $[K_i : K_{i-1}] = 2$ であり，それらを有限回繰り返したとしてもできあがる拡大体 K_n の拡大次数 $[K_n : \mathbb{Q}]$ は 2 のベキ (2^m 型の自然数) である．しかし，$x^3 - 12x - 3$ は 3 次の既約多項式なので，その根 α を添加し

た体 $\mathbb{Q}(\alpha)$ は $[\mathbb{Q}(\alpha):\mathbb{Q}]=3$ である．すると，
$$2^m = [K_n : \mathbb{Q}] = [K_n : \mathbb{Q}(\alpha)][\mathbb{Q}(\alpha) : \mathbb{Q}] = 3[K_n : \mathbb{Q}(\alpha)]$$
となり，拡大次数 $[K_n : \mathbb{Q}(\alpha)]$ が自然数でなくなり矛盾を得る．

問題 3.23 円周率 π が超越数であることを使って，円積問題 (面積が π であるような正方形の作図問題) がコンパスと定木を使ってできないことを示せ．

3.6 円分体

ここでいくつかの重要な体の例を挙げる．

複素数 $\mathbb{C}$ において，$X^n - 1 = 0$ は解を n 個もつ (代数学の基本定理 3.42 と定理 3.43 を参照)．実際，$\xi = \cos(2\pi/n) + \sin(2\pi/n)\sqrt{-1}$ とおくと，
$$\{1, \xi, \xi^2, \cdots, \xi^{n-1}\}$$
が $X^n - 1 = 0$ の解全体であることがわかる．これらを **1 の n 乗根**と呼ぶ．一般に，複素数以外の任意の体においても，$X^n - 1 = 0$ の根となるものを 1 の n 乗根と呼ぶ．特に 1 の n 乗根で，n 乗して初めて 1 となるようなものを 1 の**原始 n 乗根**と呼ぶ．

注意 3.27 $n=6$ のとき，$\xi = \cos(2\pi/6) + \sin(2\pi/6)\sqrt{-1}$ とすると，$1, \xi, \cdots, \xi^5$ が 1 の 6 乗根だが，その中で ξ と ξ^5 だけが 1 の原始 6 乗根である．

問題 3.24 ξ を 1 の原始 n 乗根とする．ξ^m が 1 の原始 n 乗根である必要十分条件は $(n, m) = 1$ であることを示せ．

例 3.28 (円分体) ξ を 1 の原始 n 乗根とする．有理数体と ξ を含む $\mathbb{C}$ の最小の部分体
$$\mathbb{Q}(\xi) = \{a_0 + a_1\xi + a_2\xi^2 + \cdots + a_{n-1}\xi^{n-1} \mid a_i \in \mathbb{Q}\}$$
を<ruby>円分体<rt>えんぶんたい</rt></ruby>と呼ぶ．

[注意] $a_0 + a_1\xi + \cdots + a_{n-1}\xi^{n-1}$ が一意的な表示とは限らない．

定義 3.29 (円周等分多項式) p が素数のとき,
$$F_p(X) = (X^p - 1)/(X - 1) = X^{p-1} + X^{p-2} + \cdots + X + 1$$
を円周等分多項式 (または円分多項式) と呼ぶ. 一般の自然数 n に対しては, 重根を持たず 1 の原始 n 乗根のみが解となっているような式で円周等分多項式を定義する. 式で書くと次のようになる.
$$F_n(X) = \prod_{1 \leq i \leq n, \text{GCD}(i,n)=1} (X - \xi^i) = \prod_{1 \leq d \leq n, d|n} (X^{n/d} - 1)^{\mu(d)}$$
ここで $\mu(d)$ は**メビウス関数**を表す. 定義は 195 ページの最後を参照.

例えば, $\mu(1) = 1$, $\mu(2) = -1$, $\mu(3) = -1$, $\mu(6) = 1$ なので
$$F_6(X) = \frac{(X^6 - 1)(X - 1)}{(X^3 - 1)(X^2 - 1)} = X^2 - X + 1$$
である.

例題 3.30 一般に円分多項式は $\mathbb{Q}$ 上既約である. n が素数のときに既約であることを示せ.

[ヒント] ある整数 a に対して $f(X + a)$ が既約なら $f(X)$ も既約であることに注意. 次にこれを利用して $(X^p - 1)/(X - 1)$ をアイゼンシュタインの判定条件 (定理 2.25) が利用できる形にする.

$1, 2, \cdots, n - 1$ のうち, n と互いに素な数の個数を $\varphi(n)$ で表し, φ を**オイラーの関数**と呼ぶ. 例えば, $\varphi(2) = 1$, $\varphi(3) = 2$, $\varphi(4) = 2$ である.

問題 3.25 n が素数 p なら $\varphi(p) = p - 1$, n が素数 p のベキ $n = p^k$ なら $\varphi(p^k) = (p-1)p^{k-1}$ であり, $(n, m) = 1$ なら, $\varphi(nm) = \varphi(n)\varphi(m)$ であることを示せ.

補題 3.31 円分多項式 $F_n(X)$ の次数は $\varphi(n)$ である.

問題 3.26 $\sqrt[3]{2}$ を 2 の 3 乗根のうちの実根とし, ω を 1 の原始 3 乗根とする. こ

のとき，$\mathbb{Q}[\sqrt[3]{2}\omega]$ を

$$\mathbb{Q}[\sqrt[3]{2}\omega] = \{a + b\sqrt[3]{2}\omega + c\sqrt[3]{4}\omega^2 \mid a, b, c \in \mathbb{Q}\}$$

とおくと，$\mathbb{Q}[\sqrt[3]{2}\omega]$ は $\mathbb{C}$ の部分体となることを示せ．すなわち，$\mathbb{Q}[\sqrt[3]{2}\omega] = \mathbb{Q}(\sqrt[3]{2}\omega)$ である．

この体は実数体に含まれていないが，四則演算だけに注目すると，$\mathbb{Q}(\sqrt[3]{2})$ と非常に似ており，体として本質的に同じ性質を持つ．このように異なる体であるが，性質が似ていることがある．そのため，2 つの体を比較する方法を定義しておこう．

定義 3.32 2 つの体 F と K が**同型**とはすべての $a, b \in F$ に対して，

$$\begin{cases} \phi(a + b) = \phi(a) + \phi(b), \\ \phi(ab) = \phi(a)\phi(b) \end{cases} \quad \text{(環準同型)}$$

をみたす全単射 (1 対 1 かつ上への写像)

$$\phi : F \to K$$

があることをいう．このとき，ϕ を**同型写像**と呼び，$F \cong K$ で表す．

環準同型をみたす写像 $\phi : F \to K$ が単射であるが，全射かどうか不明な場合には**中への同型**という言葉を使う．この場合，ϕ の像 $\phi(F)$ は体であり，F と同型である (全射であることを強調したいときには "K の上への" 同型という)．

注意 3.33 $\phi : F \to K$ が (中への) 同型写像のとき，定義より，$\phi(1_F) = 1_K$，$\phi(0_F) = \phi(0_K)$ であることがわかる．それゆえ，$\phi(a - b) = \phi(a) - \phi(b)$，$\phi(a/b) = \phi(a)/\phi(b)$ なども成り立つ．

例題 3.34 ω を 1 の原始 3 乗根の 1 つとする．このとき，$\mathbb{Q}(\sqrt[3]{2})$ と $\mathbb{Q}(\sqrt[3]{2}\omega)$ は同型であることを示せ．

解答 まず，$\mathbb{Q}(\sqrt[3]{2})$ において，$\{1, \sqrt[3]{2}, \sqrt[3]{4}\}$ は基底となっていることに注意しておこう．それゆえ，$\mathbb{Q}$ 上のベクトル空間として

$$\mathbb{Q}(\sqrt[3]{2}) = \mathbb{Q} \oplus \mathbb{Q}\sqrt[3]{2} \oplus \mathbb{Q}\sqrt[3]{4}$$
$$\mathbb{Q}(\sqrt[3]{2}\omega) = \mathbb{Q} \oplus \mathbb{Q}\sqrt[3]{2}\omega \oplus \mathbb{Q}\sqrt[3]{4}\omega^2$$

である. このとき, 写像

$$\begin{array}{cccc} \phi: & \mathbb{Q} + \mathbb{Q}\sqrt[3]{2} + \mathbb{Q}\sqrt[3]{4} & \to & \mathbb{Q} + \mathbb{Q}\sqrt[3]{2}\omega + \mathbb{Q}\sqrt[3]{4}\omega^2 \\ & \cup & & \cup \\ & a + b\sqrt[3]{2} + c\sqrt[3]{4} & \mapsto & a + b\sqrt[3]{2}\omega + c\sqrt[3]{4}\omega^2 \end{array}$$

を考えると, ϕ は全単射であり, 加法に関しては同型である. 一方, $(\sqrt[3]{2})^3 = (\sqrt[3]{2}\omega)^3 = 2$ なので, 乗法に関しても同型であることがわかる. 実際

$$\phi((a_1 + b_1\sqrt[3]{2} + c_1\sqrt[3]{4})(a_2 + b_2\sqrt[3]{2} + c_2\sqrt[3]{4}))$$
$$= \phi((a_1a_2 + b_1c_2 + c_1b_2) + (a_1b_2 + b_1a_2 + 2c_1c_2)\sqrt[3]{2}$$
$$\quad + (a_1c_2 + c_1a_2 + b_1b_2)\sqrt[3]{4})$$
$$= (a_1a_2 + b_1c_2 + c_1b_2) + (a_1b_2 + b_1a_2 + 2c_1c_2)\sqrt[3]{2}\omega$$
$$\quad + (a_1c_2 + c_1a_2 + b_1b_2)\sqrt[3]{4}\omega^2$$
$$\phi((a_1 + b_1\sqrt[3]{2} + c_1\sqrt[3]{4}))\phi((a_2 + b_2\sqrt[3]{2} + c_2\sqrt[3]{4}))$$
$$= ((a_1 + b_1\sqrt[3]{2}\omega + c_1\sqrt[3]{4})\omega^2)((a_2 + b_2\sqrt[3]{2}\omega + c_2\sqrt[3]{4})\omega^2)$$
$$= (a_1a_2 + b_1c_2 + c_1b_2) + (a_1b_2 + b_1a_2 + 2c_1c_2)\sqrt[3]{2}\omega$$
$$\quad + (a_1c_2 + c_1a_2 + b_1b_2)\sqrt[3]{4}\omega^2$$

となり, 積に関しても準同型である. □

環の理論を利用した発展レベルの証明を紹介しておこう. 2 つの写像

$$\begin{array}{ccccccc} \phi_1: & \mathbb{Q}[X] & \to & \mathbb{Q}[\sqrt[3]{2}] & \quad \phi_2: & \mathbb{Q}[X] & \to & \mathbb{Q}[\sqrt[3]{2}\omega] \\ & \cup & & \cup & & \cup & & \cup \\ & f(X) & \mapsto & f(\sqrt[3]{2}) & & f(X) & \mapsto & f(\sqrt[3]{2}\omega) \end{array}$$

を考えると, 明らかに両方とも全射な環準同型写像である. また, $\mathrm{Ker}\,\phi_1 = (X^3 - 2) = \mathrm{Ker}\,\phi_2$ でもある. それゆえ, 第 2 章の章末問題 2 番 (環の準同型定理) により,

を得る.

$$\mathbb{Q}[\sqrt[3]{2}] \cong \mathbb{Q}[X]/(X^3-2) \cong \mathbb{Q}[\sqrt[3]{2}\omega]$$

を得る. □

注意 3.35 複素共役

$$\begin{array}{ccc} (\bar{}): & \mathbb{C} & \to & \mathbb{C} \\ & \cup & & \cup \\ & a+b\sqrt{-1} \in \mathbb{C} & \mapsto & a-b\sqrt{-1} \end{array}$$

は $\mathbb{C}$ から $\mathbb{C}$ への同型写像である (このように自分自身への上への同型を**自己同型**と呼ぶ).

問題 3.27 $\mathbb{Q}$ と同型な数体は $\mathbb{Q}$ だけであることを示せ.

問題 3.28 $\mathbb{Q}(\sqrt[3]{2}\omega^2)$ も $\mathbb{Q}(\sqrt[3]{2})$ と同型であることを示せ.

例題 3.36 ある数体が $\mathbb{Q}(\sqrt[3]{2})$ と同型なら,$\mathbb{Q}(\sqrt[3]{2})$,$\mathbb{Q}(\sqrt[3]{2}\omega)$,$\mathbb{Q}(\sqrt[3]{2}\omega^2)$ のどれかになることを示せ.

解答 ある数体 $K \subseteq \mathbb{C}$ が $\mathbb{Q}(\sqrt[3]{2})$ と同型とする.すなわち,体の同型

$$\theta: \mathbb{Q}(\sqrt[3]{2}) \to K$$

がある.問題 3.28 の解答より,θ は有理数に対しては恒等写像であることに注意しておこう.このとき,$\xi = \theta(\sqrt[3]{2})$ の性質を考えてみる.体の同型の性質より

$$\xi^3 = (\theta(\sqrt[3]{2}))^3 = \theta((\sqrt[3]{2})^3) = \theta(2) = 2$$

となり,ξ は $\sqrt[3]{2}$,$\sqrt[3]{2}\omega$,$\sqrt[3]{2}\omega^2$ のどれかであり,K は例題に与えられている体のいずれかになる. □

3.7 少し抽象的に

1. 素体 (一番小さな体)

まず体を調べるわけだが,当然小さいものから調べて行こう.もっとも小さいものを定義する.

定義 3.37 体が，真に小さな部分体を持たないとき，**素体**（そたい）と呼ぶ．

問題 3.29 $\mathbb{Q}$ は素体であることを示せ．また，$\mathbb{F}_p$ も素体であることを示せ．

この部分節の目標は，すべての素体を決定することである．どの体も 1 を含むので，1 から生成される部分体が素体である．

定理 3.38 (素体の分類) F を素体とする．このとき，F は有理数体 $\mathbb{Q}$ と同型 $(F \cong \mathbb{Q})$ であるか，ある素数 p が存在して，F は p 元体 $\mathbb{F}_p$ と同型 $(F \cong \mathbb{F}_p)$ である．

証明 F を素体とする．体なので，必ず，単位元 1 と 0 を含んでいる．1 を使って下から生成してみよう．加法が定義されているので，

$$1 \in F,\ 1+1 \in F,\ 1+1+1 \in F,\ \cdots,\ 1+1+\cdots+1 \in F, \cdots$$

が成り立つ．すなわち，自然数の集合 $\mathbb{N}$ から，写像

$$\begin{array}{rccc}
\phi: & \mathbb{N} & \to & F \\
& \cup & & \cup \\
& n & \mapsto & \phi(n) = \underbrace{1+1+\cdots+1}_{n}
\end{array}$$

が定義でき，これは

$$\phi(m+n) = \phi(m) + \phi(n) \quad \text{と} \quad \phi(mn) = \phi(m) \cdot \phi(n)$$

を満足している (例えば，分配法則によって

$$\phi(m) \cdot \phi(n) = \underbrace{(1+1+\cdots+1)}_{m} \cdot \underbrace{(1+\cdots+1)}_{n} = \underbrace{1+1+\cdots+1}_{mn} = \phi(mn)$$

が成り立つ).

場合を分けて考える．

[場合 1] ϕ が単射のとき．

この場合，$\phi(n)$ と n を同一視して，自然数 $\mathbb{N}$ が F の中にあると考えてよい．また，$\phi(-n) = -\phi(n)$ と考えることで，整数 $\mathbb{Z}$ が F の中にあるとして

よい．0 以外の $m \in \mathbb{Z}$ は F の中に逆元を持っているので，それを m^{-1} で表すことにする．任意の自然数 m, n, t に対して，$tn \cdot (tm)^{-1}$ は tm をかけると tn になる元であるが，$n \cdot m^{-1}$ も tm をかけると，tn になるので，

$$n \cdot m^{-1} = s \cdot t^{-1} \text{ であるための必要十分条件は } m \cdot s = n \cdot t$$

であり，

$$\{n \cdot m^{-1} \in F \mid n, m \in \mathbb{Z}, m \neq 0\}$$

は有理数体 $\mathbb{Q}$ と同型な体となる．仮定より，F は素体なので，これと一致し，F は有理数体と同型である．

[場合 2]　ϕ が単射でないとき．

単射でないので，$m, n \in \mathbb{Z}, (m > n)$ があって，$\phi(m) = \phi(n)$ となる．特に，$\phi(m-n) = 0$ である．p を正の整数のうち，$\phi(p) = 0$ となるものの中で最小のものとする．$\phi(1) = 1_F$ は F の単位元なので 0 ではない．ゆえに，$p > 1$ である．p が素数であることを示す．正しくないと仮定すると，p は $p = uv$ と p よりも真に小さい 2 つの正の整数 u, v の積で書ける．このとき，$0 = \phi(p) = \phi(uv) = \phi(u)\phi(v)$ であるが，p の最小性より $\phi(v) \neq 0, \phi(u) \neq 0$ なので，$\phi(u)\phi(v) \neq 0$ を得る．これは矛盾である．ゆえに，p は素数である．このとき，

$$K = \{\phi(0), \phi(1), \phi(2), \cdots, \phi(p-1)\} \subseteq F$$

は加法で閉じており，積でも閉じている．部分体であることを示すには 0 以外の元が逆元をこの中で持つことを示せば十分である．実際，$0 \neq a \in K$ とすると，

$$K_1 = \{\phi(0)a, \phi(1)a, \phi(2)a, \cdots, \phi(p-1)a\} \subseteq K$$

はすべて異なる．なぜなら，異なる $(p-1) \geqq i > j \geqq 0$ に対して，$\phi(i)a, \phi(j)a$ が一致すると，$\phi(i-j)a = 0$ となり，$a \neq 0$ なので，$i - j = 0$ となって矛盾を得る．2 つの集合 K, K_1 は個数が同じ p 個なので，一致する．これはある j があって，$\phi(j)a = 1$ となることを意味する．この $\phi(j)$ が a の逆元となるのは明らかである．ゆえに，K は部分体であり，F の最小性から $F = K$ を得る．K は p 個の元よりなっており，構成法から p 元体 $\mathbb{F}_p$ と同型である．　□

問題 3.30 F が有限個の元からなる体 (有限体という) なら,ある素数 p と自然数 n があって F の元の個数 $|F|$ は p^n となることを示せ (この逆が成り立つことを問題 3.32 で示す).

2. 有理関数体

円周率 π のような超越元に対して $\mathbb{Q}(\pi)$ の構造を見てみよう.このとき,
$$\{1, \pi, \pi^2, \cdots, \pi^n, \cdots\}$$
は線形独立なので,
$$\mathbb{Q}[\pi] = \{a_0 + a_1\pi + \cdots + a_n\pi^n \mid n \in \mathbb{N}, a_0, \cdots, a_n \in \mathbb{Q}\}$$
は加法と乗法で閉じている.この加法と積を見ると,π の数としての意味はほとんどなく,単に $\pi^m\pi^n = \pi^{m+n}$ という性質だけを使っている.それゆえ,多項式環
$$\mathbb{Q}[x] = \{a_0 + a_1x + \cdots + a_nx^n \mid n \in \mathbb{N}, a_0, \cdots, a_n \in \mathbb{Q}\}$$
と加法,乗法に関しては同じである.この多項式環においては,定数以外は逆元を持たない.そこで,逆元を構成する必要がある.整数から有理数を構成した方法を真似てみよう.

定義 3.39 (有理関数体) 体 K を係数とする多項式の分数全体の集合
$$\{f(X)/g(X) \mid f(X), g(X) \in K[X],\ g(X) \neq 0\}$$
に自然な同値関係

$f(X)t(X) = g(X)s(X)$ のとき,かつそのときだけ $f(X)/g(X) \sim s(X)/t(X)$

を導入してできる同値類の集合に通常の和や積を定義したものを K 上の<ruby>有理関数体<rt>ゆうりかんすうたい</rt></ruby>と呼び,$K(X)$ で表す.この集合は通常の和と積により体となる.$f(x)/g(x)$ を含む同値類を $f(X)/g(X)$ の記号のままで表す.

注意 3.40 $K[X]$ の部分集合として構成しているのではないので，体の性質をすべて確認する必要がある．まず，演算に関しては，

加法 $\dfrac{f(X)}{g(X)} + \dfrac{s(X)}{t(X)} = \dfrac{f(X)t(X) + s(X)g(X)}{g(X)t(X)}$

乗法 $\dfrac{f(X)}{g(X)} \cdot \dfrac{s(X)}{t(X)} = \dfrac{f(X)s(X)}{g(X)t(X)}$

が同値類の代表元の取り方に無関係に同値類を決めることを示す必要がある．それが，できれば，有限体 $\mathbb{F}_p$ の構成のときと同じように，結合法則，分配法則等の証明は簡単である．

問題 3.31 $a \in K$ を $K(X)$ における定数 $a/1$ と見ることで，

$$K \subseteq K[X] \subseteq K(X)$$

と考えることができる．このとき，$K(X)$ は K の拡大体である．拡大次数を求めよ．

[数学的厳密性] $K(X)$ と K とはそれぞれ住む世界が違って定義されたものなので，"同一視する" という考えが必要である．

例えば，$a \in \mathbb{R}$ はスカラーであり，aE_2 は行列．しかし，同一視によって2次正方行列全体の中に実数体が入っていると考えることができる．ここで，E_2 は 2 次単位行列を表す．

一方，$a \in \mathbb{R}$ に対して $\begin{pmatrix} a & 0 \\ 0 & 0 \end{pmatrix}$ を考えても 2 次正方行列に $\mathbb{R}$ が入っていると考えることができる．このように埋め込み方はいろいろあり，埋め込みの仕方を正確に決めておくことが必要である．

例題 3.41 a を超越数とする．このとき，$\mathbb{Q}(a)$ は有理関数体 $\mathbb{Q}(X)$ と同型となることを示せ．

解答 a は超越数なので，$\mathbb{Q}[X]$ のゼロでない多項式 $g(X)$ で $g(a) = 0$ となることはない．それゆえ，$g(X) \neq 0$ なら，$f(a)/g(a) \in \mathbb{Q}(a)$ である．また，$f(X)/g(X) \sim s(X)/t(X)$ (言い換えると，$f(X)t(X) = g(X)s(X)$) とすると，$s(a)/t(a) = f(a)/g(a)$ である．それゆえ，写像

$$\begin{array}{ccc} \phi_a: & \mathbb{Q}(X) & \to & \mathbb{Q}(a) \\ & \cup & & \cup \\ & \dfrac{f(X)}{g(X)} & \mapsto & \dfrac{f(a)}{g(a)} \end{array}$$

が定義できる．しかも，ϕ_a は環の準同型であり，$f(a)/g(a) = 0$ となるのは $f(X) \equiv 0$ のときだけなので ϕ_a は単射である．ϕ_a の像全体は a を含む体となるので全射でもある．それゆえ ϕ_a は体の同型写像となる． □

3.8 代数学の基本定理の証明

この節では複素行列の固有値の存在のときに利用した代数学の基本定理の証明を行う．

定理 3.42 (代数学の基本定理) 定数でない複素係数の多項式
$$f(z) = z^n + a_1 z^{n-1} + \cdots + a_n$$
は複素数の範囲において必ず根を持つ．

証明 次の事柄を考察しながら進めていこう．実数直線は連続であり，多項式 $f(z)$ による複素平面から複素平面への写像
$$f(\cdot) : \mathbb{C} \to \mathbb{C} \quad (z \in \mathbb{C} \mapsto f(z) \in \mathbb{C})$$
は連続写像である．実際，z の小さな動き Δz に対して，
$$|f(z + \Delta z) - f(z)| = |\Delta z| \left| \left(\frac{|f(z + \Delta z) - f(z)|}{|\Delta z|} \right) \right|$$
も小さな動きしかしない．ここで，$|a + b\sqrt{-1}| = \sqrt{a^2 + b^2}$ である．ε-δ 論法を使って正確に説明すると，m を $|a_0|, \cdots, |a_n|$ の中の最大のものとして，任意の $\delta > 0$ に対して，$\varepsilon > 0$ を $\varepsilon < m/n\delta^n$ とすると，$|\Delta z| < \varepsilon$ に対して，$|f(z + \Delta z) - f(z)| \leqq \delta$ となる．

特に，$r > 0$ に対して，複素平面の半径 r の円 $C_r = \{z \in \mathbb{C} \mid |z| = r\}$ を考

える．

$$z = r(\cos\theta + \sqrt{-1}\sin\theta)$$

とおき，θ を範囲 $0 \leqq \theta \leqq 2\pi$ で，0 から 2π まで動かすと，z は円 C_r を一周する．このとき，写像 $f(\cdot): \mathbb{C} \to \mathbb{C}$ による円 C_r の像 $f(C_r)$ は閉じた曲線となっている．これから証明することは，中間値の定理のように，r を動かすことで，像 $f(C_r)$ の中に $0 \in \mathbb{C}$ を含むようなものが存在することを示すことである．まず 2 つの場合の $f(C_r)$ の働きを考慮する．

[場合 1] $f(x) = x^n$ のとき．
$z = r(\cos\theta + \sqrt{-1}\sin\theta)$ とすると，

$$f(z) = z^n = (r(\cos\theta + \sqrt{-1}\sin\theta))^n = r^n(\cos n\theta + \sqrt{-1}\sin n\theta)$$

となり，θ が $0 \leqq \theta \leqq 2\pi$ を動く（z が半径 r の円を一周する）と $f(z)$ は半径 r^n の円を n 周する．

[場合 2] $f(x) = x^n + a_n$ のとき．
この場合 $f(C_r)$ は上記の例の半径 r^n の円（n 周したもの）を a_n だけ平行移動したものになっている．特に，$r^n < |a_n|/2$ とすると，原点を内部に含まない円を n 周している．

$f(x) = x^n + a_1 x^{n-1} + \cdots + a_n$ が複素数の範囲で根を持つことを証明しよう．$a_n = 0$ なら $f(0) = 0$ なので，$a_n \neq 0$ としてよい．$f(x)$ が複素数の範囲で根を持つことと，$t > 0$ に対して，$g(x) = t^n f(x/t) = x^n + a_1 t x^{n-1} + \cdots + a_n t^n$ が解を持つこととは同値 (必要十分条件の関係) なので，必要なら適切な $t > 0$ を十分大きくとって，$g(x)$ を考えることで，元々

$$1, |a_1|, \cdots, |a_{n-1}| < |a_n|/2n$$

と仮定してよい．このとき，$r \leqq 1$ の範囲においては，

$$|f(z) - a_n| = |z^n + a_1 z^{n-1} + \cdots + a_{n-1} z| \leqq r^n + |a_1| r^{n-1} + \cdots + |a_{n-1}| r$$
$$\leqq \frac{|a_n|}{2n} \times n = \frac{|a_n|}{2}$$

なので，$z \in C_r$ の像 $f(z)$ は a_n から $|a_n|/2$ 以下しか離れておらず，$f(C_r)$ は内部に原点を含まない閉じた曲線となっている．一方，N を $1, 2n|a_1|, \cdots, 2n|a_n|$ のすべてより大きい実数とする．このとき，$r \geqq N$ とすると，

$$|f(z) - z^n| = |a_1 z^{n-1} + \cdots + a_n| \leqq |a_1|r^{n-1} + \cdots + |a_n| \leqq n \times \frac{N}{2n} r^{n-1} \leqq \frac{r^n}{2}$$

なので，原点から見て，$z \in C_r$ の像 $f(z)$ は常に半径 r^n の円の円周上の点 z^n から円の半径の半分以下の距離しか離れていない点として，z^n と一緒になって動いている．それゆえ，原点から見ると $f(z)$ と z^n はほぼ同じ方向で動いており，$\{f(z) | z \in C_r\}$ は z^n による像と同様に，原点の周りを n 周している曲線となっている．$r \leqq 1$ と $r \geqq N$ の両方の場合の考察から，半径 r を N から 1 以下まで連続的に変化させた場合，その像 $f(C_r)$ は，原点の周りを n 周していた閉じた曲線が原点の周りを全く回っていない閉じた曲線に変形することになる．それゆえ，中間値の定理と同じように，少なくとも途中 $(1 \leqq r \leqq N)$ で $f(C_r)$ は原点を通ることになり，$f(z) = 0$ となる複素数 z が存在する． □

[注意] 上の証明では，高校で学んだ中間値の定理と同じようなことを 2 次元で行っている．しかし，本当に，閉曲線の内部の 1 点を閉曲線と交わることなしに，外に出すことができないのだろうか？ また，平面の中のどんな閉曲線に対しても外と内ということが定義できるのだろうか？ 常識的なことと感じるこれらの事実も特異な例まで扱う数学においては厳密に定義して議論しなければならず，本当の証明には実数の連続性や位相などを厳密に定義した上で行わなければならない．

3.9　発展

1.　代数閉体

代数学の基本定理は，任意の定数でない複素係数多項式が複素数の根 (解) を持つことを主張している．複素係数の多項式 $f(X)$ がある複素数 α に対して $f(\alpha) = 0$ とすると，$X - \alpha$ は $f(X)$ の 1 次因子となる．言い換えると，ある複素係数の多項式 $g(X)$ があって，$f(X) = (X - \alpha)g(X)$ となる．しかも，$f(X)$ の次数が n なら，$g(X)$ の次数は $n - 1$ である．$g(X)$ に対しても代数

学の基本定理を適用することで，$g(X)$ も 1 次因子を持つ．それゆえ，この定理は次のように書き換えることができる．

> **定理 3.43** $\mathbb{C}[X]$ の定数でない多項式は必ず $\mathbb{C}[X]$ において 1 次式の積に完全に分解される．

このような性質を持つ体があると便利なので，次の用語を導入しておこう．

定義 3.44 体 F において定数でない $F[X]$ の多項式がつねに $F[X]$ において 1 次式の積に完全に分解されるとき，F を代数閉体という．

これは決して珍しいものではなく，次の定理が知られている．

> **定理 3.45 (スタイニッツ)** 任意の体 F に対して，F を含む代数閉体が存在する．

(証明にはツォルンの補題を用いる)．特に，任意の素数 p に対して，有限体 $\mathbb{F}_p$ を含むような代数閉体が存在するのである．

問題 3.32 [難] 上の事実を使って，任意の素数 p と自然数 n に対して，p^n 元体 $\mathbb{F}_{p^n}$ が存在することを示せ．

[ヒント] $\mathbb{F}_{p^n} - \{0\}$ はサイズ $p^n - 1$ の群となるので，$\alpha \in \mathbb{F}_{p^n} - \{0\}$ なら，$\alpha^{p^n-1} = 1$ である．特に，$\mathbb{F}_{p^n}$ のすべての元は $X^{p^n} - X = 0$ の根となっている．それゆえ証明は，$\mathbb{F}_p$ を含む代数閉体 $\overline{\mathbb{F}}_p$ を考え，$X^{p^n} - X = 0$ を $\overline{\mathbb{F}}_p$ の中で 1 次式の積 $(X - k_1) \cdots (X - k_{p^n})$ と分解したとき，p^n 個の元 k_i ($i = 1, \cdots, p^n$) がすべて異なり (2 章の章末問題 8 を用いる)，$\{k_1, \cdots, k_{p^n}\}$ が体となることを示せ．

2. 乗法が非可換な四則演算を持つ代数系

体においては四則演算が重要である．ギリシャの古典問題に見られるように，出発点は有理数であり，古典的な問題では実数の範囲に収めようとしたが，理論

的には，どこにも実数である必要がない．実際，ガウスが複素数全体 (体となっている) の重要性を示したあとに，それを拡張するためにハミルトン[5] は乗法が交換可能でないが四則演算を持つものを構成した．それを紹介しておこう．

定義 3.46 (ハミルトンの四元数体)　$\mathbb{H}$ を基底 $\{\mathbf{1}, \boldsymbol{i}, \boldsymbol{j}, \boldsymbol{k}\}$ を持つ実数体 $\mathbb{R}$ 上の 4 次元ベクトル空間

$$\mathbb{H} = \mathbb{R}\mathbf{1} \oplus \mathbb{R}\boldsymbol{i} \oplus \mathbb{R}\boldsymbol{j} \oplus \mathbb{R}\boldsymbol{k}$$

で次のような積・を定義する．まず，$\mathbf{1}, \boldsymbol{i}, \boldsymbol{j}, \boldsymbol{k}$ に対して，

(1)　$\mathbf{1}$ は単位元，すなわち，すべての $h \in \mathbb{H}$ に対して $\mathbf{1}h = h\mathbf{1} = h$
(2)　$\boldsymbol{i}^2 = \boldsymbol{j}^2 = \boldsymbol{k}^2 = -\mathbf{1}$
(3)　$\boldsymbol{ij} = -\boldsymbol{ji} = \boldsymbol{k}, \quad \boldsymbol{jk} = -\boldsymbol{kj} = \boldsymbol{i}, \quad \boldsymbol{ki} = -\boldsymbol{ik} = \boldsymbol{j}$

と定義し，さらに係数 $\mathbb{R}$ は $\mathbb{H}$ のすべての元と可換として線形に積の定義を拡張する．すなわち，次のように定義する．

$$(r_1\mathbf{1} + r_2\boldsymbol{i} + r_3\boldsymbol{j} + r_4\boldsymbol{k}) \cdot (s_1\mathbf{1} + s_2\boldsymbol{i} + s_3\boldsymbol{j} + s_4\boldsymbol{k})$$
$$= (r_1 s_1 - r_2 s_2 - r_3 s_3 - r_4 s_4)\mathbf{1} + (r_1 s_2 + r_2 s_1 + r_3 s_4 - r_4 s_3)\boldsymbol{i}$$
$$+ (r_1 s_3 - r_2 s_4 + r_3 s_1 + r_4 s_2)\boldsymbol{j} + (r_1 s_4 + r_2 s_3 - r_3 s_2 + r_4 s_1)\boldsymbol{k}$$

このとき，この積で $\mathbb{H}$ は体の定義のうち，積の可換性以外のすべての条件を満足する．このようなものを斜体（しゃたい）と呼ぶ．一応，体とは乗法が可換である斜体のことであり，ハミルトンの四元数体は乗法が非可換な斜体の一例である．

ハミルトンの四元数体の $\mathbb{R}\boldsymbol{i} + \mathbb{R}\boldsymbol{j} + \mathbb{R}\boldsymbol{k}$ はちょうど，3 次元空間を表しており，$\mathbb{R}$ は実スカラーを表している．そのため，実際の空間 (3 次元空間と時間を表す 1 次元を合わせ持つ 4 次元空間) をうまく表示することができるので，最近になって物体の回転をコントロールするコンピュータなどで利用されるようになってきた．しかし，ハミルトンの四元数体の体としての本質的な利用には至っていない．

---

[5]　線形代数で出てきたケイリー・ハミルトンの定理のウィリアム・ローワン・ハミルトンである．

3. 正 n 角形の書き方

正 n 角形をコンパスと定木で書くと言うことは,

$$\xi = e^{2\pi i/n} = \cos\frac{2\pi}{n} + i\sin\frac{2\pi}{n}$$

を見つけることである．もし，$p \mid n$ とすると，正 n 角形が作図できれば，当然 正 p 角形も作図できるので，n を素数 p として考えてみる．コンパスと定木による作図では 1 回の拡大は高々 2 次拡大しかないので，作図ができるとしたら，$[\mathbb{Q}(\xi) : \mathbb{Q}]$ は 2 のベキ乗だけである．

一方，ξ がみたす多項式は

$$f(X) = X^{p-1} + X^{p-2} + \cdots + X + 1$$

であるが，例題 3.30 で示したように，$f(X)$ は $\mathbb{Q}$ 上既約なので，$[\mathbb{Q}(\xi) : \mathbb{Q}] = p-1$ である．それゆえ，素数 p に対して，正 p 角形がコンパスと定木で描けるなら，$p-1 = 2^m$ の形となる．$2^m + 1$ が素数であることから，m も 2^r の形を持つことがわかる．このような形 $2^{2^r} + 1$ の素数を**フェルマ素数**と呼ぶ．逆に，p がフェルマ素数なら正 p 角形が描けることもわかるが，ここでは証明を略す．

> **定理 3.47 (正 n 角形の作図)** 正 n 角形がコンパスと定木で描ける必要十分条件は $n = 2^m p_1 \cdots p_k$ で，$p_1, \cdots, p_k$ はすべて異なるフェルマ素数となるように分解できることである．

問題 3.33 [難] $p = 17$ はフェルマ素数である．正十七角形の描き方を求めよ．

4. T 字型定木とコンパスによる任意の角の三等分

前節で，定木とコンパスを使って任意の角の三等分はできないことを述べた．しかし，この場合の利用法は説明したように円と直線の作図だけである．この部分節では，定木とコンパスをそれ以外の方法で使用して角の三等分ができることを紹介する．まず，定木とコンパスを利用して図 3.2 のような T 字型のもの

を作成する．$BC = BD = 1$ である．次に与えられた角 EFG に対して，EF に平行で幅が 1 となる直線 l を引く．そして，T 字型の頂点 C が l 上に，別の頂点 D が直線 FG 上にあるようにしたまま動かして，T 字型の中心線 AB が F を通過する地点を探す．このとき，直線 FB は角の三等分を与えている．

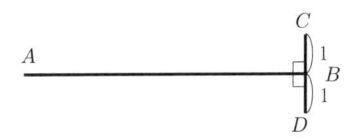

$|CB| = |BD| = 1$ となる T 字型 $ACBD$ を作る．

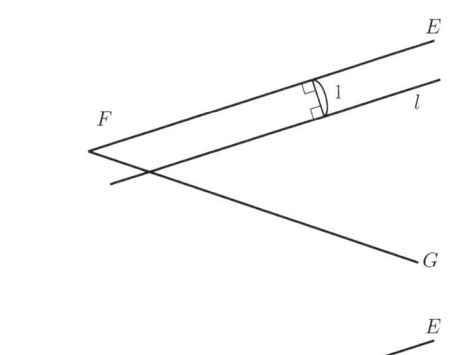

$\angle EFG$ が与えられたとき，FE に平行で幅 1 の直線 l を引く．

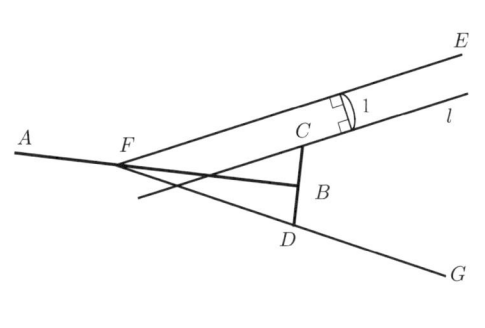

C を l 上に，D を FG 上に動かし，頂点 F を AB にくるようにする．このとき FB は $\angle EFG$ の 3 等分線である．

図 3.2

章末問題

1. (発展的問題) p を素数とし，$\mathbb{F}_k$ で k 元からなる有限体を表す．もし，$\mathbb{F}_{p^m}$ が $\mathbb{F}_{p^n}$ の部分体なら，$m \mid n$ であることを示せ．

2. $\phi: K \to K$ を体の同型写像とする．このとき，$F = \{k \in K \mid \phi(k) = k\}$ は K の部分体となることを示せ．

3. $\phi: K \to K, \theta: K \to K$ を体の同型写像とすると，合成写像 $\theta\phi: K \to K$ も体の同型写像であり，ϕ の逆写像 ϕ^{-1} も体の同型であることを示せ．すなわち，K から K への同型写像全体は群となっていることを示せ．

4. $\mathbb{Q}(\sqrt{2}, \sqrt{3})$ の $\mathbb{Q}$ 上の基底を 1 つ求めよ．

5. $\mathbb{Q}(X)$ を $\mathbb{Q}$ の有理関数体，L を $\mathbb{Q}(X)$ の部分体で，$\mathbb{Q}$ 上有限次拡大とする．このとき，$L = \mathbb{Q}$ を示せ．

6. K を体，$f(X) \in K[X]$ を次数 n の多項式とする．このとき，K における $f(X) = 0$ の根，すなわち，$\{k \in K \mid f(k) = 0\}$ は高々 n 個であることを示せ．

7. p を素数とする．$\mathbb{F}_p$ の乗法群 $\mathbb{F}_p^\times$ は巡回群であることを示せ．また，$\mathbb{C}$ の乗法群 $\mathbb{C}^\times$ の有限位数の部分群はすべて巡回群であることを示せ．

   [ヒント] 上の 6 番を用いる．あるいは，群論の問題として，有限アーベル群 G において，任意の自然数 n に対して n 乗して 1 となる元の個数が n 以下なら巡回群であることを示す．

8. (発展的問題) ハミルトンの四元数体 $\mathbb{H}$ において，$X^2 + 1 = 0$ の根は無限個あることを示せ．

9. (発展的問題) ハミルトンの四元数体 $\mathbb{H}$ において，$x = a + b\boldsymbol{i} + c\boldsymbol{j} + d\boldsymbol{k} \in \mathbb{H}$ の共役を $\overline{x} = a - b\boldsymbol{i} - c\boldsymbol{j} - d\boldsymbol{k}$ により定める．

   （1） $x\overline{x} = a^2 + b^2 + c^2 + d^2$ であることを示せ．

   （2） x の絶対値を $|x| = \sqrt{x\overline{x}} = \sqrt{a^2 + b^2 + c^2 + d^2}$ と定めるとき，$|xy| = |x| \cdot |y|$ を示せ．

   （3） $U = \{x \in \mathbb{H} \mid x \text{ の絶対値が } 1\}$ とするとき，$\mathbb{H}^\times \cong \mathbb{R}^{\mathrm{pos}} \times U$ を示せ (四元数体の極座標)．

第 4 章

整数論の楽しい話題

> 今日知られている数の性質は，大部分が観察によって明らかにされたものである
>
> オイラー

> 数学 (をやるに) は体力 (が必要) だ
>
> アンドレ・ヴェイユ

　この章では，整数論が関係したいくつかの興味ある話題を述べてみたい．各節は独立しているので，基本的にはそれぞれ独立に読むことができる．

　4.1 節では，$3^2 + 4^2 = 5^2$ のように $x^2 + y^2 = z^2$ をみたす自然数 x, y, z を完全に決定するという問題を考えてみる．この問題を，すべての自然数は素数の積に一意的に表せる，という初等整数論の基本定理から得られる事実，すなわち互いに素な A と B が $AB = C^2$ をみたすならば，$A = a^2, B = b^2$ と表せる，ということを使って解決する．さらにその結果を 2 回使って，$x^4 + y^4 = z^4$ をみたす自然数 x, y, z が存在しないことも証明する．

　4.2 節では，完全数を扱う．一般に自然数 n の n 以外の約数の和が n より大きいとき**過剰数** (abundant number)，n に等しいとき**完全数** (perfect number)，n より小さいとき**不足数** (deficient number) という．ここでは偶数の完全数の形を決定したオイラーの結果を紹介する．奇数の完全数は存在するかどうかも未だにわかっていない．

　4.3 節では素数がどのくらい存在するか，という問題を考える．特に x 以下の素数の個数 $\pi(x)$ と連続関数 $\dfrac{x}{\log x}$ の比が，x が大きくなると 1 に近づくと

いう不思議な結果も紹介する.

4.4 節では，$1+2+\cdots+n=\dfrac{n(n+1)}{2}$ という公式を，一般の k に対して $1^k+2^k+\cdots+n^k$ の場合に拡張する．その結果を記述するにはベルヌイ数が必要になる．

4.5 節では，まず平方数の逆数の和 $1+\dfrac{1}{2^2}+\dfrac{1}{3^2}+\cdots$ が $\dfrac{\pi^2}{6}$ になるというオイラーの発見を紹介する．オイラーはこれを発見したとき，ものすごく喜んだと伝えられている．さらにオイラーはゼータ関数 $\zeta(s)=\sum_{n=1}^{\infty}\dfrac{1}{n^s}\ (s>1)$ の $s=2m\ (m=1,2,\cdots)$ での値を計算したので，それも紹介する．ここでもその値を表すのにベルヌイ数が必要になる．

4.6 節では数論的関数 $f:\mathbb{N}=\{1,2,\cdots\}\to\mathbb{C}$ の全体が可換環になることを示し，それを使って任意の数列 $\{b_1,b_2,\cdots\}$ を $a_n=\sum_{d|n}b_d$ で定義される数列 $\{a_1,a_2,\cdots\}$ で表すメビウスの反転公式を証明する．とくにオイラーの関数 $\varphi(m)$ が性質 $\sum_{d|n}\varphi(d)=n$ で特徴付けられることもわかる．さらに RSA 暗号で使われるオイラーの関数に関するある命題の証明もしておく．

4.7 節では RSA 公開鍵暗号について説明する．これは現在インターネットなどで使われている暗号で，その安全性の根拠は大きな数の素因数分解は極めて大変である，ということである．

4.1　ピタゴラス数と $n=4$ の場合のフェルマの最終定理

整数の素因数分解の一意性の定理 (定理 2.8) は，初等整数論の基本定理とよばれている重要な定理である．環論の言葉で言えば，有理整数環 $\mathbb{Z}$ が素元一意分解整域 (UFD) ということである．

この定理を使って $3^2+4^2=5^2$ や $15^2+8^2=17^2$ のように，$X^2+Y^2=Z^2$ をみたす自然数 X,Y,Z をすべて求めてみよう．これはピタゴラスの三平方の定理により，すべての辺の長さが自然数である直角三角形を求めることと同じである．

$\mathrm{GCD}(X,Y)=d,\ X=dx,\ Y=dy$ とすると $d^2(x^2+y^2)=Z^2$ となる．素

因子分解の一意性 (定理 2.8) により $d \mid Z$ すなわち $Z = dz$ となり, $x^2 + y^2 = z^2$, $\mathrm{GCD}(x, y) = 1$ をみたす x, y, z を求めれば, $X = dx$, $Y = dy$, $Z = dz$ となる. したがって次の定理を示せば十分である.

定理 4.1 $x^2 + y^2 = z^2$, $\mathrm{GCD}(x, y) = 1$ となる自然数 x, y, z の一般解は, $u > v$, $\mathrm{GCD}(u, v) = 1$ なる奇数 u, v に対し
$$x = uv,\ y = \frac{u^2 - v^2}{2},\ z = \frac{u^2 + v^2}{2}$$
で与えられる.

証明 $\mathrm{GCD}(x, y) = 1$ だから x は奇数であると仮定して一般性を失わない. そのとき $x^2 = z^2 - y^2 = (z + y)(z - y)$ であり $z + y = da$, $z - y = db$, $\mathrm{GCD}(a, b) = 1$ とおくと, a, b, d はすべて奇数である. したがって $\dfrac{a + b}{2}$ と $\dfrac{a - b}{2}$ は整数で, $z = \dfrac{d(a + b)}{2}$, $y = \dfrac{d(a - b)}{2}$ だから d^2 は $x^2 = z^2 - y^2$ を割る. したがって d は x と y の共通因子であるから, $d = 1$ を得る. すなわち $z + y$ と $z - y$ は互いに素な奇数で, その積が x^2 であるから, 素因数分解の一意性により, $z + y = u^2$, $z - y = v^2$, $u > v$, $\mathrm{GCD}(u, v) = 1$ となる奇数 u, v が存在する. したがって $x = uv$, $y = \dfrac{u^2 - v^2}{2}$, $z = \dfrac{u^2 + v^2}{2}$ を得る.

逆に奇数 u, v が $u > v$, $\mathrm{GCD}(u, v) = 1$ をみたせば, uv と $\dfrac{u^2 - v^2}{2}$ は互いに素な自然数である. 実際もしそうでなければ, ある奇素数 p が両方を割る. 2 は $\mathrm{mod}\ p$ で可逆元だから, $2a \equiv 1\ (\mathrm{mod}\ p)$ となる整数 a で p と素なものが存在する. 例えば $p \mid u$ とすると, $\dfrac{u^2 - v^2}{2} \equiv a(u^2 - v^2) \equiv -av^2 \equiv 0\ (\mathrm{mod}\ p)$ となって, $p \mid v$ を得る. これは $\mathrm{GCD}(u, v) = 1$ に反する. $p \mid v$ のときも同様である. そして明らかに
$$(uv)^2 + \left(\frac{u^2 - v^2}{2}\right)^2 = \left(\frac{u^2 + v^2}{2}\right)^2$$
が成り立つ. □

たとえば $(u,v)=(5,3)$ に対して $15^2+8^2=17^2$, $(u,v)=(15,7)$ ならば, $105^2+88^2=137^2$ を得る. とくに奇数 $x(\geqq 3)$ に対して $y=\dfrac{x^2-1}{2}$ とおくと, $\text{GCD}(x,y)=\text{GCD}(x,2y)=\text{GCD}(x,x^2-1)=1$ であり $x^2+y^2=(y+1)^2$ が成り立つ. 例：$3^2+4^2=5^2$, $5^2+12^2=13^2$, $7^2+24^2=25^2$ など.

系 4.2 x,y,z が自然数, x は奇数, $\text{GCD}(x,y)=1$, $x^2+y^2=z^2$ ならば互いに素な自然数 $m>n$ により

$$x=m^2-n^2,\ y=2mn,\ z=m^2+n^2$$

と表せる. とくに y は偶数である.

証明 定理 4.1 において, $m=\dfrac{u+v}{2}$, $n=\dfrac{u-v}{2}$ とおけばよい. □

この系 4.2 を 2 回使って次のフェルマの定理を証明しよう. なおフェルマは「$n\geqq 3$ ならば, $x^n+y^n=z^n$ をみたす自然数 x,y,z は存在しないことの驚くべき証明を発見した」と 350 年ほど前に, ある本の余白に書きこんだが, クンマーなど多くの数学者がこれを証明しようとするなかでイデアル論が発生したり, 代数的整数論が発展してきた. そして最近ついにワイルスとテイラーによって完全に証明された. しかし $n=4$ の場合はフェルマ自身が無限降下法を用いて証明しているので, それを紹介しよう.

定理 4.3 (フェルマ)
$x^4+y^4=z^4$ をみたす自然数 x,y,z は存在しない.

証明 もっと一般に $X^4+Y^4=Z^2$ をみたす自然数 X,Y,Z は存在しないことを示そう. そこで存在したと仮定して矛盾を導く. そのような自然数 X,Y,Z のうち Z が最小なものをとる. $\text{GCD}(X,Y)=1$ かつ X は奇数としてよい. 系 4.2 から互いに素な自然数 $M>N$ により

$$X^2=M^2-N^2,\ Y^2=2MN,\ Z=M^2+N^2$$

と表せる．$X^2 + N^2 = M^2$ で $\mathrm{GCD}(X,N) = \mathrm{GCD}(M,N) = 1$ だから再び系 4.2 により互いに素な自然数 $m > n$ により

$$X = m^2 - n^2,\ N = 2mn,\ M = m^2 + n^2$$

と表せる．とくに N は偶数である．そして $\mathrm{GCD}(M,N) = 1$ だから M は奇数で M と $2N$ も互いに素である．ところが $M(2N) = Y^2$ ゆえ素因数分解の一意性から $M = z^2,\ 2N = w^2$ と表せる．さらに $4mn = 2N = w^2$ ゆえ同じ理由で $m = x^2,\ n = y^2$ と表せる．これを $M = m^2 + n^2$ に代入して $x^4 + y^4 = M = z^2$ であるが，$Z = M^2 + N^2 > M = z^2 \geqq z$ ゆえこれは Z の最小性に矛盾する． □

4.2 偶数の完全数

自然数 n の約数の和を $\sigma(n)$ と書くことにする．ただし負の約数は考えないで，自然数である約数だけを考える．n が素数であることと，$\sigma(n) = n + 1$ であることは同値である．初等整数論の基本定理により，$n = p_1^{e_1} \cdots p_r^{e_r}$ というように素数の積に順序を除いて一意的に分解される．そのとき n の約数は $n' = p_1^{f_1} \cdots p_r^{f_r}\ (0 \leqq f_1 \leqq e_1, \cdots, 0 \leqq f_r \leqq e_r)$ であるから

$$\sigma(n) = \sum_{f_1=0}^{e_1} \cdots \sum_{f_r=0}^{e_r} p_1^{f_1} \cdots p_r^{f_r} = \left(\sum_{f_1=0}^{e_1} p_1^{f_1}\right) \cdots \left(\sum_{f_r=0}^{e_r} p_r^{f_r}\right)$$
$$= \sigma(p_1^{e_1}) \cdots \sigma(p_r^{e_r})$$

となる．とくに

$$\mathrm{GCD}(a,b) = 1\ \text{ならば}\ \sigma(ab) = \sigma(a)\sigma(b)$$

である．

自然数 n が**完全数**であるとは $6 = 1 + 2 + 3$ のように，n の真の約数の和が n となる数，すなわち $\sigma(n) = 2n$ となる数のことである．多くの古代文化では完全数などのある種の整数に宗教的な重要性を与えた．例えば古代のキリスト教神学者アウグスチヌスは，「神は一瞬で世界を作ることもできたが，それを行うのに完全数である 6 日間を選んだ」と説明している．

180　第 4 章　整数論の楽しい話題

> **定理 4.4 (ユークリッド『原論』第 IX 巻)** $2^n - 1$ $(n \geq 2)$ が素数ならば，$2^{n-1}(2^n - 1)$ は偶数の完全数である．

証明　$a = 2^{n-1}(2^n - 1)$ で $(2^n - 1)$ が素数ならば，
$$\sigma(a) = \sigma(2^{n-1})\sigma(2^n - 1) = (1 + 2 + \cdots + 2^{n-1})((2^n - 1) + 1)$$
$$= 2^n(2^n - 1)$$
であるから $\sigma(a) = 2a$ となり a は完全数である．　　　□

この逆は 2000 年後にオイラーによって証明された．

> **定理 4.5 (オイラー)**　偶数の完全数は，すべて $2^{n-1}(2^n - 1)$ $(n \geq 2)$ という形である．ここで $(2^n - 1)$ は素数とする．

証明　偶数 a は $a = 2^{n-1}b$ $(n \geq 2, b$ は奇数$)$ と表せる．a が完全数なら $\sigma(a) = 2a$ で $\mathrm{GCD}(2^{n-1}, b) = 1$ ゆえ
$$2^n b = 2a = \sigma(a) = \sigma(2^{n-1})\sigma(b)$$
$$= (1 + 2 + \cdots + 2^{n-1})\sigma(b) = (2^n - 1)\sigma(b)$$
となる．したがって
$$\sigma(b) = \frac{2^n b}{2^n - 1} = \frac{(2^n - 1)b + b}{2^n - 1} = b + \left(\frac{b}{2^n - 1}\right)$$
であるが，$(2^n - 1) \mid (2^n b)$ で素因数分解の一意性から $(2^n - 1) \mid b$，すなわち $\dfrac{b}{2^n - 1}$ は自然数で，したがって b の約数である．ここで b と 1 は約数であり，$\sigma(b)$ は b の約数の和であるから $\dfrac{b}{2^n - 1} = 1$ でなければならない．すなわち $b = 2^n - 1$ で $\sigma(b) = b + 1$ ゆえ b は素数である．　　　□

例 4.6　(1)　$n = 2$, $2^{n-1}(2^n - 1) = 2 \cdot 3 = 6$, $1 + 2 + 3 = 6$.
(2)　$n = 3$, $2^{n-1}(2^n - 1) = 4 \cdot 7 = 28$, $1 + 2 + 4 + 7 + 14 = 28$.

（3） $n=5$, $2^{n-1}(2^n-1) = 16 \cdot 31 = 496$, $1+2+4+8+16+31+62+124+248 = 496$.

（4） $n=7$, $2^{n-1}(2^n-1) = 64 \cdot 127 = 8128$.

古代ギリシャでもこの 4 つの数が完全数であることは知られていた．

この定理により $2^n - 1$ の形の素数が偶数の完全数を求める上で重要になる．これに関しては次が成り立つ．

> **命題 4.7** a と n を 2 以上の自然数とする．もし $a^n - 1$ が素数ならば，$a = 2$ で n は素数である．

証明 $a-1$ は $a^n - 1$ を割るから，$a-1 = 1$, すなわち $a = 2$ でなければならない．$n = rs$ で $n > s > 1$ ならば，$2^s - 1$ は $2^n - 1$ を割るから，$2^n - 1$ は素数ではない． □

一般に素数 p に対して $2^p - 1$ が素数になるとき，**メルセンヌ素数** (Mersenne prime) という．p が素数でも $2^p - 1$ が素数とは限らない．例えば $2^{11} - 1 = 2047 = 23 \times 89$ は素数ではない．ただし $2^p - 1$ ($p > 2$) の素因数 q は必ず $q = 1 + 2mp$ (m は自然数) の形をしている．

一方 2015 年 9 月には，$p = 74207281$ に対して $2^p - 1$ が 2233 万 8618 桁のメルセンヌ素数であることが確認された．これは現在知られている最大の素数である．2016 年 11 月現在 49 個のメルセンヌ素数が知られている．

メルセンヌ素数が無限個存在するかどうかは未解決である．

4.3 素数は無限個存在する．ではどのくらい？

$x > 0$ に対して x 以下の素数の個数を $\pi(x)$ と表す．例えば 10 以下の素数は $2, 3, 5, 7$ であるから $\pi(10) = 4$ となる．素数が無限個存在すること，すなわち $\lim_{x \to \infty} \pi(x) = \infty$ となることの証明はユークリッドの本に書かれている．

> **定理 4.8** 素数は無限個存在する．

証明 (ユークリッドによる証明) 有限個しかないとして，すべての素数を $p_1, \cdots, p_r$ とすると $N = 1 + p_1 \cdots p_r$ の素因数 p は $p_1, \cdots, p_r$ と異なるので矛盾． □

この簡単な証明を少し修正すると $\pi(n) > \log\log n$ という定量的な結果が得られることを示そう．

$p_1 = 2, p_2 = 3, p_3 = 5, \cdots, p_n$ と素数を小さい順に並べて n 番目の素数を p_n と記す．例えば，$p_{10} = 29, p_{100} = 541, p_{1000} = 7919$ などとなる．

> **補題 4.9** $p_n \leqq 2^{2^{n-1}}$

証明 n に関する帰納法で示す．$n = 1$ のとき 両辺 $= 2$ で成立している．$N = 1 + p_1 \cdots p_n$ をわる最小の素数 p は $p_1, \cdots, p_n$ と異なるから帰納法の仮定より

$$p_{n+1} \leqq p \leqq 1 + p_1 \cdots p_n \leqq 1 + 2^{2^0} 2^{2^1} \cdots 2^{2^{n-1}} = 1 + 2^{2^n - 1} \leqq 2^{2^n}$$

となって $p_{n+1} \leqq 2^{2^n}$ が示された． □

> **定理 4.10** すべての自然数 n に対して $n > \pi(n) > \log\log n$ が成り立つ．

証明 $n > \pi(n)$ は明らか．任意に与えられた n に対して $2^{2^{k-1}} \leqq n < 2^{2^k}$ をみたす k が唯 1 つ定まる．補題 4.9 により $p_k \leqq 2^{2^{k-1}}$ ゆえ $k \leqq \pi(2^{2^{k-1}}) \leqq \pi(n)$ となる．一方 $n < 2^{2^k} < e^{e^k}$ より $\log\log n < k$ となるので，$\log\log n < k \leqq \pi(n)$ を得る． □

素数の列を $q_1 = 2$ から始めて，$q_1, \cdots, q_r$ に対して q_{r+1} を $N = 1 + q_1 \cdots q_r$ の最小の素因数と定める．こうして得られる無限の素数列には，どんな素数が現れるだろうか？ $q_2 = 3, q_3 = 7, q_4 = 43$ で，$1 + q_1 \cdots q_4 = 1807 = 13 \times 139$ と素因数分解するので，約束により $q_5 = 13$ となる．以下，$53, 5, 6221671, 38709183810571, 139, \cdots$ と続いて $q_{47} = 3313$ まで知られてい

たが, 2012 年 9 月 11 日に,

$$q_{48} = 22743268910858953275498491507577484838667143956826042\\0754414940780761245893$$

$$q_{49} = 59, \ q_{50} = 31, \ q_{51} = 211$$

が確定した. 2015 年 7 月現在 q_{52} は決定されていない. これは巨大な数の素因数分解の困難さが原因である. この数列にすべての素数が現れるだろうという予想もあるが, 未解決である.

さて $\lim_{x \to \infty} \dfrac{a(x)}{b(x)} = 1$ のとき, $a(x) \sim b(x)$ と書くことにする.

次の素数定理はガウスが予想しアダマールとドラ・ヴァレ・プサンが独立に証明した.

定理 4.11 (素数定理)

$$\pi(x) \sim \frac{x}{\log x}$$

注意 4.12 $a(x) \sim b(x)$ は $a(x) - b(x)$ が小さいことを意味していない. 例えば, $a(x) = x^2$, $b(x) = x^2 - x$ なら $a(x) \sim b(x)$ であるが, $a(x) - b(x) = x \to \infty$ $(x \to \infty)$ である. 一方, $c(x) = x^2 - \dfrac{1}{x}$ に対しても $a(x) \sim c(x)$ であるが, $a(x) - c(x) = \dfrac{1}{x} \to 0$ $(x \to \infty)$ であるから $c(x)$ のほうが $b(x)$ より良い近似であるといえる. 素数定理に関しても例えば任意の定数 a に対して

$$\pi(x) \sim \frac{x}{\log x - a}$$

が成り立つことは素数定理から明らかだが $a = 1$ がより良い近似になることが知られている. 実際の数値は $\log_e 10 = 2.30258\cdots$ などを使うと以下のようになる.

x	$\pi(x)$	$x/\log x$	$x/(\log x - 1)$
10	4	4.3	7.6
100	25	21.7	27.7
1000	168	144.7	169.2
10000	1229	1085.7	1217.9
10^5	9592	8685.8	9512.1
10^6	78498	72382.4	78030.4
10^7	664579	620420.6	661458.9
10^8	5761455	5428681.0	5740303.8
10^9	50847534	48254942.4	50701542.4
10^{10}	455052511	434294481.9	454011971.2
10^{11}	4118054813	3948131653.7	4110416300.7

(小数第 2 位以下切り捨て)

一方 $\pi(4185296581467695669) = 10^{17}$ であり，$x = 10^{22}$ では次のようになる．

x	10^{22}
$\pi(x)$	$2.014672866893159062\,90 \times 10^{20}$
$\dfrac{x}{\log x}$	$1.9740658268329628\,5295 \times 10^{20}$
$\dfrac{x}{\log x - 1}$	$2.0138199584465989\,3517 \times 10^{20}$

素数定理に関して簡単な歴史を述べよう．ルジャンドルは 1798 年に彼の著書の中で $\pi(x)$ はおよそ $\dfrac{x}{\log x - 1.08366}$ である，という予想を述べている．これは素数定理と同等である．定数 1.08366 は当時知られていた $x = 40$ 万までの $\pi(x)$ の値によるが一般には 1 のほうが精度が高い．

一方，ガウスは 1791 年頃に

$$\pi(x) \text{ はおよそ } \mathrm{Li}(x) = \int_0^x \frac{du}{\log u} \text{ (主値) である．}$$

と予想し，1863 年に出版した．ここで $\int_0^x$ の主値というのは，$x > 1$ のとき
$$\lim_{\varepsilon \to +0} \left(\int_0^{1-\varepsilon} + \int_{1+\varepsilon}^x \right)$$ を意味する．

そしてチェビシェフやシルベスターの貢献を経て，最終的に 1896 年にアダマールとドラ・ヴァレ・プサンが複素関数論を用いて，素数定理を完全に証明した．それは $\pi(x)$ を複素関数としてのゼータ関数の性質に関連づけるリーマンの研究の応用である．ドラ・ヴァレ・プサンは，$\dfrac{x}{\log x - a}$ は $a = 1$ のとき最良近似になること，またそれよりも $\text{Li}(x)$ のほうが良い近似であることも示した．

x	$\pi(x)$	$\text{Li}(x)$
1000	168	178
10^6	78498	78628
10^{10}	455052511	455055614

のように，当時はかなりの x について調べてもすべて $\text{Li}(x) > \pi(x)$ だったので，この不等式が一般に成り立つと予想されていた．しかし 1914 年になってリトルウッドが，$\pi(x) - \text{Li}(x)$ の符号が正と負の間で無限回入れ替わることを証明した[1]．その後，1986 年にテ・リエルは，6.62×10^{370} と 6.69×10^{370} の間にある 10^{180} 個より多くの連続する整数 x に対して $\pi(x) > \text{Li}(x)$ が成立することを示した．

オイラーは $\zeta(s) = \sum_{n=1}^{\infty} \dfrac{1}{n^s}$ が $s > 1$ のとき収束することを注意している．このゼータ関数 $\zeta(s)$ と素数の間をつなぐのは次のオイラー積とよばれているものである．

$$\zeta(s) = \sum_{n=1}^{\infty} \frac{1}{n^s} = \prod_{p;\ 素数} \frac{1}{1 - \frac{1}{p^s}} \ (s > 1)$$

---

[1] 1976 年頃，プリンストン大学教授の岩澤健吉先生は，著者のひとり (木村) に「このようにたくさんの例からは予想がつかないところが，数論の難しさだ」とこの例を出して数論の研究の難しさを話されていた．

$\left(1-\dfrac{1}{p^s}\right)^{-1} = \sum_{k=0}^{\infty} \dfrac{1}{p^{sk}}$ であるから，これは自然数 n が素数の積に順序を除いて一意的に $n = p_1^{e_1} \cdots p_r^{e_r}$ と表せることを意味している．実際このゼータ関数がオイラー積表示を持つことと，初等整数論の基本定理は同等である．これを使ってオイラーは 1737 年に素数が単に無限個存在する以上のこと，すなわち素数の逆数の和が発散することを示した．あとで見るように平方数の逆数の和は収束するから (4.5 参照)，素数は平方数よりまばらではないことを意味する．

命題 4.13 (オイラー 1737 年)
$$\sum_{p;\, \text{素数}} \dfrac{1}{p} = \infty$$

証明 $\dfrac{1}{1-u} = 1 + u + u^2 + \cdots$ を積分して

$$\log \dfrac{1}{1-u} = \sum_{m=1}^{\infty} \dfrac{u^m}{m}$$

を得るから

$$\log \sum_{n=1}^{\infty} \dfrac{1}{n^s} = \sum_{p\, \text{素数}} \log \dfrac{1}{1 - \frac{1}{p^s}} = \sum_{p\, \text{素数}} \sum_{m=1}^{\infty} \dfrac{1}{m p^{ms}}$$
$$= \sum_{p\, \text{素数}} \dfrac{1}{p^s} + \phi(s) \ (s > 1).$$

ここで $\phi(s) \leqq 1$ を示せば $\lim_{s \to 1} \sum_{n=1}^{\infty} \dfrac{1}{n^s} = \infty$ より求める結果を得る．

$$\phi(s) = \sum_{p\, \text{素数}} \sum_{m=2}^{\infty} \dfrac{1}{m p^{ms}} \leqq \sum_{p\, \text{素数}} \dfrac{1}{p^{2s}} \cdot \dfrac{1}{1 - \frac{1}{p^s}}$$
$$\leqq \sum_{p\, \text{素数}} \dfrac{1}{p(p-1)} \leqq \sum_{n=2}^{\infty} \dfrac{1}{n(n-1)} = 1 \qquad \square$$

4.4 自然数のベキ乗の有限和とベルヌイ数

$S_k(n) = 1^k + 2^k + \cdots + n^k$ について考えてみよう．$S_1(n) = 1 + 2 + \cdots + n$ は $S_1(n) = n + (n-1) + \cdots + 1$ でもあるから，

$$2S_1(n) = (n+1) \overbrace{+ \cdots +}^{n} (n+1) = n(n+1)$$

となり $1 + 2 + \cdots + n = \dfrac{n(n+1)}{2}$ を得る．この方法は $n = 10$ のときガウスが小学生のときにやった方法だと伝えられている．$S_2(n)$ も高校数学で求められていて，$k^3 - (k-1)^3 = 3k^2 - 3k + 1$ を使うやり方である．両辺を $k = 1$ から n まで加えると左辺は

$$(n^3 - (n-1)^3) + \cdots + (2^3 - 1^3) + (1^3 - 0^3) = n^3$$

で，右辺は $3S_2(n) - 3S_1(n) + n$ で

$$S_1(n) = \frac{n(n+1)}{2} \quad \text{ゆえに} \quad S_2(n) = \frac{n(n+1)(2n+1)}{6}$$

となる．では一般の $S_k(n)$ を表す公式は何であろうか？
$e^{tx} = \sum_{k=1}^{\infty} \dfrac{t^k}{k!} x^k$ であるから，

$$e^x + e^{2x} + \cdots + e^{nx} = \sum_{k=0}^{\infty} \frac{1^k + 2^k + \cdots + n^k}{k!} x^k = \sum_{k=0}^{\infty} \frac{S_k(n)}{k!} x^k$$

である．一方，次に注意する．

$$e^x + e^{2x} + \cdots + e^{nx} = e^x(1 + e^x + \cdots + (e^x)^{n-1})$$
$$= e^x \frac{e^{nx} - 1}{e^x - 1} = \left(\frac{e^{nx} - 1}{x}\right)\left(\frac{xe^x}{e^x - 1}\right)$$

ここで

$$\frac{e^{nx} - 1}{x} = \sum_{t=0}^{\infty} \frac{n^{t+1}}{(t+1)!} x^t$$

であるが，

$$\frac{xe^x}{e^x-1} = x + \frac{x}{e^x-1}$$

も $x=0$ で正則であるから x のベキ級数に展開される．そこで ベルヌイ数 B_m を次の式で定義する．

$$\frac{xe^x}{e^x-1} = \sum_{m=0}^{\infty} \frac{B_m}{m!} x^m$$

そうすると

$$\sum_{k=0}^{\infty} \frac{S_k(n)}{k!} x^k = \left(\sum_{t=0}^{\infty} \frac{n^{t+1}}{(t+1)!} x^t \right) \cdot \left(\sum_{m=0}^{\infty} \frac{B_m}{m!} x^m \right)$$

$$= \sum_{k=0}^{\infty} \left(\sum_{m=0}^{k} \frac{B_m}{(k-m)!m!} \cdot \frac{n^{k-m+1}}{k-m+1} \right) x^k$$

となるから，次の定理を得る．

定理 4.14

$$S_k(n) = \sum_{m=0}^{k} \binom{k}{m} \frac{n^{k-m+1}}{k-m+1} \cdot B_m$$

これを実際に計算するにはベルヌイ数を知る必要がある．

命題 4.15 $B_0=1$, $B_1=1/2$, $B_2=1/6$ であり，3 以上の奇数に関しては，$B_{2m+1}=0$ $(m=1,2,\cdots)$. そして 4 以上の偶数に関しては，$B_4=-1/30$, $B_6=1/42$, $B_8=-1/30, B_{10}=5/66, B_{12}=-691/2730, B_{14}=7/6$ などとなる．

一般には次の漸化式から求まる．

$$B_m = -\frac{1}{m+1} \sum_{n=0}^{m-1} \binom{m+1}{n} B_n + 1$$

証明 $\left(\sum\limits_{n=0}^{\infty}\dfrac{B_n}{n!}x^n\right)(e^x-1) = \left(\sum\limits_{n=0}^{\infty}\dfrac{B_n}{n!}x^n\right)\left(\sum\limits_{k=1}^{\infty}\dfrac{x^k}{k!}\right)$

$$= \sum_{m=1}^{\infty}\left(\sum_{n=0}^{m-1}\dfrac{B_n}{n!(m-n)!}\right)x^m$$

$$= \sum_{m=1}^{\infty}\left(\sum_{n=0}^{m-1}\binom{m}{n}B_n\right)\dfrac{x^m}{m!}$$

$$= xe^x = \sum_{m=0}^{\infty}\dfrac{x^m}{(m-1)!} = \sum_{m=0}^{\infty}m\dfrac{x^m}{m!}$$

であるから

$$\sum_{n=0}^{m-1}\binom{m}{n}B_n = m$$

という漸化式が得られた.これより $B_0 = 1$, $B_1 = 1/2$, $B_2 = 1/6$ などが得られるが

$$f(x) = \sum_{m=2}^{\infty}B_m\dfrac{x^m}{m!} = \dfrac{xe^x}{e^x-1} - 1 - \dfrac{x}{2}$$

は容易に確かめられるように $f(-x) = f(x)$ をみたすから $B_{2m+1} = 0$ ($m = 1, 2, \cdots$) となる. □

注意 4.16 $\dfrac{x}{e^x-1} = \sum\limits_{m=0}^{\infty}\dfrac{B_m}{m!}x^m$ でベルヌイ数を定義するやり方もあるが, $\dfrac{xe^x}{e^x-1} = x + \dfrac{x}{e^x-1}$ であるから $B_1 = -1/2$ となる以外は, B_m ($m \neq 1$) は同じである.

これより次を得る.

命題 4.17 $k \geqq 3$ ならば
$$S_k(n) = \dfrac{n^{k+1}}{k+1} + \dfrac{n^k}{2} + \sum_{m=2}^{k-1}\binom{k}{m}B_m\dfrac{n^{k-m+1}}{k-m+1} + B_k n$$
となる.

例 4.18 （1） $S_1(n) = \dfrac{n^2}{2} + \dfrac{n}{2} = \dfrac{n(n+1)}{2}$

（2） $S_2(n) = \dfrac{n^3}{3} + \dfrac{n^2}{2} + \dfrac{n}{6} = \dfrac{n(n+1)(2n+1)}{6}$

（3） $S_3(n) = \dfrac{n^4}{4} + \dfrac{n^3}{2} + \dfrac{n^2}{4} = (\dfrac{n(n+1)}{2})^2$

（4） $S_4(n) = \dfrac{n^5}{5} + \dfrac{n^4}{2} + \dfrac{n^3}{3} - \dfrac{n}{30} = \dfrac{1}{30}n(n+1)(2n+1)(3n^2+3n-1)$

（5） $S_5(n) = \dfrac{n^6}{6} + \dfrac{n^5}{2} + \dfrac{5n^4}{12} - \dfrac{n^2}{12} = \dfrac{1}{12}n^2(n+1)^2(2n^2+2n-1)$

（6） $S_6(n) = \dfrac{n^7}{7} + \dfrac{n^6}{2} + \dfrac{n^5}{2} - \dfrac{n^3}{6} + \dfrac{n}{42} = \dfrac{1}{42}n(n+1)(2n+1)(3n^4 + 6n^3 - 3n + 1)$

（7） $S_7(n) = \dfrac{1}{24}n^2(n+1)^2(3n^4 + 6n^3 - n^2 - 4n + 2)$

（8） $S_8(n) = \dfrac{1}{90}n(n+1)(2n+1)(5n^6 + 15n^5 + 5n^4 - 15n^3 - n^2 + 9n - 3)$

（9） $S_9(n) = \dfrac{1}{20}n^2(n+1)^2(n^2+n-1)(2n^4 + 4n^3 - n^2 - 3n + 3)$

（10） $S_{10}(n) = \dfrac{1}{66}n(n+1)(2n+1)(n^2+n-1)(3n^6 + 9n^5 + 2n^4 - 11n^3 + 3n^2 + 10n - 5)$

4.5　自然数の偶数ベキ乗の逆数の無限和

任意の m に対して，$0, \pm n\pi$ $(n = 1, 2, \cdots, m)$ を根に持つ $2m+1$ 次の多項式 $f_m(z)$ が，$\lim_{z \to 0} \dfrac{f_m(z)}{z} = 1$ をみたすならば，

$$f_m(z) = z \prod_{n=1}^{m} \left(1 - \dfrac{z^2}{n^2\pi^2}\right)$$

と表せる．三角関数の $\sin z$ も $\lim_{z \to 0} \dfrac{\sin z}{z} = 1$ を満たし $\sin z = 0$ の根が，$0, \pm n\pi$ $(n = 1, 2, \cdots)$ であるから，

4.5. 自然数の偶数ベキ乗の逆数の無限和

$$\sin z = z \prod_{n=1}^{\infty} \left(1 - \frac{z^2}{n^2\pi^2}\right)$$

が成り立つことが期待される．そして実際にこれが成り立ち，**正弦関数の無限積表示**とよばれている (証明は例えば，高木貞治著『解析概論』(岩波書店) の 235 頁を参照)．これを展開すると

$$\sin z = z - \left(\sum_{n=1}^{\infty} \frac{1}{n^2}\right) \frac{z^3}{\pi^2} + \cdots$$

ここで両辺を 3 回微分すると

$$-\cos z = -\frac{6}{\pi^2}\left(\sum_{n=1}^{\infty} \frac{1}{n^2}\right) + z^2 \text{以上の項}$$

となるので，$z = 0$ とおくと，平方数の逆数の和が求まって

$$\sum_{n=1}^{\infty} \frac{1}{n^2} = \frac{\pi^2}{6}$$

を得る．これはオイラーによって発見された．この考えをうまく使うと任意の自然数 m に対して自然数の $2m$ 乗の逆数の和を求めることができる．これもオイラーによるがそれを示そう．

$$\zeta(s) = \sum_{n=1}^{\infty} \frac{1}{n^s}$$

とおくと，これは $s > 1$ で収束する．これをゼータ関数と呼ぶ．いま示したことは $\zeta(2) = \dfrac{\pi^2}{6}$ ということである．$\sin z$ の無限積表示を使って

$$\log \sin z = \log z + \sum_{n=1}^{\infty} \log\left(1 - \frac{z^2}{n^2\pi^2}\right)$$

を微分しよう．一般に $\dfrac{d}{dz}f(z)$ を $f(z)'$ と書くことにすると，$(\log f(z))' = \dfrac{f(z)'}{f(z)}$ であるから，左辺の微分は $\dfrac{\cos z}{\sin z}$ で右辺の微分は，$|z| < \pi$ ならば

$$(\log \sin z)' = \frac{1}{z} + \sum_{n=1}^{\infty} \frac{-2z/n^2\pi^2}{(1-(z^2/n^2\pi^2))} = \frac{1}{z}\left\{1 - 2\sum_{n=1}^{\infty}\sum_{m=1}^{\infty}(\frac{z^2}{n^2\pi^2})^m\right\}$$

を得る．これから
$$z\frac{\cos z}{\sin z} = 1 - 2\sum_{m=1}^{\infty}\frac{\zeta(2m)}{\pi^{2m}}z^{2m}$$
となる．一方，オイラーの公式 $e^{\sqrt{-1}z} = \cos z + \sqrt{-1}\sin z$ より
$$\cos z = \frac{e^{\sqrt{-1}z} + e^{-\sqrt{-1}z}}{2},$$
$$\sin z = \frac{e^{\sqrt{-1}z} - e^{-\sqrt{-1}z}}{2\sqrt{-1}}$$
が得られるから
$$z\frac{\cos z}{\sin z} = z\sqrt{-1}\frac{e^{\sqrt{-1}z} + e^{-\sqrt{-1}z}}{e^{\sqrt{-1}z} - e^{-\sqrt{-1}z}}$$
となる．ここで $z = x\sqrt{-1}$ とおくと，ベルヌイ数の性質 $B_1 = 1/2$ や $B_{2m+1} = 0$ $(m = 1, 2, \cdots)$ を使えば右辺は
$$= -x\frac{e^{-x} + e^{x}}{e^{-x} - e^{x}} = x\frac{(e^{2x} + 1)}{e^{2x} - 1} = \frac{2xe^{2x}}{e^{2x} - 1} - x$$
となり，さらに変形すると
$$\sum_{t=0}^{\infty}\frac{B_t}{t!}(2x)^t - x = 1 + \sum_{m=1}^{\infty}\frac{2^{2m}B_{2m}}{(2m)!}\cdot x^{2m}$$
を得る．これが
$$= 1 - 2\sum_{m=1}^{\infty}\frac{\zeta(2m)}{\pi^{2m}}(x\sqrt{-1})^{2m} = 1 + \sum_{m=1}^{\infty}\frac{(-2)\zeta(2m)(-1)^m}{\pi^{2m}}x^{2m}$$
に等しいわけだから，x^{2m} の係数を比較すると
$$\frac{2^{2m}B_{2m}}{(2m)!} = \frac{(-2)\zeta(2m)(-1)^m}{\pi^{2m}}$$
したがって次の定理が証明された．

> **定理 4.19 (オイラー)**
> $$\zeta(2m) = \sum_{n=1}^{\infty} \frac{1}{n^{2m}} = \frac{2^{2m-1}(-1)^{m+1}}{(2m)!} B_{2m} \pi^{2m} \quad (m = 1, 2, \cdots)$$

例 4.20 （1） $m = 1$ のとき，$B_2 = 1/6$ より

$$\zeta(2) = \sum_{n=1}^{\infty} \frac{1}{n^2} = \frac{2^{2-1}(-1)^{1+1}}{2!} B_2 \pi^2 = \frac{\pi^2}{6}$$

（2） $m = 2$ のとき，$B_4 = -1/30$ であるから

$$\zeta(4) = \sum_{n=1}^{\infty} \frac{1}{n^4} = \frac{2^3(-1)^3}{4!} B_4 \pi^4 = \frac{\pi^4}{90}$$

（3） $m = 3$ のとき，$B_6 = 1/42$ であるから

$$\zeta(6) = \sum_{n=1}^{\infty} \frac{1}{n^6} = \frac{2^5(-1)^{3+1}}{6!} B_6 \pi^6 = \frac{\pi^6}{945}$$

このようにゼータ関数の偶数の自然数での値 $\zeta(2m)$ は計算できたが，奇数の自然数での値 $\zeta(2m+1)$ についてはわかっていない．$\zeta(3)$ が無理数であることは証明された．

4.6 オイラーの関数とメビウスの反転公式

オイラーの関数 第 3 章の円分体の節でも説明されているが，オイラーの関数 $\varphi(m)$ とは，1 から m までの自然数で m と互いに素となるものの個数，すなわち

$$\varphi(m) = \sharp\{k \in \mathbb{N} \mid 1 \leqq k \leqq m, \mathrm{GCD}(k, m) = 1\}$$

のことで，例えば素数 p に対しては，$1, 2, \cdots, p-1$ が p と素だから $\varphi(p) = p - 1$ である[2]．より一般に 1 から p^n の間の自然数で p と素でないものは，mp ($1 \leqq m \leqq p^{n-1}$) であるから，$\varphi(p^n) = p^n - p^{n-1} = p^n(1 - p^{-1})$ となる．

---

[2] $\sharp$ は集合の元の個数を表す記号．

このオイラーの関数は, $\mathbb{Z}$ の m を法とする剰余環 $\mathbb{Z}/m\mathbb{Z}$ の乗法群

$$(\mathbb{Z}/m\mathbb{Z})^\times = \{a + m\mathbb{Z} \mid 1 \leqq a \leqq m, \mathrm{GCD}(a, m) = 1\}$$

のサイズに等しい. すなわち $\varphi(m) = \sharp(\mathbb{Z}/m\mathbb{Z})^\times$ である.

一般に自然数の集合 $\mathbb{N} = \{1, 2, \cdots\}$ の上の関数 $f : \mathbb{N} \to \mathbb{C}$ を**数論的関数**という. これが互いに素である m と n に対して $f(mn) = f(m)f(n)$ が成り立つとき, **乗法的**である, という.

命題 4.21 オイラーの関数 $\varphi(m)$ は乗法的である. すなわち m と n が互いに素ならば, $\varphi(mn) = \varphi(m)\varphi(n)$ が成り立つ. したがって $m = p_1^{e_1} p_2^{e_2} \cdots p_r^{e_r}$ に対して

$$\varphi(m) = (p_1^{e_1} - p_1^{e_1 - 1}) \cdots (p_r^{e_r} - p_r^{e_r - 1})$$
$$= m\left(1 - \frac{1}{p_1}\right) \cdots \left(1 - \frac{1}{p_r}\right)$$

が成り立つ.

証明 中国剰余定理 (この場合には定理 2.12 で本質的に十分, 第 2 章の章末問題 2 番も参照) により m と n が互いに素ならば, $(\mathbb{Z}/mn\mathbb{Z}) \cong (\mathbb{Z}/m\mathbb{Z}) \oplus (\mathbb{Z}/n\mathbb{Z})$ であるから, その乗法群は, $(\mathbb{Z}/mn\mathbb{Z})^\times \cong (\mathbb{Z}/m\mathbb{Z})^\times \times (\mathbb{Z}/n\mathbb{Z})^\times$ となる. そのサイズを比べて $\varphi(mn) = \varphi(m)\varphi(n)$ が成り立つ. □

例 4.22 $\varphi(12) = 12(1 - 1/2)(1 - 1/3) = 4$, $\varphi(1000) = 1000(1 - 1/2)(1 - 1/5) = 400$ などとなる.

次の命題はあとで説明する RSA 暗号の基礎になるものである.

命題 4.23 十分大きな自然数 m と, $\mathrm{GCD}(e, \varphi(m)) = 1$ となる自然数 e が与えられているとする. $(\mathbb{Z}/m\mathbb{Z})^\times \ni x \pmod{m}$ という情報に対して, $y = x^e \pmod{m}$ だけが与えられているとする. このとき, もし $de \equiv 1 \pmod{\varphi(m)}$ なる d がわかれば, もとの情報が $x \equiv y^d \pmod{m}$ により復元される.

証明 $\sharp(\mathbb{Z}/m\mathbb{Z})^\times = \varphi(m)$ であるから $x^{\varphi(m)} \equiv 1 \pmod{m}$ となる．したがって $x \equiv x^{de} = y^d \pmod{m}$ となる． □

さて数論的関数 $f : \mathbb{N} \to \mathbb{C}$ は数列 $(f(1), f(2), \cdots)$ と思うこともできるし，これに $\zeta_f(s) = \sum_{n=1}^\infty \dfrac{f(n)}{n^s}$ を対応させることもできる．

$$\zeta_f(s) \cdot \zeta_g(s) = \left(\sum_{n=1}^\infty \frac{f(n)}{n^s}\right)\left(\sum_{m=1}^\infty \frac{g(m)}{m^s}\right) = \frac{\sum_{k=1}^\infty \left(\sum_{nm=k} f(n)g(m)\right)}{k^s}$$

であるから，2つの数論的関数 f, g に対してその積 fg を

$$(fg)(n) = \sum_{d|n} f(d) g\left(\frac{n}{d}\right)$$

と定めれば，$\zeta_f(s) \cdot \zeta_g(s) = \zeta_{fg}(s)$ が成り立つ．特にこの積は可換で結合法則をみたすことがわかる．和は $(f+g)(n) = f(n) + g(n)$ $(n \in \mathbb{N})$ で定めると数論的関数全体 $R = \{f : \mathbb{N} \to \mathbb{C}\}$ は可換環になる．その単位元 1_R は $(1, 0, 0, \cdots)$ すなわち $1_R(1) = 1$, $1_R(n) = 0$ $(n \geq 2)$ で与えられる．

さてメビウス関数 $\mu : \mathbb{N} \to \mathbb{C}$ を $\mu(1) = 1$, n が2以上の平方因子を持てば $\mu(n) = 0$, そして $n = p_1 \cdots p_k$ が相異なる k 個の素数の積のときは，$\mu(n) = (-1)^k$ で定める．

命題 4.24 （1） 数論的関数全体 R は単位元 1_R を持つ可換環でしかも整域である．

（2） $f \in R$ と $f_0 = (1, 1, \cdots) \in R$ の積は，$(ff_0)(n) = \sum_{d|n} f(d)$ である．

（3） この f_0 は R の単元で，その逆元はメビウス関数である．すなわち $\mu f_0 = 1_R$. $\zeta_{f_0}(s)$ はリーマンのゼータ関数 $\zeta(s) = \sum_{n=1}^\infty \dfrac{1}{n^s}$ であるから，これは $\dfrac{1}{\zeta(s)} = \sum_{n=1}^\infty \dfrac{\mu(n)}{n^s}$ を意味する．

証明 $f \neq 0, g \neq 0$ のとき，$f(m) \neq 0, g(n) \neq 0$ となる最小の m, n をとる

と，$(fg)(mn) = f(m)g(n) \neq 0$ となる．すなわち $fg \neq 0$ となるので R は整域である．$(\mu f_0)(1) = \mu(1) = 1 = 1_R(1)$ で

$$n = p_1^{e_1} p_2^{e_2} \cdots p_r^{e_r} \geqq 2 \quad (e_1 \geqq 1, \cdots, e_r \geqq 1)$$

に対しては

$$(\mu f_0)(n) = \sum_{d|n} \mu(d) = \sum_{d|(p_1 \cdots p_r)} \mu(d)$$

$$= 1 - \binom{r}{1} + \binom{r}{2} - \cdots + (-1)^r \binom{r}{r}$$

$$= (1-(-1))^r = 0 = 1_R(n)$$

となる． □

定理 4.25 (メビウスの反転公式) $f_a = (a_1, a_2, \cdots) \in R$, $f_b = (b_1, b_2, \cdots) \in R$ に対して次は同値である．

(1) $\displaystyle\sum_{d|n} b_d = a_n$

(2) $\displaystyle b_n = \sum_{d|n} \mu\left(\frac{n}{d}\right) a_d$

証明 $(1) \Leftrightarrow f_b f_0 = f_a \Leftrightarrow f_b = f_b(\mu f_0) = \mu(f_b f_0) = \mu f_a \Leftrightarrow (2)$． □

命題 4.26 $\varphi(n)$ をオイラーの関数とする．

(1) $\displaystyle\sum_{d|n} \varphi(d) = n$

(2) $\displaystyle\varphi(n) = \sum_{d|n} \mu\left(\frac{n}{d}\right) d$

(3) $\displaystyle\sum_{n=1}^{\infty} \frac{\varphi(n)}{n^s} = \frac{\zeta(s-1)}{\zeta(s)}$.

証明 サイズ n の巡回群 $H = \{e, a, a^2, \cdots, a^{n-1}\}$ のそれぞれの元の位数 d は $d \mid n$ である．いま $n = dt$ とおくと，そのような元の生成する H のサイズ

d の部分群は, $\{e(=a^{dt}), a^t, a^{2t}, \cdots, a^{(d-1)t}\}$ として唯 1 つ定まり,この中で位数 d の元は a^{mt} $(1 \leqq m \leqq d)$ で m が d と素なもの全体であるから, $\varphi(d)$ 個存在する.すなわち H は $d \mid n$ なる d に対して位数 d の元をちょうど $\varphi(d)$ 個含むから (1) を得る.

(2) は (1) とメビウスの反転公式から得られる.とくに (1) はオイラーの関数を特徴付ける性質である.$f_1 = (1, 2, 3, \cdots) \in R$ とおくと,(2) は $\varphi = \mu f_1$,すなわち $\zeta_\varphi(s) = \zeta_\mu(s)\zeta_{f_1}(s)$ を意味し,$\zeta_\mu(s) = \dfrac{1}{\zeta(s)}$, $\zeta_{f_1}(s) = \displaystyle\sum_{n=1}^{\infty} \dfrac{n}{n^s} = \zeta(s-1)$ であるから (3) を得る. □

4.7 RSA 暗号

暗号系について説明する.暗号とは,伝えたいメッセージを他人に盗み見られてもわからないように変形して,伝えたい人だけがその変形を元に戻してメッセージを受け取れるようにする方法の研究である.

定義 4.27 (1) 送信者が送りたい文のことを平文(ひらぶん)といい,その文を暗号化するのに必要な値を暗号化鍵という.

(2) 受信者が受け取った暗号文をもとの平文に戻すことを復号化といい,これに必要な値を復号化鍵という.

(3) 文字には数字などの数学的なものを割り当てる.割り当てた数字のことを同義数(どうぎすう)という.例えば,アルファベット A〜Z に 0〜25 を割り当てるなど.

(4) 暗号系とは次の 5 つの要素から成るものである.

P: 発生しうるすべての平文の有限集合

C: 発生しうるすべての暗号文の有限集合

K: 可能性のあるすべての鍵の集合

$E = \{f_{K_E} : P \to C\}$: 暗号化規則の集合

$D = \{f_{K_D} : C \to P\}$: 復号化規則の集合

ここで任意の $K_E \in K$ に対して唯一の暗号化規則 $f_{K_E} \in E$ と,これに対応する復号化規則 $f_{K_D} \in D$ が存在して,$f_{K_D}(f_{K_E}(x)) = x$ がすべての $x \in P$

に対して成り立つ．

（5） 暗号化鍵 K_E を公開して，誰でも暗号化できるようにした暗号系を**公開暗号系**という．この暗号系では，暗号化の方法はわかっても莫大な計算をしなければ復号化鍵を作れない．すなわち復号化できるのは，復号化鍵 K_D を知っている本人だけである．

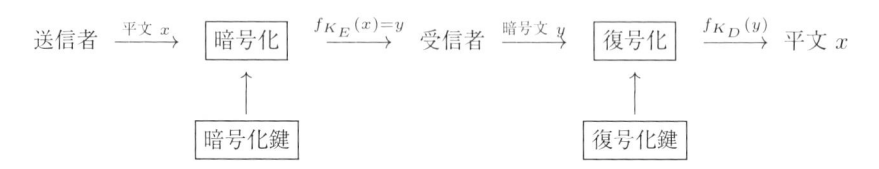

$$\text{送信者} \xrightarrow{\text{平文 } x} \boxed{\text{暗号化}} \xrightarrow{f_{K_E}(x)=y} \text{受信者} \xrightarrow{\text{暗号文 } y} \boxed{\text{復号化}} \xrightarrow{f_{K_D}(y)} \text{平文 } x$$

（暗号化鍵 → 暗号化，復号化鍵 → 復号化）

さて **RSA 暗号**とは，Rivest, Shamir, Adleman の 3 名により考案された公開暗号系で，1977 年 8 月に世間にデビューした．RSA 公開鍵暗号のすばらしさは，何と言っても「鍵の配送問題」にまつわる諸問題を一挙に解決したことである．A 氏が B 氏に暗号文を送るときに，もはやその暗号を解く鍵を B 氏に安全に届けるために苦労したり，C 氏がそれを傍受するかどうかを心配する必要がない．B 氏が公表する公開鍵は，暗号を作るためだけにしか使えないので，誰が知っていてもかまわないのである．A 氏はそれを使って暗号化した文を B 氏に送るが，それを C 氏に傍受されてもかまわない．それを解読できるのは秘密の復号化鍵を持っている B 氏だけなのである．

この「鍵の配送問題」を解決するのに長い歴史があったが(例えば，サイモン・シン『暗号解読』青木薫訳 (新潮社) を参照)，これを解決するのに数学が利用されて，しかも現在インターネットなどに実際に利用されているのである．

RSA 暗号の安全性の根拠は，

「大きな自然数の素因数分解は極めて困難である」

ということである．例えば，$n = 86706662670157$ の素因数分解は，$n = 9010279 \times 9623083$ であり，簡単にはわからない．

鍵の作り方.

1. 2 つの大きな素数 p, q をランダムに選ぶ．

2. $n = pq$ を計算する.
3. オイラーの関数 $\varphi(n) = (p-1)(q-1)$ を計算する.
4. $\mathrm{GCD}(e, \varphi(n)) = 1$ となる e をランダムに選ぶ.
5. $d \equiv e^{-1} \pmod{\varphi(n)}$ を計算する.

ここで，暗号化鍵 $K_E = (n, e)$ を公開する．そして復号化鍵 $K_D = (d)$ を秘密にしておく．

暗号の利用.

平文 P に対して n を十分大きくとって，$P < n$ となるようにする．そうしておけば，$P \pmod n \in \mathbb{Z}/n\mathbb{Z}$ さえわかれば，もとの平文 P が得られる．そこで $P \pmod n \in \mathbb{Z}/n\mathbb{Z}$ を暗号化鍵 $K_E = (n, e)$ を用いて暗号化 $C = f_{K_E}(P) \equiv P^e \pmod n \in \mathbb{Z}/n\mathbb{Z}$ する．したがって C と暗号化鍵 $K_E = (n, e)$ がみんなの知るところとなる．

ここで復号化鍵 $f_{K_D} = \{d\}$ を持っている人は，命題 4.23 の原理により，

$$f_{K_D}(C) \equiv C^d \equiv P^{ed} \equiv P \pmod n \in \mathbb{Z}/n\mathbb{Z}$$

が得られるが，n を十分大きくとったおかげで，もとの平文 P が得られるのである．つまり A 氏が B 氏に秘密情報を暗号で伝えようとすると，次の図のようになる．

```
(A 氏)
 (1) B 氏の公開鍵 K_E = (n, e) を調べる.
 (2) C ≡ P^e (mod n) を計算する.
```

　　　　　↓　　(3) 暗号文 C を B 氏に送る.

```
(B 氏)
 (4) C^d ≡ P^{ed} ≡ P (mod n) を計算する.
     これより，平文 P を得る.
```

しかし暗号化鍵 $K_E = (n, e)$ と暗号文 C しか知らない第三者が C を復号化しようと思うと，d を求める必要がある．

d の計算には $\varphi(n)$ が必要であり，$\varphi(n)$ を計算するには，$n = pq$ と素因数分解をする必要がある．そうすれば $\varphi(n) = (p-1)(q-1)$ が得られる．しかし n が巨大な数であるときは，その素因数分解はとても困難である．よって第三者が暗号文を解読するのは困難である．

例 4.28 （1） 素数 $p = 3457631$ と $q = 4563413$ を考える．このとき，$n = pq = 15778598254603$ であり，$\varphi(n) = (p-1)(q-1) = 15778590233560$ である．$\varphi(n)$ と互いに素な数 e として，$e = 1231239$ を選ぶ．$K_E = (n, e) = (15778598254603, 1231239)$ を公開する．

（2） a から z のアルファベットに対して，次のように数字を対応させる．

a	b	c	d	e	f	g	h	i	j	k	l	m
01	02	03	04	05	06	07	08	09	10	11	12	13
n	o	p	q	r	s	t	u	v	w	x	y	z
14	15	16	17	18	19	20	21	22	23	24	25	26

さらに，空白には 27 を対応させる．例えば，"I love you" というメッセージを暗号化して送ることにしよう．上の規則で変換すると，

$$09271215220527251521$$

となる．これは n より大きいのでいくつかのブロックに分割する．例えば，

$$0927121522052 \quad 7251521$$

と分割して，$P_1 = 927121522052, P_2 = 7251521$ とおく．

（3） メッセージを暗号化する．

$$P_1^e \pmod{n} = 927121522052^{1231239} \pmod{15778598254603}$$
$$\equiv 4210182565505,$$
$$P_2^e \pmod{n} = 7251521^{1231239} \pmod{15778598254603}$$
$$\equiv 10754168147382$$

であるので，暗号文は

$$C_1 = 4210182565505, \quad C_2 = 10754168147382$$

である．上の mod の計算は，例えば数式処理ソフト Mathematica を使うならば，

`Mod[927121522052^(1231239), 15778598254603]`

と命令すればできるし，たとえ計算機がオーバーフローしたとしてもベキを途中で区切ってそこで mod をとり数を小さくして計算しなおせばよい．いずれにせよ，mod の計算は容易である．

（4） メッセージを受け取った側は，次のようにして復号化する．まず，$ed \equiv 1 \pmod{\varphi(n)}$ となる d を計算する．これはユークリッド互除法によりできる．今の場合，

$$d = 1315443185039$$

とおけば条件をみたす．そうすると，

$$C_1^d \pmod{n} = 4210182565505^{1315443185039} \pmod{15778598254603}$$
$$\equiv 927121522052,$$
$$C_2^d \pmod{n} = 10754168147382^{1315443185039} \pmod{15778598254603}$$
$$\equiv 7251521$$

となり，もとのメッセージが復元できる．

注意 4.29 RSA 公開鍵暗号の安全性が絶対であると言えないのは，誰かがいつか大きな自然数 n をすばやく素因数分解する方法を見つけるかもしれないからで，そうなれば RSA 暗号はお払い箱である．しかし数学者は 2 千年以上もの長いあいだ素因数分解の近道を見つけようとしては失敗してきているので，そう簡単には見つかりそうもない．

問題の略解

第 1 章の文中問題

問題 1.1 ℓ_1 の鏡映に引き続き ℓ_2 の鏡映を行うと $\pi/3$ の回転を得る．これを何回か繰り返せば，求めるすべての回転が得られる．さらに，回転×鏡映×逆回転という組合せで求めるすべての鏡映が得られる．

問題 1.2 n 個の線対称と，恒等変換も含めた n 個の回転があり，合わせて $2n$ 個ある．

問題 1.3
$$gf = \begin{pmatrix} A & B & C & D \\ \downarrow & \downarrow & \downarrow & \downarrow \\ A & C & D & B \\ \downarrow & \downarrow & \downarrow & \downarrow \\ D & B & A & C \end{pmatrix} = \begin{pmatrix} A & B & C & D \\ \downarrow & \downarrow & \downarrow & \downarrow \\ D & B & A & C \end{pmatrix}$$

問題 1.4 $x^{-1} = x^{-1}e = x^{-1}(xy) = (x^{-1}x)y = ey = y$ より．

問題 1.5 $(xy)(y^{-1}x^{-1}) = x(yy^{-1})x^{-1} = xx^{-1} = e$ より．

問題 1.6 $(x_1 x_2 \cdots x_n)(x_n^{-1} \cdots x_2^{-1} x_1^{-1})$ を計算せよ．

問題 1.7 $m, n > 0$ のときには，1 番目は両辺とも x を mn 個並べたものに等しく，2 番目は両辺とも x を $m+n$ 個並べたものに等しい．それ以外の場合にも同様に両辺を比較する．

問題 1.8 $x^{-1} = x, y^{-1} = y, (xy)^{-1} = xy$ と問題 1.5 より，$xy = (xy)^{-1} = y^{-1}x^{-1} = yx$ となる．

問題 1.9 単位元と位数 2 の元以外では，G の元 x とその逆元 x^{-1} は相異なり，対を形成することができる．G のサイズが偶数であることに注意すれば，単位元と位数 2 の元を合わせた個数も偶数である．したがって，位数 2 の元の個数は奇数である．

問題 1.10 位数の定義より，$x^k = e$ となる k は n の倍数である．したがって，l を $(x^m)^l = e$ となる最小の自然数とすると ml は n と m の最小公倍数を与える．詳しい議論は第 2 章にあるが，よく知られているように，$l = ml/m = n/(n,m)$ となる．

問題 1.11 $0 < m < n < p$ に対して，$m \cdot_p x = n \cdot_p x$ とすれば，$mx \equiv nx \pmod{p}$ となり，これより $(n-m)x = pk$ をみたす自然数 k が存在する．$n-m < p$ かつ

$x < p$ より左辺の素因数分解には p が出て来ないので矛盾である.

問題 1.12 (1) 現行の暦の基本的な規則は, 西暦が 4 の倍数ならば閏年, ただし 100 の倍数ならば平年, にもかかわらず 400 の倍数ならば閏年というものである. $365 = 52 \times 7 + 1$ なので通常は 1 年が過ぎると曜日は $+1$ ずれる. 4 年で $1 \times 4 + 1$ すなわち $+5$ ずれる. 100 年では $5 \times 25 - 1 = 124 = 17 \times 7 + 5$ すなわち $+5$ ずれる. 400 年では $5 \times 4 + 1 = 21 = 3 \times 7$ すなわち元に戻る.

(2) 不思議な気がするかも知れない. ちなみに西暦 2000 年の 1 月 1 日は土曜日で, そこまで見越して (誰かが？) 想定していたかどうかは不明であるが, 設定時の決め方と 13 日の金曜日とが因縁めいてしまっていたことになる. 400 年の間では, 日曜日 (687 回), 月曜日 (685 回), 火曜日 (685 回), 水曜日 (687 回), 木曜日 (684 回), 金曜日 (688 回), 土曜日 (684 回) と計算される. コンピュータ (または算盤か暗算) が得意な方は挑戦して頂きたい.

問題 1.13 以下の計算が循環することに注意せよ:

$10 = 1 \times 7 + 3$, $30 = 4 \times 7 + 2$, $20 = 2 \times 7 + 6$, $60 = 8 \times 7 + 4$,
$40 = 5 \times 7 + 5$, $50 = 7 \times 7 + 1$.

これは $\mathbb{Z}/7\mathbb{Z}$ における $3^1 = 3$, $3^2 = 2$, $3^3 = 6$, $3^4 = 4$, $3^5 = 5$, $3^6 = 1$ に対応している.

問題 1.14 $\mathbb{Q} = \langle n/m \rangle$ なる既約分数 n/m ($m > 0$) があるとすると, 右辺では分母が m を割る自然数しか表し得ないので矛盾である.

問題 1.15 D_{12} の部分群は例 1.11(4) の 6 つ以外にも,

$\{e, s\}, \{e, rs\}, \{e, r^2 s\}, \{e, r^3 s\}, \{e, r^4 s\}, \{e, r^5 s\}, \{e, r^3, s, r^3 s\},$
$\{e, r^3, rs, r^4 s\}, \{e, r^3, r^2 s, r^5 s\}, \{e, r, r^2, r^3, r^4, r^5\}$

がある. $\mathbb{Z}/12\mathbb{Z}$ の部分群は例 1.11(5) の 5 つ以外には, $\{0, 6\}$ のみである.

問題 1.16 部分群の族 $\{H_i\}$ に対して, $e \in \bigcap_i H_i$ なので $\bigcap_i H_i$ は空ではない. よって, 補題 1.10 により $x, y \in \bigcap_i H_i \Rightarrow xy, x^{-1} \in \bigcap_i H_i$ を示せば十分である. 群 $\mathbb{Z}/12\mathbb{Z}$ において, $\{0, 6\} \cup \{0, 4, 8\} = \{0, 4, 6, 8\}$ は部分群ではない.

問題 1.17 群 $\mathbb{Z}/n\mathbb{Z} = \{0, 1, 2, 3, \cdots, n-2, n-1\}$ において, $n = ml$ ならば l の倍数に相当する $\{0, l, 2l, 3l, \cdots, (m-1)l\}$ はサイズ m の部分群である. サイズが m の部分群 H に対しても, 定理 1.13 と同様にして, H に属する正の数で最小のものを k とすれば, 他の正の数 $i \in H$ は $i = qk$ の形に限る. よって, $H = \{0, k, 2k, 3k, \cdots\}$ であり, $1, 2, \cdots, k-1$ が現われないためには, k は n を割り切る必要がある. とくに, H のサイズが m であるためには, $k = n/m$ でなければならず, 上記のものに限るので, サイズ m の部分群はただ 1 つ存在する.

204　問題の略解

問題 1.18 有限個の元 (既約分数) $n_1/m_1, n_2/m_2, \cdots, n_k/m_k$ ($m_i > 0$) で生成される部分群 $\langle n_1/m_1, n_2/m_2, \cdots, n_k/m_k \rangle$ では，分母は $m_1 \cdots m_k$ の約数の可能性しか起こり得ないので矛盾である．

問題 1.19 $(1,3,5,7)(2,6,4)$

問題 1.20 $(1,2,\cdots,n)^k(1,2)(1,2,\cdots,n)^{-k} = (k+1,k+2)$ を $k = 1,2,\cdots,n-2$ として考えればよい．

問題 1.21 巡回表示を考えると位数 6 の元はない．サイズが 6 の部分群は
$$\{e, (1,2,3), (1,3,2), (1,2), (1,3), (2,3)\},$$
$$\{e, (1,2,4), (1,4,2), (1,2), (1,4), (2,4)\},$$
$$\{e, (1,3,4), (1,4,3), (1,3), (1,4), (3,4)\},$$
$$\{e, (2,3,4), (2,4,3), (2,3), (2,4), (3,4)\}$$
と 4 つある．すべて S_3 と同型である．

問題 1.22 (1) 交代群は偶置換全体であるから，2 つの互換の積 $(i,j)(k,l)$ で生成されている．ここで i,j,k,l の共通文字数が 2 の場合には $(i,j)(k,l) = (i,j)(i,j) = e$ なので何もしなくてよい．共通文字数が 1 の場合には，$(i,j)(k,l) = (i',j',k')$ の形なので，このままでよい．共通文字がない場合には，$(i,j)(k,l) = (i,j,k)(j,k,l)$ と書けるので，この場合もよい．
(2) まず，$i < j < k < l < m$ に対して，$(i,k,m) = (i,j,k)^2(j,k,l)(k,l,m)^2$, $(i,j,l) = (i,j,k)(j,k,l)^2$, $(i,k,l) = (i,j,k)^2(j,k,l)$ が成り立つので，これらを帰納的に用いて題意を示すことができる．
(3) $1 < j < k < l$ に対して $(j,k,l) = (1,j,k)(1,k,l)$ より題意が示される．

問題 1.23 $x' = \varphi(x), y' = \varphi(y) \in G'$ に対して，$x'y' = \varphi(x)\varphi(y) = \varphi(xy), {x'}^{-1} = \varphi(x)^{-1} = \varphi(x^{-1}) \in G'$ なので題意は示される．

問題 1.24 φ_g が全単射であることと，$\varphi_g(xy) = \varphi_g(x)\varphi_g(y)$ を示せばよい．

問題 1.25 位数 2 の元は $x_1 = (2,3), x_2 = (1,3), x_3 = (1,2)$ の 3 つあるので，同型写像 φ の可能性は，

　　(a) 恒等写像, (b) $\varphi(x_1) = x_2$, $\varphi(x_2) = x_1$, $\varphi(x_3) = x_3$,
　　(c) $\varphi(x_1) = x_3$, $\varphi(x_2) = x_2$, $\varphi(x_3) = x_1$,
　　(d) $\varphi(x_1) = x_1$, $\varphi(x_2) = x_3$, $\varphi(x_3) = x_2$,
　　(e) $\varphi(x_1) = x_2$, $\varphi(x_2) = x_3$, $\varphi(x_3) = x_1$,
　　(f) $\varphi(x_1) = x_3$, $\varphi(x_2) = x_1$, $\varphi(x_3) = x_1$

の 6 通りしかないが，いずれも (a) φ_e, (b) $\varphi_{(1,2)}$, (c) $\varphi_{(1,3)}$, (d) $\varphi_{(1,3)}$, (e) $\varphi_{(1,2,3)}$, (f) $\varphi_{(1,3,2)}$ という内部自己同型により実現される．対称群は互換で生成されているの

で，自己同型はこれですべてである．

問題 1.26 (1) $n/m, n'/m' \in \mathbb{Q}^{\mathrm{pos}}$ ならば $(n/m) \cdot (n'/m') = nn'/mm'$ かつ $(n/m) \cdot (m/n) = 1$ に注意して，$\mathbb{Q}^{\mathrm{pos}}$ が群となることを示す．$\mathbb{Z}$ は 1 で生成される巡回群であるが，$\mathbb{Q}^{\mathrm{pos}}$ は 1 つの元では生成されない．

(2) 位数 2 の元に着目する．$\mathbb{R}$ と $\mathbb{C}$ には単位元以外で $2x = 0$ となる元はないが，$\mathbb{R}^{\times}$ と $\mathbb{C}^{\times}$ には $(-1)^2 = 1$ となる元 -1 がある．

問題 1.27 与えられた部分群を H とするとき，$D_8 = \langle r, s \mid r^4 = s^2 = 1, sr = r^{-1}s \rangle$ との間の同型 φ は $\varphi(r) = (1,2,3,4), \varphi(s) = (2,4)$ で与えられる．

問題 1.28 定理 1.22 より，それぞれ分解すると

$$\mathbb{Z}/12\mathbb{Z} \times \mathbb{Z}/10\mathbb{Z} \cong \mathbb{Z}/4\mathbb{Z} \times \mathbb{Z}/3\mathbb{Z} \times \mathbb{Z}/2\mathbb{Z} \times \mathbb{Z}/5\mathbb{Z}$$

$$\mathbb{Z}/120\mathbb{Z} \cong \mathbb{Z}/8\mathbb{Z} \times \mathbb{Z}/3\mathbb{Z} \times \mathbb{Z}/5\mathbb{Z}$$

$$\mathbb{Z}/15\mathbb{Z} \times \mathbb{Z}/8\mathbb{Z} \cong \mathbb{Z}/3\mathbb{Z} \times \mathbb{Z}/5\mathbb{Z} \times \mathbb{Z}/8\mathbb{Z}$$

$$\mathbb{Z}/6\mathbb{Z} \times \mathbb{Z}/20\mathbb{Z} \cong \mathbb{Z}/2\mathbb{Z} \times \mathbb{Z}/3\mathbb{Z} \times \mathbb{Z}/4\mathbb{Z} \times \mathbb{Z}/5\mathbb{Z}$$

$$\mathbb{Z}/5\mathbb{Z} \times \mathbb{Z}/24\mathbb{Z} \cong \mathbb{Z}/5\mathbb{Z} \times \mathbb{Z}/8\mathbb{Z} \times \mathbb{Z}/3\mathbb{Z}$$

なので，$\mathbb{Z}/12\mathbb{Z} \times \mathbb{Z}/10\mathbb{Z} \cong \mathbb{Z}/6\mathbb{Z} \times \mathbb{Z}/20\mathbb{Z}$ かつ $\mathbb{Z}/120\mathbb{Z} \cong \mathbb{Z}/15\mathbb{Z} \times \mathbb{Z}/8\mathbb{Z} \cong \mathbb{Z}/5\mathbb{Z} \times \mathbb{Z}/24\mathbb{Z}$ である．

問題 1.29 g と h の位数に出てくる素数全体を $\{p_1, \cdots, p_n\}$ とする．$a_i = 0$ や $b_i = 0$ も許すと，それぞれの位数は $|g| = p_1^{a_1} \cdots p_n^{a_n}$ および $|h| = p_1^{b_1} \cdots p_n^{b_n}$ と表示できる．この時，各 i について，$c_i = |g|/p_i^{a_i}, d_i = |h|/p_i^{b_i}$ と置くと，$|g^{c_i}| = p_i^{a_i}, |h^{d_i}| = p_i^{b_i}$ である．$|g|$ と $|h|$ の最小公倍数を $p_1^{e_1} \cdots p_n^{e_n}$ とすると，e_i は b_i と a_i の内の大きい方と一致する．そこで g^{c_i} と h^{d_i} の内で位数の大きい方を k_i と置くと，$k_1 \cdots k_n$ の位数は $p_1^{e_1} \cdots p_n^{e_n}$ となる．

問題 1.30 立方体に対称変換を施したとき，辺のつながり具合が元と同じ場合と，辺のつながり具合が鏡に映したものになる場合とに分かれる．前者は回転だけで元に戻せるが，後者では例えばここで与えれている τ が一回必要になる．いずれにせよ，$G = \langle \sigma, \tau \mid \sigma \in H \rangle = H \langle \tau \rangle$ であり，$H \cap \langle \tau \rangle = \{e\}$ であるとともに，$\sigma \tau = \tau \sigma \ (\sigma \in H)$ も成り立つ．よって，定理 1.23 より $G = H \times \langle \tau \rangle$ となる．

問題 1.31 $t = r^2$ とするとき，

$$D_{4n} = \{e, r, r^2, \cdots, r^{2n-1}, s, rs, r^2s, \cdots, r^{2n-1}s\}$$
$$= \{e, t, t^2, \cdots, t^{n-1}, s, ts, t^2s, \cdots, t^{n-1}s\} \times \{e, r^n\} \cong D_{2n} \times \mathbb{Z}/2\mathbb{Z}$$

となる．

問題 1.32 問題 1.17 を参照せよ．

問題 1.33 $D_{2n} = \langle r, s \mid r^n = s^2 = 1, sr = r^{-1}s \rangle$ とするとき，$n = mk$ をみたす自然数 m に対して，$\langle r^k \rangle$ は位数 m の部分群であり，$\langle r^k, s \rangle$ は位数 $2m$ の部分群である．よって，二面体群の場合にもラグランジュの定理の逆は成り立つ．

問題 1.34 A_4 には単位元の他，長さ 3 の巡回置換 (i, j, k) が 8 個あり，残りの 3 個は巡回表示が $(p, q)(r, s)$ の形である．とくに，元の位数としては $1, 2, 3$ のみで，位数 6 の元はない．ということは，位数 2 の元と位数 3 の元は交換可能ではない．部分群 H のサイズを 6 と仮定すると，H には位数 3 の元 y が存在する．また，位数 3 の元はその逆元と合わせて 2 個の対で存在するので，H の中にある位数 3 の元の個数の可能性は 2 つか 4 つである．いずれの場合にも，H の中に位数 2 の元 x が存在する．$x' = yxy^{-1}$ の位数も 2 であり，上のことより $x' \neq x$ である．よって，$V = \langle x, x' \rangle = \{e, (1, 2)(3, 4), (1, 3)(2, 4), (1, 4)(2, 3)\}$ は位数 4 の部分群となるが，これはラグランジュの定理に反する (4 は 6 を割り切らないので)．

問題 1.35 $|H \cap K|$ は $|H|$ と $|K|$ の約数なので，$|H \cap K| = 1$ である．よって，$H \cap K = \{e\}$ を得る．

問題 1.36 H

$$H(1, 2)(3, 4) = \{(1, 2)(3, 4), (1, 3, 4), (1, 4, 3)\}$$
$$H(1, 3)(2, 4) = \{(1, 3)(2, 4), (2, 4, 3), (1, 2, 4)\}$$
$$H(1, 4)(2, 3) = \{(1, 4)(2, 3), (1, 4, 2), (1, 4, 3)\}$$

問題 1.37 $G = H \cup gH = H \cup Hh$ のとき，$G - H = \{g \in G \mid g \notin H\} = gH = Hh$ なので題意は従う．

問題 1.38 二面体群 $D_{10} = \{e, r, r^2, r^3, r^4, s, rs, r^2s, r^3s, r^4s\}$ の共役類は $\{e\}$, $\{r, r^4\}$, $\{r^2, r^3\}$, $\{s, rs, r^2s, r^3s, r^4s\}$ である．

問題 1.39 $D_{2n} = \{e, r, r^2, \cdots, r^{n-1}, s, rs, r^2s, \cdots, r^{n-1}s\}$ の共役類は $n = 2m$ のとき，

$$\{e\}, \{r, r^{n-1}\}, \{r^2, r^{n-2}\}, \cdots, \{r^{m-1}, r^{m+1}\}, \{r^m\}$$
$$\{s, r^2s, r^4s, \cdots, r^{n-2}s\}, \{rs, r^3s, r^5s, \cdots, r^{n-1}s\}$$

の $m + 3$ 個，$n = 2m + 1$ のときは

$$\{e\}, \{r, r^{n-1}\}, \{r^2, r^{n-2}\}, \cdots, \{r^m, r^{m+1}\}$$
$$\{s, rs, r^2s, \cdots, r^{n-1}s\}$$

の $m + 2$ 個である．

問題 1.40 直線 ℓ を直線 m に重ねる回転を $g \in SO_3$ とすれば，$y = gxg^{-1}$ となる．

問題 1.41 $g \in S_n$ と長さ k の巡回置換 $(i_1, i_n, \cdots, i_k) \in S_n$ に対し，$g(i_1, i_2, \cdots, i_k)g^{-1} = (g(i_1), g(i_2), \cdots, g(i_k))$ から題意は従う．

問題 **1.42** S_4 の共役類は

　　$\{e\}$ (巡回構造 1)

　　$\{(i,j)$ の形のものすべて $\}$ (巡回構造 2)

　　$\{(i,j,k)$ の形のものすべて $\}$ (巡回構造 3)

　　$\{(i,j,k,l)$ の形のものすべて $\}$ (巡回構造 4)

　　$\{(i,j)(k,l)$ の形のものすべて $\}$ (巡回構造 2,2)

であり，S_5 の共役類は

　　$\{e\}$ (巡回構造 1)

　　$\{(i,j)$ の形のものすべて $\}$ (巡回構造 2)

　　$\{(i,j,k)$ の形のものすべて $\}$ (巡回構造 3)

　　$\{(i,j,k,l)$ の形のものすべて $\}$ (巡回構造 4)

　　$\{(i,j)(k,l)$ の形のものすべて $\}$ (巡回構造 2,2)

　　$\{(i,j,k,l,m)$ の形のものすべて $\}$ (巡回構造 5)

　　$\{(i,j)(k,l,m)$ の形のものすべて $\}$ (巡回構造 2,3)

である．

問題 **1.43** 例 1.20 (5) および例 1.33 に従えば，$(1,2,3)$ と $(1,3,2)$ が A_4 で別の共役類に属するので題意は確かめられる．

問題 **1.44** (1) $x,y \in \mathrm{Ker}\,\varphi$, $g \in g$ に対して，$\varphi(xy) = e'$, $\varphi(x^{-1}) = e'$, $\varphi(gxg^{-1}) = e'$ を示せばよい．

(2) 逆の包含関係は，$H = eHe = (gg^{-1})H(gg^{-1}) = g(g^{-1}Hg)g^{-1} \subset gHg^{-1}$ より得られる．

問題 **1.45** $x = \overline{n/m} \in \mathbb{Q}/\mathbb{Z}$ $(m > 0)$ に対し，$mx = \overline{0}$ である．また，$x = \overline{r} \in \mathbb{R}/\mathbb{Q}$ が有限位数 k を持てば，$kr = n/m \in \mathbb{Q}$ となるので，これより $r = n/(km) \in \mathbb{Q}$ であり，したがって $x = \overline{0} \in \mathbb{R}/\mathbb{Q}$ となる．

問題 **1.46** 一般の場合でいうと，$D_{2n} = \langle r, s \rangle$ の正規部分群は，D_{2n} および部分群 $H = \langle r \rangle$，さらに H のすべての部分群 (n を割り切る自然数に対して 1 つ巡回部分群が対応) が該当する．D_8 では，$D_8, \{e, r, r^2, r^3\}, \{e, r^2\}, \{e\}$ の 4 つ，D_{10} では，$D_{10}, \{e, r, r^2, r^3, r^4\}, \{e\}$ の 3 つがそれぞれ該当する．

問題 **1.47** $y^{-1}xy \in H$, $xyx^{-1} \in J$ より $y^{-1}xyx^{-1} \in H \cap J = \{e\}$ であり，したがって $y^{-1}xyx^{-1} = e$, すなわち $xy = yx$ が成り立つ．

問題 **1.48** $g \in G - H$ に対して，問題 1.37 で見たように，$gH = Hg$ なので $gHg^{-1} = H$ が成り立つ．$h \in H$ に対しては，明らかに $hHh^{-1} = H$ である．

問題 **1.49** 問題 1.39 により共役類が求まっているので，$n = 2m$ のとき $Z(D_{2n}) =$

$\{e, r^m\}$ であり,$n = 2m+1$ のとき $Z(D_{2n}) = \{e\}$ である.

問題 1.50 線形代数より,行列単位 E_{ij} $(i \neq j)$ と交換可能な行列はスカラー行列 cE_n $(c \in \mathbb{C})$ である.したがって,$E_n + E_{ij} \in GL_n(\mathbb{C})$ $(i \neq j)$ と交換可能な行列もスカラー行列 cE_n $(c \in \mathbb{C})$ である.その中で正則なものは cE_n $(c \in \mathbb{C}^\times)$ となるので,$Z(GL_n(\mathbb{C})) = \{cE_n \mid c \in \mathbb{C}^\times\}$ を得る.

問題 1.51 自然な準同型を組み合わせて $\varphi(g, h) = (gA, hB)$ として得られる写像 $\varphi : G \times H \to G/A \times H/B$ は準同型である.このとき,$\mathrm{Ker}\, \varphi = \{(a, b) \mid a \in A,\, b \in B\} = A \times B$ なので,$A \times B \triangleleft G \times H$ であり,また $\varphi(G \times H) = G/A \times H/B$ であるので,準同型定理により,$(G \times H)/(A \times B) \cong G/A \times H/B$ を得る.

問題 1.52

$$G = \left\{ \begin{pmatrix} a & b \\ 0 & 1 \end{pmatrix} \middle| a \in \mathbb{R}^\times,\, b \in \mathbb{R} \right\}, \quad N = \left\{ \begin{pmatrix} 1 & b \\ 0 & 1 \end{pmatrix} \middle| b \in \mathbb{R} \right\}$$

とすれば $G/N \cong \mathbb{R}^\times$,$N \cong \mathbb{R}$ となり,これが求めるもの.

問題 1.53 (1) $G = S_4$,$K = V_4$(クラインの四元群),$J = \{e, (1, 2)\}$ とする.このとき,$J \triangleleft K$,$K \triangleleft G$ であるが,$J \triangleleft G$ ではない.
(2) $a, b \in H$,$x, y \in K$ に対して,

$$(ax)(by) = (ab)(b^{-1}xb \cdot y) \in HK \quad \text{かつ} \quad (ax)(a^{-1} \cdot ax^{-1}a^{-1}) = e$$

より HK が部分群であることが示される.また,$ax = axa^{-1} \cdot a$ より $HK \subset KH$ が,$xa = a \cdot a^{-1}xa$ より $HK \supset KH$ がそれぞれ示される.

問題 1.54 $f : H \mapsto H/J$ は写像として意味を持つ.単射をいう.$f(H) = f(K)$ とする.すなわち,$H/J = \{hJ \mid h \in H\} = \{h'J \mid h' \in H'\} = K/J$ なので剰余類の定義に従えば,$H = K$ となるので,単射がいえた.全射をいう.J による剰余類からなる,G/J のある部分群 $\{xJ \mid x \in X\}$ が与えられたとき,$K = \bigcup_{x \in X} xJ$ とおけば,$xy, x'y' \in K$ $(y, y' \in J)$ に対して,$(xy)(x'y') = (xx')z$,$(xy)^{-1} = x''w$ をみたす $x'' \in X$ と $z, w \in J$ が存在する.すなわち,$(xy)(x'y'), (xy)^{-1} \in K$ となり,K は G の部分群であり J を含む.このとき,$f(K) = \{xJ \mid x \in X\}$ なので全射もいえた.以上より f は全単射である.$H \triangleleft G$ と仮定すると,$\overline{g} \in G/J$,$\overline{h} \in H/J$ に対して,$\overline{g}\overline{h}\overline{g}^{-1} = \overline{ghg^{-1}} \in H/J$ なので,$H/J \triangleleft G/J$ である.逆に,$H/J \triangleleft G/J$ と仮定すれば,$g \in G$,$h \in H$ に対して,$\overline{g}\overline{h}\overline{g}^{-1} = \overline{ghg^{-1}} \in H/J$ なので,$ghg^{-1} \in H$ となり,$H \triangleleft G$ である.

第 1 章の章末問題

1. 巡回群を $G = \langle x \rangle$ とすれば，$x^i, x^j \in G$ に対して，$x^i x^j = x^{i+j} = x^j x^i$ なので，G はアーベル群である．さらに，G の剰余群 $\overline{G}$ に対し，$\overline{G} = \langle \overline{x} \rangle$ が成り立つので，$\overline{G}$ も巡回群である．

2. G, H がアーベル群とするとき，$(g,h), (g',h') \in G \times H$ に対して，$(g,h)(g',h') = (gg', hh') = (g'g, h'h) = (g',h')(g,h)$ が成り立つので，$G \times H$ はアーベル群である．また，アーベル群 G の剰余群 $\overline{G}$ の 2 元 $\overline{g}, \overline{h} \in \overline{G}$ に対して，$\overline{gh} = \overline{gh} = \overline{hg} = \overline{h}\overline{g}$ が成り立つので，$\overline{G}$ もアーベル群である．

3. $x \in H \cap K$ と $g \in G$ に対して，$gxg^{-1} \in H \cap K$ なので $g(H \cap K)g^{-1} \subset H \cap K$ が成り立つ．よって，$H \cap K$ が部分群であることと合わせて，$H \cap K \triangleleft G$ である．また，$x \in H, y \in K$ と $g \in G$ に対して，$g(xy)g^{-1} = (gxg^{-1})(gyg^{-1}) \in HK$ なので $g(HK)g^{-1} \subset HK$ が成り立つ．したがって，HK が部分群であることと合わせて，$HK \triangleleft G$ が成り立つ．

4. $x \neq e$ なる G の元 x を選ぶと，$\langle x \rangle$ は G の $\{e\}$ 以外の部分群である．条件より，$G = \langle x \rangle$ となり，とくに G は巡回群である．もし，G が無限群とすれば，$G \cong \mathbb{Z}$ となり，例えば $\langle x^2 \rangle \cong 2\mathbb{Z}$ が $\{e\}, G$ とは異なる部分群となり矛盾である．したがって，G サイズ n の有限巡回群である．もし，n が素数でなければ，n を割るサイズを持つ $\{e\}, G$ 以外の部分群を持つことになり矛盾である．

5. $G \neq H$ かつ $G \neq K$ と仮定する．$x \in G - H \subset K, y \in G - K \subset H$ なる元 x, y を選び $z = xy \in G = H \cup K$ とおくとき，もし $z \in H$ ならば，$x = zy^{-1} \in H$ となり矛盾であり，また $z \in K$ ならば $y = x^{-1}z \in K$ となり矛盾となる．

6. $[G : K] = |G|/|K| = (|G| \cdot |H|)/(|H| \cdot |K|) = [G : H][H : K]$ と計算される．

7. (1) $[G : H] = |G|/|H| = 24/2 = 12, [G : K] = |G|/|K| = 24/3 = 8$ と計算される．

(2) $V \triangleleft G$ なので，HV は部分群である．$HV = H \cup (1,2)V$ となるので，$|HV| = 8$ である．

(3) $V \triangleleft G$ より KV も部分群である．$K, V \subset A_4$ なので $KV \subset A_4$ であり，ラグランジュの定理より，$|KV|$ は $|A_4| = 12$ の約数である．また $|KV|$ は $|K| = 3$ と $|V| = 4$ の倍数でなければならない．よって，$|KV| = 12$ となり，$KV = A_4$ を得る．

8. $f(x,y) = f(x',y') \Rightarrow xy = x'y' \Rightarrow x^{-1}x' = yy'^{-1} \in H \cap K \Rightarrow x' = xz, y' = z^{-1}y \; (\exists z \in H \cap K)$ である．また，$f(x,y) = f(xz, z^{-1}y) \; (\forall z \in H \cap K)$ となることより，f は m 対 1 の写像である．

9. $\varphi : \mathbb{R} \to \mathbb{R}^{\mathrm{pos}}$ を $\varphi(x) = 2^x$ と定めれば，この φ は同型写像を与える．

10. G に位数 4 の元 x が存在すれば、$G = \langle x \rangle \cong \mathbb{Z}/4\mathbb{Z}$ である。G に位数 4 の元がなければ、G の単位元 e 以外の 3 元 x, y, z の位数は 2 である。これより、$xy \neq e, x, y$ なので、$xy = z$ でなければならない。さらに $e = z^2 = xyxy$ より $xy = y^{-1}x^{-1} = yx$ なので (問題 1.8 参照)、$G = \langle x \rangle \times \langle y \rangle \cong \mathbb{Z}/2\mathbb{Z} \times \mathbb{Z}/2\mathbb{Z}$ である。よって、サイズ 4 の群は $\mathbb{Z}/4\mathbb{Z}$ と $\mathbb{Z}/2\mathbb{Z} \times \mathbb{Z}/2\mathbb{Z}$ とに分類される。

11. G に位数 6 の元 x が存在すれば、$G = \langle x \rangle \cong \mathbb{Z}/6\mathbb{Z}$ である。以下、位数 6 の元はないと仮定する。もし、位数 3 の元がないとすると、すべての元 $g \in G$ に対して $g^2 = e$ が成り立つので、G はアーベル群である (問題 1.8 参照)。このとき、位数 2 の元 a, b でサイズ 4 の部分群 $\{e, a, b, ab\}$ が作れるが、これはラグランジュの定理に反する。よって、位数 3 の元 y は存在する。また、位数 3 の元は z, z^{-1} という対で存在するので、単位元 e を除いた 5 個を位数 3 の元だけでは埋められない。よって、位数 2 の元 x も存在する。位数 6 の元がないので、$xy \neq yx$ である。とくに、$x' = yxy^{-1}$ は x と異なる位数 2 の元である。さらに、同じ理由により、$x'' = y^{-1}xy$ は x, x' と異なる位数 2 の元である。よって、$G = \{e, x, x', x'', y, y^2\}$ であり、$H = \{e, y, y^2\}$ はサイズ 3 の部分群で、とくに $H \triangleleft G$ でもある。x と y の非可換性により、$xy = y^2x = y^{-1}x$ となる。したがって、$G = \{e, y, y^2, x, yx, y^2x\} \cong \langle r, s \mid r^3 = s^2 = e, sr = r^{-1}s \rangle = D_6 \cong S_3$ を得る。以上により、サイズ 6 の群は $\mathbb{Z}/6\mathbb{Z}$ と S_3 とに分類される。

第 2 章の文中問題

問題 2.1 $b = 0$ のときは $a = 0$ となるので明らか。$b \neq 0$ とする。整数 c, d が存在して、$ac = b, bd = a$ となるので、$bcd = b$ を得る。これより、$cd = 1$ であり、$c = d = \pm 1$ となる。

問題 2.2 $\mathfrak{a}$ を $\mathbb{Z}$ のイデアルとすれば、$a, b \in \mathfrak{a}$ に対して、$a + b \in \mathfrak{a}$ かつ $-a = (-1)a \in \mathfrak{a}$ が成り立つので、$\mathfrak{a}$ は部分群である。逆に、H を $\mathbb{Z}$ の部分群とすれば、$a, b \in H$ と $n \in \mathbb{Z}$ に対して、$a + b \in H$ であり、さらに

$$na = \begin{cases} \overbrace{a + a + \cdots + a}^{n} & (n > 0) \\ 0 & (n = 0) \\ \underbrace{(-a) + (-a) + \cdots + (-a)}_{m} & (m = -n > 0) \end{cases}$$

より、$na \in H$ である。よって、H は $\mathbb{Z}$ のイデアルとなる。

問題 2.3 (1) $a \in I(b)$ より $b \mid a$、また $b \in I(a)$ より $a \mid b$ である。問題 2.1 により、$a = \pm b$ である。

(2) 最大公約数を与えるイデアルが $I(d_1)$ と $I(d_2)$ で与えられていれば、(1) より $d_1 =$

$\pm d_2$ となるが，$\geqq 0$ という条件により，$d_1 = d_2$ と一意的に決まる．最小公倍数も同様である．

問題 2.4 (1) $s = 2, t = -1$　(2) $s = 7, t = -2$　(3) $s = -3, t = 2$
(4) $s = -18, t = 13$　(5) $s = -3, t = 4$

問題 2.5 (1) $d = 26, s = 1, t = -4$ (2) $d = 18, s = 1, t = -4$
(3) $d = 2, s = -11, t = 46$

問題 2.6 (1) $(a+x) - (b+x) \equiv a - b \equiv 0 \pmod{m}$ より，$a + x \equiv b + x \pmod{m}$ となる．
(2) $rc + sm = 1$ なる r, s を選べば，$a - b \equiv 1 \cdot (a-b) \equiv (rc+sm)(a-b) \equiv rc(a-b) \equiv r(ca-cb) \equiv 0 \pmod{m}$ より $a \equiv b \pmod{m}$ となる．
(3) $(a+c) - (b+d) \equiv (a-b) + (c-d) \equiv 0 \pmod{m}$ より $a + c \equiv b + d \pmod{m}$ であり，また $ac - bd \equiv (ac-ad) + (ad-bd) \equiv a(c-d) + (a-b)d \equiv 0 \pmod{m}$ より $ac \equiv bd \pmod{m}$ となる．

問題 2.7 $x = 0$ のときは，$a = \pm 1, b = 0$ なのでよい．$x = \pm 1$ のときは $x \mid b$ である．$m = |x| > 1$ とすれば，$ab \equiv 0 \pmod{m}$ となる．$\mathrm{GCD}(a, m) = 1$ なので，問題 2.6(2) より $b \equiv 0 \pmod{m}$ となり，$m \mid b$ すなわち $x \mid b$ となる．

問題 2.8 解全体は (1) $\{6 + 7a \mid a \in \mathbb{Z}\}$
(2) $\{4 + 8a \mid a \in \mathbb{Z}\}$ (3) $\{-3 + 23a \mid a \in \mathbb{Z}\}$ となる．

問題 2.9 解全体は (1) $\{16 + 35a \mid a \in \mathbb{Z}\}$ (2) $\{-30 + 187a \mid a \in \mathbb{Z}\}$
(3) $\{-86 + 299a \mid a \in \mathbb{Z}\}$

問題 2.10 解全体は (1) $\{-53 + 105a \mid a \in \mathbb{Z}\}$ (2) $\{-18 + 385a \mid a \in \mathbb{Z}\}$

問題 2.11 (1) $f(X) = p(X)g(X), g(X) = q(X)f(X)$ をみたす多項式 $p(X), q(X)$ が存在するので，$f(X)$ と $g(X)$ の一方が 0 (ゼロ多項式) ならば，他方も 0 (ゼロ多項式) である．この場合には $c = 1$ として題意をみたす．いずれもゼロ多項式ではない場合には，$f(X) = p(X)q(X)f(X)$ であり，両辺の最高次数を比較すれば $\deg(p(X)q(X)) = 0$ なので $p(X)q(X) = 1$ となる．よって，とくに $p(X) = u \in K^\times$ と書ける．
(2) 最大公約元を $d_1(X), d_2(X)$ とすれば，$d_1(X) \mid d_2(X)$ かつ $d_2(X) \mid d_1(X)$ である．(1) より $d_1(X) = d_2(X) = 0$ であるか，ある $u \in K^\times$ により $d_1(X) = ud_2(X) \neq 0$ と書ける．後者の場合，最高次の係数を比較すれば $u = 1$ すなわち $d_1(X) = d_2(X)$ を得る．

問題 2.12 多項式 $q(X)$ と定数 $c \in K$ により $f(X) = q(X)(X - \alpha) + c$ と書き表しておくと，$f(\alpha) = c = 0$ となるので $f(X) = q(X)(X - \alpha)$ すなわち $(X - \alpha) \mid f(X)$ を得る．

問題 2.13 $I(f(X)) = I(g(X))$ なので $f(X) \mid g(X), g(X) \mid f(X)$ が成り立ち，問題 2.11(1) より題意は従う．

問題 2.14 (1) $\Leftrightarrow I(f(X), g(X)) = I(1) \Leftrightarrow$ (2) が成り立つ．

問題 2.15 省略 (定理 2.8 参照).

問題 2.16 $\deg(f(X)) \geqq 2$ なら分解してしまうので，既約多項式であることと次数が 1 であることが同値になる．

問題 2.17 $f(X) = (X-1)(X-\omega)(X-\overline{\omega})$．ただし $\omega = (-1+\sqrt{-3})/2, \overline{\omega} = (-1-\sqrt{-3})/2$ とする．

問題 2.18 1 次の多項式は既約である．2 次の多項式が分解するためには，因数定理により対応する 2 次方程式に実数解があるかどうかで判定される．

問題 2.19 $aX + b$ $(a \neq 0)$ および $aX^2 + bX + c$ $(a \neq 0, \ b^2 - 4ac < 0)$．

問題 2.20 $f(X) = (X-1)(X^2 + X + 1)$．

問題 2.21 (1) $f(\alpha + \beta) = (\alpha + \beta)^3 - 3(\alpha + \beta) + 3$
$= \alpha^3 + 3\alpha^2\beta + 3\alpha\beta^2 + \beta^3 - 3\alpha - 3\beta + 3$
$= (\alpha^3 + \beta^3) + 3(\alpha + \beta)(\alpha\beta - 1) + 3 = (-3) + 0 + 3 = 0$.
(2) $a = b = \alpha + \beta, c = ab - 3 = a^2 - 3 = (\alpha + \beta)^2 - 3$.
(3) 実数の範囲で分解するので既約ではない．

問題 2.22 (1) アイゼンシュタインの判定条件により既約 $\mathbb{Z}$-多項式である．
(2) $X^3 + 3X + 4 = (X+1)(X^2 - X + 4)$ より既約 $\mathbb{Z}$-多項式ではない．
(3) 3 次関数 $y = f(x) = x^3 + 3x + 9$ を考えれば，$y' = 3x^2 + 3 > 0$ なので $y = f(x)$ は単調増加関数である．また，$f(-1) = 5, f(-2) = -5$ なので 3 次方程式 $f(x) = 0$ は整数解を持たない．したがって，$X^3 + 3X + 9 = (X+a)(X^2 + bX + c)$ と $\mathbb{Z}[X]$ において分解することはない．以上より，与えられたものは既約 $\mathbb{Z}$-多項式である．
(4) アイゼンシュタインの判定条件により既約 $\mathbb{Z}$-多項式である．

問題 2.23 (1) $\mathbb{Z}$-多項式 $f(X), g(X) \in \mathbb{Z}[X]$ に対して，$f(X)g(X)$ が原始的ならば，$f(X)$ と $g(X)$ は原始的である．
(2) $f(x)$ (または $g(X)$) の係数の最大公約数を $d > 0$ とする．この d は $f(X)g(X)$ の係数の公約数にもなるので，$f(X)g(X)$ は原始的な $\mathbb{Z}$-多項式ではなくなり矛盾．

問題 2.24 (1) 既約多項式である．(2) 既約多項式ではない．
(3) 既約多項式である．

問題 2.25 $f(X)$ が既約 $\mathbb{Z}$-多項式ではないと仮定する．このとき，原始的という条件より，$\deg(g(X)) \geqq 1, \deg(h(X)) \geqq 1$ なる多項式 $g(X), h(X) \in \mathbb{Z}[X]$ により $f(X) = g(X)h(X)$ と分解される．よって，$f(X) \in \mathbb{Q}[X]$ とみて $f(X)$ は既約多項式ではない．

問題 2.26 環の条件より，$(A, \cdot, 1)$ はモノイドである．$a, b \in A^\times$ に対して，$ax = xa = 1, by = yb = 1$ となる $x, y \in A$ が存在する．このとき，$(ab)(yx) = a(by)x = ax = 1$ かつ $(yx)(ab) = y(xa)b = yb = 1$ より $ab \in A^\times$ である．よって，$(A^\times, \cdot, 1)$ はモノイドである．さらに，$x = a^{-1} \in A^\times$ もいえているので，$(A^\times, \cdot, 1)$ は群となる．

問題 2.27 線形代数における行列の計算による．例えば，$A + B = B + A$, $A(BC) = (AB)C$, $A(B + C) = AB + AC$ など．

問題 2.28 $f(X) = \sum_i a_i X^i \neq 0$, $g(X) = \sum_j b_j X^j \neq 0$ とすると，$f(X)$ の最高次の係数 a_m と $g(X)$ の最高次の係数 b_n は共に 0 ではないので，$f(X)g(X)$ の最高次の係数 $a_m b_n$ も 0 ではない．とくに，$f(X)g(X) \neq 0$ となり，これより $K[X]$ は整域である．

問題 2.29 (1) 巡回群 $G = \langle g_1 \rangle$ の部分群 H は巡回群である．
(2) $x, y \in K \Rightarrow \phi(x), \phi(x)^{-1}, \phi(y) \in H \Rightarrow \phi(xy), \phi(x^{-1}) \in H \Rightarrow xy, x^{-1} \in K$ より，K は部分群である．
(3) $X' = \langle x_2, \cdots, x_n \rangle$, $G' = \langle g_2, \cdots, g_n \rangle$, $H' = G' \cap H$ とし，$\phi' = \phi|_{X'} : X' \to G'$ とする．このとき，$K' = \phi'^{-1}(H') = \{x' \in X' \mid \phi'(x') \in H'\}$ とおけば，$K' = X' \cap K$ なので帰納法により K' は有限生成 (高々 $n-1$ 元生成) である．すなわち，$K' = \langle z_2, \cdots, z_n \rangle$ と書ける．
(4) $x_1', y_1' \in Y$, $(x_1', \cdots, x_n'), (y_1', \cdots, y_n') \in K$ に対して，$(x_1', \cdots, x_n')(y_1', \cdots, y_n') = (x_1'y_1', \cdots, x_n'y_n') \in K$ かつ $(x_1', \cdots, x_n')^{-1} = (x_1'^{-1}, \cdots, x_n'^{-1}) \in K$ より，$x_1'y_1', x_1'^{-1} \in Y$ を得る．したがって，Y は $\langle x_1 \rangle$ の部分群であり，とくに巡回群となる．
(5) $x \in K$ に対して，$c^l x \in K'$ となる $l \in \mathbb{Z}$ が存在する．これより，$K = \langle c, z_2, \cdots, z_n \rangle$ となるので，K は有限生成 (高々 n 元生成) である．
(6) $K = \langle c, z_2, \cdots, z_n \rangle$ より，$H = \langle \phi(c), \phi(z_2), \cdots, \phi(z_n) \rangle$ なので，H は有限生成 (高々 n 元生成) である．

問題 2.30 問題 2.29 における論法を $X = G$ の場合に適用せよ．

問題 2.31 (1) $2x^4 + 5x^3 + 7x^2 + 8x + 7$ (2) -1

問題 2.32 $A \neq O$ としてよい．$A(x)$ に行と列の基本変形を繰り返してでき上がる多項式行列の中で，最小次数のゼロでない成分が出てくるものを $B(x)$ とする．$B(x) = (b_{ij}(x))$ の成分の中でその最小次数を持つ成分を $b_{st}(x) \neq 0$ とする．行の交換と列の交換によって，$b_{11}(x)$ が最小次数の成分としてよい．1 行を適切にスカラー倍することで，$b_{11}(x)$ はモニック多項式としてよい．$(1, k)$ 成分 $b_{1k}(x)$ に対して，$b_{1k}(x) = q_{1k}(x)b_{11}(x) + c_{1k}(x)$ $(\deg c_{1k}(x) < \deg b_{11}(x))$ とできる．このとき，1 列を $-q_{1k}(x)$ 倍して k 列に加えるという基本変形で，$(1, k)$ 成分を $c_{1k}(x)$ とできる．$\deg b_{11}(x)$ の最小性によ

り，$c_{1k}(x) = 0$ である．これを繰り返して，$b_{12}(x) = \cdots = b_{1n}(x) = 0$ としてよい．同様に，行の基本変換によって $b_{21}(x) = \cdots = b_{n1}(x) = 0$ としてよい．すなわち，
$$B(x) = \begin{pmatrix} b_{11}(x) & O \\ O & B'(x) \end{pmatrix}$$
の形となる．次に，$B'(x)$ の位置にある成分 $b_{st}(x)$ ($s, t \geqq 2$) はすべて $b_{11}(x)$ で割り切れることを示す．$E_{1s}(1)B(x)$ とすると，$(1,1)$ 成分は $b_{11}(x)$ のままであるが，$(1,t)$ 成分は $b_{st}(x)$ となるので，上の議論と同様にして，$b_{11}(x)$ の次数の最小性から $b_{st}(x)$ は $b_{11}(x)$ の倍元となることが導かれる．それゆえ，ある多項式行列 $C(x)$ があって，$B'(x) = a_{11}(x)C(x)$ とできる．多項式行列のサイズに関する帰納法から $C(x)$ は基本変形によって，$f_2(x), \cdots, f_r(x), 0, \cdots, 0$ が並んだ最終形の行列で $f_i(x)$ はすべてモニックであり，$f_i(x) \mid f_{i+1}(x)$ となるものに変形できる．$C(x)$ に対する基本変形は $B(x)$ の中の基本変形で第 1 行，第 1 列を変更することなく実現できるので，$B(x)$ は基本変形によって，$b_{11}(x), b_{11}(x)f_2(x), \cdots, b_{11}(x)f_r(x), 0, \cdots, 0$ が並んだ最終形の行列に変形できる．$e_1(x) = b_{11}(x), e_2 = b_{11}(x)f_1(x), \cdots, e_r(x) = b_{11}(x)f_r(x)$ とおくことにより，求める形に変形できる．

問題 2.33 $A(x)$ を可逆とすると，$A(x)$ の行列式はゼロでないスカラーなので，$e_1(x) = \cdots = e_n(x) = 1$ となる．それゆえ，基本行列の積 $P(x), Q(x)$ があって，$P(x)A(x)Q(x) = E_n$ である．$Q(x)$ と $P(x)$ の逆行列も基本行列の積にかけるので，$A(x) = P(x)^{-1}Q(x)^{-1}$ も基本行列の積である．

問題 2.34 一意性を示せばよい．$A(x)$ に対して，その p 次小行列式をすべて考え，その最大公約式を $d_p(x)$ とおく．$d_p(x) \neq 0$ であれば，モニック多項式に選ばれている．これは基本変形で不変である．よって，この $d_p(x)$ ($p = 1, 2, \cdots, \ell$) は最終形で考えてもよい．このとき，$d_1(x) = e_1(x), d_2(x) = e_1(x)e_2(x), d_3(x) = e_1(x)e_2(x)e_3(x), \cdots, d_\ell(x) = e_1(x)e_2(x)\cdots e_\ell(x)$ を得る．ここで，$d_i(x) \neq 0$ ($i = 1, 2, \cdots, r$) および $d_{r+1}(x) = \cdots = d_\ell(x) = 0$ とすれば，$e_1(x) = d_1(x), e_2(x) = d_2(x)/d_1(x), \cdots, e_r(x) = d_r(x)/d_{r-1}(x)$ かつ $e_{r+1}(x) = \cdots = e_\ell(x) = 0$ として，$(e_1(x), e_2(x), \cdots, e_\ell(x))$ は一意的に定まる．

問題 2.35
$$\begin{pmatrix} 1 & 0 & 0 \\ 0 & x & 0 \\ 0 & 0 & x^2 - \dfrac{7}{5}x \end{pmatrix}$$

問題 2.36

(1) $\begin{pmatrix} a & 1 & 0 \\ 0 & a & 1 \\ 0 & 0 & a \end{pmatrix}$ (2) $\begin{pmatrix} a & 0 & 0 \\ 0 & a & 1 \\ 0 & 0 & a \end{pmatrix}$ (3) $\begin{pmatrix} a & 0 & 0 \\ 0 & a & 0 \\ 0 & 0 & a \end{pmatrix}$

(4) $\begin{pmatrix} a & 0 & 0 \\ 0 & b & 1 \\ 0 & 0 & b \end{pmatrix}$ (5) $\begin{pmatrix} a & 0 & 0 \\ 0 & b & 0 \\ 0 & 0 & b \end{pmatrix}$ (6) $\begin{pmatrix} a & 0 & 0 \\ 0 & b & 0 \\ 0 & 0 & c \end{pmatrix}$

第 2 章の章末問題

1. $(\overline{A}, +, \cdot, \overline{0}, \overline{1})$ が可換環の条件をみたすことを示せばよい.

2. (1) $x, y \in \mathrm{Ker}\,\varphi$ と $a \in A$ に対して, $\varphi(x+y) = \varphi(x) + \varphi(y) = 0 + 0 = 0$ および $\varphi(ax) = \varphi(a)\varphi(x) = \varphi(a) \cdot 0 = 0$ が成り立つので, $x+y, ax \in \mathrm{Ker}\,\varphi$ となり, したがって $\mathrm{Ker}\,\varphi$ は A のイデアルである. φ が全射とすると, φ は加法群としての準同型でもあるから, 加法群の同型 $A/\mathrm{Ker}\,\varphi \cong A'$ を得るが, これは環としての同型も与えている.

(2) $\varphi : \mathbb{Z} \to \mathbb{Z}/m\mathbb{Z} \oplus \mathbb{Z}/n\mathbb{Z}$ を $\varphi(x) = (x \pmod{m}, x \pmod{n})$ により定めると, 環の準同型となる. φ が全射であることは中国剰余定理から従う. $\mathrm{Ker}\,\varphi = I(mn) = mn\mathbb{Z}$ なので, $\mathbb{Z}/mn\mathbb{Z} \cong \mathbb{Z}/m\mathbb{Z} \oplus \mathbb{Z}/n\mathbb{Z}$ がいえる.

3. 環 $\mathbb{Z}/p\mathbb{Z}$ において, $\mathbb{Z}/p\mathbb{Z} = (\mathbb{Z}/p\mathbb{Z})^\times \cup \{\overline{0}\}$ であり, $(\mathbb{Z}/p\mathbb{Z})^\times$ はアーベル群である. よって, $\mathbb{Z}/p\mathbb{Z}$ は体の条件をみたすことが従う.

4. はじめに, $0 \in I \cap J$ かつ $0 \in I+J$ に注意すれば, $I \cap J$ も $I+J$ も空集合ではない. $x, y \in I \cap J$ と $a \in A$ に対して, $x+y, ax \in I \cap J$ が成り立つので, $I \cap J$ はイデアルとなる. $x, x' \in I$ と $y, y' \in J$ および $a \in A$ に対して, $(x+y) + (x'+y') = (x+x') + (y+y') \in I+J$ かつ $a(x+y) = (ax) + (ay) \in I+J$ が成り立つので, $I+J$ はイデアルとなる.

5. $\mathbb{Z}$ は整域なので $\{0\}$ は素イデアルとなる. また, 定理 2.7 により, $I(p)$ も素イデアルとなる. $\mathbb{Z}$ のイデアルはすべて $I(m)$ の形であるから, 題意を示すために, $m > 1$ として, $m = kl\ (k, l > 1)$ と表せたとする. このとき, $kl \in I(m)$ であるが, k, l のどちらも $I(m)$ には属さない. よって, この $I(m)$ は素イデアルの条件をみたさない.

6. $S = \{I \mid I\text{ は } A \text{ のイデアル } (I \neq A)\}$ とおき, 包含関係により順序集合と見なし, ツォルンの補題を適用する.

7. M を A の極大イデアルとする. $x, y \in A$ が $xy \in M$ をみたすと仮定する. もし, $x \notin M$ ならば, $I = Ax + M = \{ax + z \mid a \in A, z \in M\}$ は M を真に含むイデア

ルとなり，M の極大性より $A = Ax + M$ となる．とくに，$1 = a_1 x + z_1$ をみたす $a_1 \in A$, $z_1 \in M$ が存在する．このとき，$y = y \cdot 1 = a_1 xy + yz_1 \in M$ を得る．よって，M は素イデアルとなる．

8. 因数分解の一意性の主張内容は定理 2.22 と同じであり，その証明は問題 2.15 と同様に定理 2.8 を参照．微分作用素に関しては直接計算より従う．実際，$f = f(X) = \sum_i a_i X^i$, $g = g(X) = \sum_j b_j X^j \in K[X]$ に対して，$D(fg) = D\left(\left(\sum_i a_i X^i\right)\left(\sum_j b_j X^j\right)\right) = D\left(\sum_k \left(\sum_{i+j=k} a_i b_j\right) X^k\right) = \sum_k \left(k \sum_{i+j=k} a_i b_j\right) X^{k-1} = \sum_k \left(\sum_{i+j=k} ((i+j)a_i b_j)\right) X^{k-1} = \sum_k \left(\sum_{i+j=k} ((ia_i)b_j) X^{k-1}\right) + \sum_k \left(\sum_{i+j=k} (a_i (jb_j)) X^{k-1}\right) = \left(\sum_i (ia_i) X^{i-1}\right) \left(\sum_j b_j X^j\right) + \left(\sum_i a_i X^i\right)\left(\sum_j (jb_j) X^{j-1}\right) = D(f)g + fD(g)$ と計算される．

9. $(a_1, a_2, \cdots, a_n)$ に基本変形を繰り返しながら単因子を求める方法に従えばよい．対応する基本行列の積として C が得られ，単因子として b が定まる．このとき，$I(a_1, a_2, \cdots, a_n) = I(b)$ であるので，b は最大公約数である．また C の第 1 列が求める c_i を与えている．$(266, 69)$ に（ユークリッド互除法に相当する）基本変形を施し，対応する基本行列の積をとれば，例えば

$$(1,0) = (266, 69) \begin{pmatrix} 1 & 0 \\ -3 & 1 \end{pmatrix} \begin{pmatrix} 1 & -1 \\ 0 & 1 \end{pmatrix} \begin{pmatrix} 1 & 0 \\ -5 & 1 \end{pmatrix}$$

$$\times \begin{pmatrix} 1 & -1 \\ 0 & 1 \end{pmatrix} \begin{pmatrix} 0 & 1 \\ 1 & 0 \end{pmatrix} \begin{pmatrix} 1 & -9 \\ 0 & 1 \end{pmatrix} = (266, 69) \begin{pmatrix} -7 & 69 \\ 27 & -266 \end{pmatrix}$$

が成り立つ．これより，$(-7) \times 266 + 27 \times 69 = 1$ を得る．

第 3 章の文中問題

問題 3.1 $0 \neq p$ を標数とし，それが $p = nm$ とすると，$p1_K = (n1_K)(m1_K) = 0$ なので，$n1_K = 0$ または $m1_K = 0$ となり p の最小性に反する．

問題 3.2 $\underbrace{a + \cdots + a}_{p} = p1_K \cdot a = 0$ で $a \neq 0$ なので $p1_K = 0$．

問題 3.3 全部で 16 個．

問題 3.4 0, 1, 1, 1, 0．

問題 3.5 一般の行列式の積の式を書いて，2 元体だと見るだけ．

問題 3.6 逆行列の式を書くだけ．2 元体だと注意するだけ．

問題の略解　**217**

問題 3.7 全部で 6 つ．2 元体の 2 項ベクトルの中でゼロでないものは 3 つあり，2 元体上の 2 次正則行列はこの 3 つを動かしていることに着目すること．

問題 3.8 24 個． 3 元体のゼロでない 2 項数ベクトル 8 個はスカラー倍の関係にある 2 つのベクトルの組 $\{v, 2v\}$ で分けると 4 組存在する．3 元体上の 2 次正則行列はこの 4 組を置換する．

問題 3.9 2 元体と 3 元体で違う点に注意する．

(1) $\begin{pmatrix} 1 & 1 & 1 \\ 0 & 1 & 1 \\ 0 & 0 & 1 \end{pmatrix}$　　(2) $\begin{pmatrix} 1 & 1 & 1 \\ 0 & 1 & 1 \\ 0 & 0 & 2 \end{pmatrix}$

問題 3.10 2 元体の性質から，$a + b = 1$ となる必要十分条件は $a = 1, b = 0$ または $a = 0, b = 1$ のどちらか．

問題 3.11 $K[X]$ が可換環となることと同様に確かめればよい．

問題 3.12 直接示すか，$g(X)$ の次数に関する帰納法で示す．

問題 3.13 前の 3.12 を用いれば示すことができる．

問題 3.14 前の 3.13 を用いれば示すことができる．

問題 3.15 $1, -1/2 + \sqrt{3}/2, -1/2 - \sqrt{3}/2$. 複素平面上で示せばよい．

問題 3.16 和，差，積について閉じていることは明らか．逆元は

$$\frac{1}{a + b\sqrt{-1}} = \frac{a - b\sqrt{-1}}{a^2 + b^2} = \frac{a}{a^2 + b^2} - \frac{b}{a^2 + b^2}\sqrt{-1}.$$

問題 3.17 環であることは確認し，逆元は

$$\frac{1}{a + b\sqrt{m}} = \frac{a - b\sqrt{m}}{a^2 - b^2 m} = \frac{a}{a^2 - b^2 m} - \frac{b}{a^2 - b^2 m}\sqrt{m}.$$

問題 3.18 (1) 積で閉じていない．単位元を含んでいない． (3) 積で閉じていない． (4) 0 以外にも逆元を含んでいないものがある．

問題 3.19 (2) $a + b\sqrt{2} + c\sqrt{3} + d\sqrt{6} = 0$ とすると $a + b\sqrt{2} = -c\sqrt{3} - d\sqrt{6} = \sqrt{3}(-c - d\sqrt{2})$ より，$\sqrt{3} = \frac{a + b\sqrt{2}}{-c - d\sqrt{2}} \in \mathbb{Q}[\sqrt{2}]$. 後は，$\mathbb{Q}[\sqrt{2}]$ の中に 2 乗して 3 となるものがないことを示す．

(3) $3\sqrt{2} - \sqrt{6}(\sqrt{3}) = 0$.

問題 3.20

$$\frac{1}{\alpha + \beta + \gamma} = \frac{\alpha^2 + \beta^2 + \gamma^2 - \alpha\beta - \beta\gamma - \gamma\alpha}{\alpha^3 + \beta^3 + \gamma^3 - 3\alpha\beta\gamma}$$

を使って逆元を求める．

問題 3.21 2, 3.

問題 3.22 4 次方程式 $a_0 x^4 + a_1 x^3 + a_2 x^2 + a_3 x + a_4 = 0$ に対して, $y = x + a_1/4$ と置くことにより 3 次の項を消し, 最高次係数で両辺を割り, さらに定数項を移項することにより, 始めから $x^4 + ax^2 + bx = c$ の形であるとしてよい. 補助の 3 次方程式 $t^3 + 2at^2 + (a^2 + 4c)t - b^2 = 0$ は四則演算と根号により解くことができて, その 3 つの解 α, β, γ を用いて $t^3 + 2at^2 + (a^2 + 4c)t - b^2 = (x - \alpha)(x - \beta)(x - \gamma)$ と因数分解することができる. このとき, $x = (\sqrt{\alpha} + \sqrt{\beta} + \sqrt{\gamma})/2$ が 4 次方程式 $x^4 + ax^2 + bx = c$ の解を与える. ただし, 平方根は $\sqrt{\alpha}\sqrt{\beta}\sqrt{\gamma} = -b$ が成り立つように選んでおくものとする. 実際, $((\sqrt{\alpha} + \sqrt{\beta} + \sqrt{\gamma})/2)^4 + a((\sqrt{\alpha} + \sqrt{\beta} + \sqrt{\gamma})/2)^2 + b(\sqrt{\alpha} + \sqrt{\beta} + \sqrt{\gamma})/2 = c$ が成り立つ.

問題 3.23 $[\mathbb{Q}(\pi) : \mathbb{Q}] = \infty$ であり, 一方コンパスと定木を有限回使って構成した拡大体 K_n は有限次拡大なので, $\pi \in K_n$ ということは決してない.

問題 3.24 $(\xi^m)^s = \xi^{ms} = 1$ である必要十分条件は $n \mid ms$ である. もし, $(n, m) = 1$ なら $n \mid ms$ であるための必要十分条件は $n \mid s$ なので, ξ^m は原始 n 乗根. 一方, $(n, m) = t \neq 1$ なら, $(\xi^m)^{n/t} = (\xi^n)^{m/t} = 1$ なので, ξ^m は原始 n 乗根ではない.

問題 3.25 p^k の場合 $1 \sim p^k$ の中で p^k と素なものは p の倍数でないものであり, p の倍数 $p, 2p, \cdots, (p^{k-1})p$ を除いたものなので, 個数は $p^k - p^{k-1} = p^{k-1}(p-1)$ となる. $(n, m) = 1$ の場合には中国剰余定理を利用する. 2 章の章末問題 2(2) も参照.

問題 3.26 $\mathbb{Q}[\sqrt[3]{2}]$ のときの証明において, $\sqrt[3]{2}$ を $\sqrt[3]{2}\omega$ で置き換えて見る.

問題 3.27 同型写像 $\phi : \mathbb{Q} \to K \subseteq \mathbb{C}$ とすると $\phi(1) = 1$ であり, $\phi(n) = \phi(\underbrace{1 + \cdots + 1}_{n})$
$= \underbrace{\phi(1) + \cdots + \phi(1)}_{n} = \underbrace{1 + \cdots + 1}_{n} = n$ である.

問題 3.28 例題 3.30 を参考にすること.

問題 3.29 1 から四則演算だけで生成される部分体が何になるか?

問題 3.30 素体上のベクトル空間と見て, 元の個数を数える. ある素体 $\mathbb{F}_p$ が含まれていることを示し, F を $\mathbb{F}_p$ 上の n 次元ベクトル空間とみると $|F| = p^n$ であることがわかる.

問題 3.31 $\{1, X, X^2, \cdots\}$ は線形独立なので, 無限次元.

問題 3.32 本文にヒントがある.

問題 3.33 $17 = 2^4 + 1$ より 17 はフェルマ素数である. 描き方はガウスによる. ここでは, 省略.

第 3 章の章末問題

1. $\mathbb{F}_{p^n}$ を $\mathbb{F}_{p^m}$ 上のベクトル空間と見ることができるので，s 次元とすると，$p^n = (p^m)^s = p^{ms}$ となるから．

2. 部分体の判定条件を確認する．例えば，$a, b \in F$ とすると $\phi(a+b) = \phi(a) + \phi(b) = a + b$ より $a + b \in F$ など．

3. 同型写像であることを確認する．例えば，$\theta\phi(a+b) = \theta(\phi(a+b)) = \theta(\phi(a) + \phi(b)) = \theta(\phi(a)) + \theta(\phi(b)) = \theta\phi(a) + \theta\phi(b)$ なので加法に関して準同型である．

4. 例えば，$\{1, \sqrt{2}, \sqrt{3}, \sqrt{6}\}$．

5. $\mathbb{Q}$ 上代数的な元は 定数 $\mathbb{Q}$ だけであることを示す．正しくないと仮定すると，ある 1 次以上の多項式 $f(X) = a_0 X^n + \cdots + a_n \in \mathbb{Q}[X]$ があって，$\{1, f(X), f^2(X), \cdots, f^m(X)\}$ が線形従属なるものがある．この仮定で最大次数を見ることで矛盾が導ける．

6. n に関する帰納法を使う．$k_1, \cdots, k_{n+1}$ を根とする．$f(k_1) = 0$ なので，$f(X) = g(X)(X - k_1)$ となり，$g(X)$ は $n - 1$ 次の多項式なので，$g(X) = 0$ の解は高々 $n - 1$ 個である．一方，$f(k_i) = g(k_i)(k_i - k_1) = 0$ なので，$k_2, \cdots, k_{n+1}$ が $g(X) = 0$ の解となり矛盾．

7. 体においては $X^n - 1 = 0$ の解は高々 n 個なので．

8. $z = a\boldsymbol{i} + b\boldsymbol{j} + c\boldsymbol{k}$ で $a^2 + b^2 + c^2 = 1$ とすると $z^2 = -1$ となる．

9. 直接計算により確認できる．

参考書（あとがきにかえて）

　この書を執筆する上で参考にした図書，およびこの書を読んだ後さらに詳しく学ぶための図書を以下に掲げる．

　　木村達雄・竹内光弘・宮本雅彦・森田純『明解線形代数』日本評論社

　線形代数の標準的教科書としてこの書を引用した．

第 1 章

　　M.A. アームストロング著 (佐藤信哉訳)『対称性からの群論入門』

　　　　　　　　　　　　　　　　　　　　　　　　シュプリンガー・ジャパン

　　マーク・ロナン著 (宮本雅彦・恭子訳)『シンメトリーとモンスター』岩波書店

　この書では，第 1 章の冒頭で述べたモンスター群に至る群論や幾何学の歴史が極めて面白く述べられている．

第 2 章

　　堀田良之著『代数入門』裳華房

　　永尾汎著『代数学』朝倉書店

　第 2 章をはじめ代数の内容をさらに深く学びたい方に，この 2 冊を挙げておく．

　　J. アンドリュース，K. エリクソン共著 (佐藤文広訳)『整数の分割』数学書房

　　小川洋子著『博士の愛した数式』新潮社

　整数に関する本を 2 冊挙げる．後者は数を純粋に愛する架空数学者の物語で，整数にまつわる話題が大いに楽しめる．

第 3 章

　この本で，体について学んだら，第 1 章の群と体が融合したガロア理論を学んで欲しい (上記永尾著『代数学』など参照)．

　　J-P. ティニョール著 (新妻弘訳)『代数方程式のガロア理論』共立出版

方程式の歴史を中心に解法という方法論の立場から述べており，代数の基礎知識なしに読める．

第 4 章

　高木貞治『初等整数論講義』共立出版
昔から読まれている名著である．
　Chris K. Caldwell 編著（Sojin 編訳）『素数大百科』共立出版
　P. Ribenboim（吾郷隆視訳編）『素数の世界 その探索と発見』共立出版
素数について詳しく解説した 2 冊を挙げておく．
　荒川恒男・伊吹山知義・金子昌信著『ベルヌーイ数とゼータ関数』牧野書店
ベルヌイ数について解説している．
　黒川信重『オイラー探検』シュプリンガー・ジャパン
オイラーについて楽しく読める本である．
　N. コブリッツ著 (櫻井幸一訳)『数論アルゴリズムと楕円暗号理論入門』
　　　　　　　　　　　　　　　　　　　　　シュプリンガー・ジャパン
暗号について詳しく知ることができる．

人物 (数学者) 一覧

- N. H. Abel (アーベル, 1802 ~ 1829)
- Antiphon (アンティフォン, BC ? ~ BC ?)
- A. Augustinus (アウグスチヌス, 354 ~ 430)
- J. Bernoulli (ベルヌーイ, 1654 ~ 1705)
- F. W. Bessel (ベッセル, 1784 ~ 1846)
- G. Cardano (カルダノ, 1501 ~ 1576)
- A. L. Cauchy (コーシー, 1789 ~ 1857)
- A. Cayley (ケーリー, 1821 ~ 1895)
- P. L. Chebyshev (チェビシェフ, 1821 ~ 1894)
- J. W. R. Dedekind (デデキント, 1831 ~ 1916)
- B. de la Valle Poussin (ドラ・ヴァレ・プサン, 1866 ~ 1962)
- R. Descartes (デカルト, 1596 ~ 1650)
- F. G. M. Eisenstein (アイゼンシュタイン, 1823 ~ 1852)
- Euclid (ユークリッド, BC365 ? ~ BC275 ?)
- L. Euler (オイラー, 1707 ~ 1783)
- P. de Fermat (フェルマ, 1606 ~ 1665)
- L. Ferrari (フェラーリ, 1522 ~ 1565)
- Floridus (フロリドゥス, 不詳)
- É. Galois (ガロア, 1811 ~ 1832)
- J. C. F. Gauss (ガウス, 1777 ~ 1855)
- J. S. Hadamrd (アダマール, 1865 ~ 1963)
- W. R. Hamilton (ハミルトン, 1805 ~ 1865)
- A. Hattori (服部昭, 1927 ~ 1986)
- C. Hermite (エルミート, 1822 ~ 1901)
- D. Hilbert (ヒルベルト, 1862 ~ 1943)
- Hippocrates (ヒポクラテス, BC460 ~ BC377)
- K. Iwasawa (岩澤健吉, 1917 ~ 1998)
- M. E. C. Jordan (ジョルダン, 1838 ~ 1922)
- O. Khayyám (ハイヤーム, 1048 ~ 1131)

人物 (数学者) 一覧

- F. C. Klein (クライン, 1849 〜 1925)
- E. E. Kummer (クンマー, 1810 〜 1893)
- J.-L. Lagrange (ラグランジュ, 1736 〜 1813)
- E. G. H. Landau (ランダウ, 1877 〜 1938)
- A.-M. Legendre (ルジャンドル, 1752 〜 1833)
- C. L. F. Lindemann (リンデマン, 1852 〜 1939)
- J. E. Littlewood (リトルウッド, 1885 〜 1977)
- M. Mersenne (メルセンヌ, 1588 〜 1648)
- A. F. Möbius (メビウス, 1790 〜 1868)
- J. Napier (ネピア, 1550 〜 1617)
- Platoon (プラトン, BC427 〜 BC347)
- Pythagoras (ピタゴラス, BC580 ? 〜 BC500 ?)
- G. F. B. Riemann (リーマン, 1826 〜 1866)
- Scipione del Ferro (シピオネ・デル・フェロ, 1465 ? 〜 1526)
- E. Steinitz (スタイニッツ, 1871 〜 1928)
- J. J. Sylvester (シルベスター, 1814 〜 1897)
- N. F. Tartaglia (タルタリア, 1499 ? 〜 1557)
- R. Taylor (テイラー, 1962 〜)
- H. te Riele (テ・リエル, 1947 〜)
- P. L. Wantzel (ワンシェル, 1814 〜 1848)
- A. Weil (ヴェイユ, 1906 〜 1998)
- A. J. Wiles (ワイルス, 1953 〜)
- Zenon (ゼノン, BC495 ? 〜 BC435 ?)

索 引

■あ 行

アーベル群　12, 112
RSA 暗号　198
アイゼンシュタインの判定条件　100
余り　91
暗号化鍵　197
暗号系　197
位数　4, 12
1 の n 乗根　158
一般線形群　33
イデアル　67, 92, 93, 111
因数定理　136
演算　10
円周等分多項式　159
円積問題　152
円の平方化問題　152
円分体　158
円分多項式　159
オイラーの関数　159, 193

■か 行

階数　119
回転群　34
ガウスの補題　102
可換　12, 107
可換環　108
可換群　12
可換半群　107

可換モノイド　107
可逆行列　121
可逆元　108
核　53, 130
拡大次数　144, 154
拡大体　140
角の三等分問題　151, 156, 172
過剰数　176
加法群　13
環　64, 106, 108
環準同型写像　109
完全数　175, 179
環同型写像　109
奇置換　30
基本行列　123
基本変形　112, 122
既約　92
逆元　10, 108
既約性の判定法　98, 103
既約多項式　92
逆転数　30
逆変換　3
鏡映　2
共役　47
共役写像　48
共役類　47, 48
行列の群　32
極大　131

索 引 **225**

極大イデアル 131
偶数の完全数 179
偶置換 30
クラインの四元群 40
群 1, 3, 10, 106
群の公理 10
群の直積 39
結合法則 10
原始 n 乗根 158
原始的 100
元体 131
語 24
公開暗号系 198
交換可能 107
合成変換 3
合成変換の存在 3
交代群 31
合同 14, 77
合同式 77
恒等変換 3, 7
公倍式 91
公倍数 66
公約元 91
公約式 91
公約数 66
コーシーの定理 12
互換 27
互除法 72

■さ 行
最小公倍元 91
最小公倍式 91
最小公倍数 66

サイズ 12
最大公約元 91
最大公約式 91
最大公約数 66
三等分問題 151
四元群 40
自己同型 162
指数 45
次式 86
次数 121
実数体 110
斜体 171
自由アーベル群 119
巡回群 4, 14
巡回構造 50
巡回置換 27
巡回表示 28
準同型 35
準同型写像 35
商 91
定木とコンパス 152
商群 54
乗法 10
乗法群 108
剰余類 43
剰余環 130
剰余群 54
ジョルダン標準形 119, 125
数体 142
数論的関数 194
整域 111
正 n 角形の書き方 172
正規部分群 52

正弦関数の無限積表示　191
正四面体群　7
整数　64
整数環　110
整数行列　112
生成　24
正則元　108
ゼロ元　108
素イデアル　131
素因数分解　74, 198
双対　58
素数　65
素数定理　183
素体　163

■た 行
体　106, 108, 133
対称回転　3
対称群　3, 27, 34
対称性　1, 5
対称変換　3
代数学の基本定理　167
代数系　106
代数的数　147
代数閉体　170
代数方程式　137
対等　124
互いに素　40, 72, 96
多項式　85, 86
多項式環　111, 136
多項式行列　120
多項式の積　87
多項式の分解　97

多項式の和　87
多面体の対称群　58
単位元　10, 108
単因子　114, 125
単因子標準形　114, 125
単因子論　64, 112, 119
単群　108
単元　108
単項イデアル　111
単項イデアル整域　111
単純拡大　146
単数群　108
置換　8
中間体　140
中国剰余定理　80
中心　56
超越数　147
直積　39
直和　109
直交群　33
定数　88
定数項　88
同義数　197
同型　35, 109, 160
同型写像　35, 160
同値　137
特殊線形群　33
特殊直交群　33

■な 行
内部自己同型　38
中への同型　160
二項係数　84

2 次体　141
二面体群　4, 21
任意の角の三等分　172

■は 行
倍元　91
倍式　91
倍数　65
倍積問題　151
半群　107
非可換環　110
ピタゴラス数　176
左剰余類　44
標数　134
平文　197
フェルマ素数　172
フェルマの最終定理　176
フェルマの小定理　83
復号化　197
復号化鍵　197
複素数体　110
符号　30
不足数　175
部分群　4, 18, 22
部分体　140
ベルヌイ数　187
変換　2

法として合同　14
方程式の解法　149

■ま 行
右剰余類　46, 53
無限群　12
メビウス関数　159, 195
メビウスの反転公式　196
メルセンヌ素数　181
モニック多項式　88
モノイド　107

■や 行
約元　91
約式　91
約数　65
ユークリッド互除法　72, 96
有限群　12
有限生成アーベル群　116
有理関数体　165, 166
有理数体　110
有理数の公理的定義　136
ユニモジュラー行列　112

■ら 行
ラグランジュの定理　43
立方体の倍積問題　151

著者略歴

木村 達雄 (きむら・たつお)
　1947年　東京都に生まれる．
　1973年　東京大学大学院理学系研究科修士課程修了．
　現　在　筑波大学名誉教授．理学博士

竹内 光弘 (たけうち・みつひろ)
　1947年　長野県に生まれる．
　1971年　東京大学大学院理学系研究科修士課程修了．
　　　　　筑波大学名誉教授．理学博士　2020年歿

宮本 雅彦 (みやもと・まさひこ)
　1952年　北海道に生まれる．
　1979年　北海道大学大学院理学研究科博士課程中退．
　現　在　筑波大学名誉教授．理学博士

森田 純 (もりた・じゅん)
　1954年　青森県に生まれる．
　1982年　筑波大学大学院博士課程数学研究科修了．
　現　在　筑波大学名誉教授．理学博士

　　　　だいすうのみりょく
　　　　代 数 の 魅 力

2009年　9月10日　第1版第1刷発行
2021年　10月10日　第1版第6刷発行

著　者　　木村 達雄・竹内 光弘・宮本 雅彦・森田 純
発行者　　横　山　　伸
発　行　　有限会社 数 学 書 房
　　　　　〒101-0051 東京都千代田区神田神保町 1-32-2
　　　　　TEL 03-5281-1777
　　　　　FAX 03-5281-1778
　　　　　e-mail　mathmath@sugakushobo.co.jp
　　　　　振替口座　00100-0-372475

印　刷
製　本　　モリモト印刷株式会社
組　版　　アベリー
装　幀　　岩崎寿文

Ⓒ T.Kimura, Y.Takeuchi, M.Miyamoto & J.Morita, 2009
Printed in Japan
ISBN 978-4-903342-11-5

数学書房

明解 微分積分
◆ 南就将・笠原勇二・若林誠一郎・平良和昭 著

高校数学と大学における微分積分の橋渡しをすることを主眼とした教科書。微分積分学の底に流れる考え方を重視し、大局的にしっかりとその筋道が見えるように構成。

● 2,700円＋税／A5判／978-4-903342-14-6

明解 確率論入門
◆ 笠原勇二 著

入門書では省略されていることが多い数学的背景部分を丁寧に説明することにより、数学としての確率論の考え方を明快に解説。

● 2,100円＋税／A5判／978-4-903342-15-3

ガロアに出会う　はじめてのガロア理論
◆ のんびり数学研究会 著

19世紀に、天才数学者エヴァリスト・ガロア(1811-1832)は方程式と数に関する理論を書き遺した。高校生にも読めることを目指した入門書。

● 2,200円＋税／A5判／978-4-903342-74-0

理系数学サマリー　高校・大学数学復習帳
◆ 安藤哲哉 著

高校1年から大学2年までに学ぶ数学の中で実用上有用な内容をこの1冊に。あまり知られていない公式まで紹介した新趣向の解説書。

● 2,500円＋税／A5判／978-4-903342-07-8

この数学書がおもしろい　増補新版
◆ 数学書房編集部 編

おもしろい本、お薦めの書、思い出の1冊を、数学者・物理学者・工学者など51名が紹介。

● 2,000円＋税／A5判／978-4-903342-64-1

この定理が美しい
◆ 数学書房編集部 編

「数学は美しい」と感じたことがありますか？　数学者の目に映る美しい定理とはなにか。熱き思いを20名が語る。

● 2,300円＋税／A5判／978-4-903342-10-8

この数学者に出会えてよかった
◆ 数学書房編集部 編

良い先生・良い数学者との出会いの不思議さ・大切さを16名の数学者がつづる。

● 2,200円＋税／A5判／978-4-903342-65-8